工业和信息化普通高等教育"十二五"规划教材立项项目

21世纪高等学校计算机规划教材

21st Century University Planned Textbooks of Computer Science

# 计算机应用基础

## （第2版）

## Computer Application Foundation (2nd Edition)

张宇 范立南 主编

王毅 黄海玉 梁宁玉 副主编

高校系列

人民邮电出版社

北 京

**图书在版编目（CIP）数据**

计算机应用基础 / 张宇，范立南主编. -- 2版. --
北京：人民邮电出版社，（2017.7重印）
21世纪高等学校计算机规划教材
ISBN 978-7-115-32099-5

Ⅰ. ①计… Ⅱ. ①张… ②范… Ⅲ. ①电子计算机—
高等学校—教材 Ⅳ. ①TP3

中国版本图书馆CIP数据核字(2013)第127913号

## 内 容 提 要

　　本书是高等学校计算机基础通用教材，根据教育部高教司和全国计算机基础教学指导委员会公布的相关文件为依据组织编写，主要内容包括计算机基础知识、中文版 Windows 操作系统、文字处理软件 Word、电子表格处理软件 Excel、幻灯片制作软件 PowerPoint、关系数据库管理软件 Access、计算机网络知识等。随书配备了考试系统光盘和学习指导课件。方便学生自学及自我测试。

- ◆ 主　　编　张　宇　范立南
- 　副 主 编　王　毅　黄海玉　梁宁玉
- 　责任编辑　武恩玉
- 　责任印制　彭志环　杨林杰
- ◆ 人民邮电出版社出版发行　　北京市丰台区成寿寺路 11 号
- 　邮编　100164　电子邮件　315@ptpress.com.cn
- 　网址　http://www.ptpress.com.cn
- 　北京中新伟业印刷有限公司印刷
- ◆ 开本：787×1092　1/16
- 　印张：21.5　　　　　　　　　2013 年 9 月第 2 版
- 　字数：561 千字　　　　　　　2017 年 7 月北京第 6 次印刷

定价：49.80 元（附光盘）

读者服务热线：**(010) 81055256**　印装质量热线：**(010) 81055316**
反盗版热线：**(010) 81055315**
广告经营许可证：京东工商广登字 20170147 号

# 前　言

　　本书作者从事计算机教学工作几十年，编写者团队是辽宁省优秀教学团队的成员，该书前身曾获得省级精品教材、并代表辽宁省参评国家级"十二五"规划教材的评选。作者结合多年来丰富的计算机基础教学经验，以教育部高等教育司制定的大学计算机教学基本要求和教学指导委员会关于高等学校计算机基础教学的意见为基础，为普通高等院校的学生编写的教材。

　　本书第 1 章主要介绍计算机的基本知识和基本概念，简单介绍了计算机的发展过程、计算机的基本组成、进制的转换等相关知识。第 2 章主要介绍 Windows XP 操作系统，内容涉及 Windows XP 的基本安装，基本操作介绍包括管理桌面、任务栏的使用、窗口及其操作、工具栏的使用等 Windows XP 基本操作项目，随后介绍文件和文件夹的管理、磁盘管理、系统设置、附件使用等比较重要的部分内容。第 3 章～第 6 章是以 Office 2003 这个较成熟的版本为对象进行较为详细的介绍，结合 Office 2010 的新特点。以实用为主，着重介绍了 Office 较新且实用的知识和操作技能。其中，第 3 章介绍文字处理软件 Word，重点介绍编辑、排版的技巧、表格的制作与编辑、图文混排的方法等知识和技巧；第 4 章介绍电子表格 Excel 的使用，重点介绍 Excel 的基本功能、数据的快速录入方法、公式的建立与使用，在地址等较难理解和掌握的部分列举了大量的示例由浅入深地展开介绍，有利于自学的读者尽快掌握其内容；第 5 章介绍幻灯片制作软件 PowerPoint，从基础操作开始，到幻灯片的管理与放映，并以制作幻灯片实例为叙述方式介绍制作方法和技巧，内容安排完全是按照学习者的学习过程来介绍的，同时还用大量的例题详尽地说明了制作的过程与制作的技巧；第 6 章介绍 Access 的基础知识，给个别后期有机会学习数据库的读者提供了有关数据库的基本概念、基本操作方面的知识；第 7 章为网络基础，内容从基本概念开始，到网络的 7 个层次的体系结构，从计算机网络的功能到网络操作系统再到网络的基本设备，从 IP 地址到网络的基本协议，再到常用上网工具 Internet Explorer 等，使读者既能掌握基本知识又具备一定的操作知识。

　　本教材随书配有光盘，光盘里有用于学生自我测试的考试评分系统，学生可以对相应的知识单元进行自我测试，并掌握自己的学习程度。光盘里还为学生提供啦教学课件，直观的讲解了知识点的操作技巧，方便学生课后复习，及自学用。

　　例题丰富，讲解详尽，由浅入深是本书的一大特点，本书适合作为高等学校计算机基础课程的教材，也是广大计算机基础知识爱好者自学的一本好书。

　　本书由张宇、范立南任主编，黄海玉、梁宁玉、王毅任副主编，参加编写的人员还有杨明学、于鲁佳、邵一川、陈敬、李文军。另外，在本书编写过程中还得到了辽宁省计算机基础教育学会许多专家的大力支持，在此表示感谢。

编　者

2012 年 6 月

# 目 录

# 第1章
# 计算机基本知识

## 1.1  计算机的基础知识

### 1.1.1  计算机的概念

电子计算机是指由电子器件组成，具有逻辑判断、自动控制和记忆功能的现代计算和信息处理工具。

现代计算机是一种按程序自动进行信息处理的通用工具。它的处理对象是信息，处理结果也是信息。在这一点上，计算机与人脑有某些相似之处。因为人的大脑和五官也是信息采集、识别、存储、处理的器官，所以计算机又被称为电脑。

随着信息时代的到来和信息高速公路的兴起，全球信息化进入了一个新的发展时期。人们越来越认识和领略到计算机强大的信息处理功能，计算机已经成为信息产业的基础和支柱。

### 1.1.2  计算机的发展历史

世界上第一台电子数字式计算机于 1946 年 2 月 14 日在美国宾夕法尼亚大学正式投入运行，它的名称叫 ENIAC（the Electronic Numberical Intergrator And Computer，电子数值积分计算机）。

ENIAC 被安装在一排 2.75m 高的金属柜里，使用了 17 468 个真空电子管，耗电 174kW，占地 170m², 重达 30t，电子管平均每隔 7min 就要被烧坏一只。尽管如此，ENIAC 的运算速度达到每秒钟 5 000 次加法，可以在 3/1 000s 时间内做完两个 10 位数乘法，一条炮弹的轨迹，20s 就能被它算完，比炮弹本身的飞行速度还要快。虽然它的功能还比不上今天最普通的一台微型计算机，但在当时它已是运算速度的绝对冠军，并且其运算的精确度和准确度也是史无前例的。ENIAC 奠定了电子计算机的发展基础，开辟了一个计算机科学技术的新纪元。有人将其作为人类第三次产业革命开始的标志。

ENIAC 诞生后，数学家冯·诺依曼提出了重大的改进理论，主要有两点：一是电子计算机应该以二进制为运算基础，二是电子计算机应采用"存储程序"方式工作，并且进一步明确指出了整个计算机的结构应由 5 个部分组成，即运算器、控制器、存储器、输入设备和输出设备。冯·诺依曼这些理论的提出，解决了计算机的运算自动化问题和速度配合问题，对后来计算机的发展起到了决定性的作用。直到今天，绝大部分的计算机还是采用冯·诺依曼方式工作。

ENIAC 诞生后短短的几十年间，计算机的发展突飞猛进。主要电子器件相继使用了真空电子管，晶体管，中、小规模集成电路和大规模、超大规模集成电路，引起计算机的几次更新换代。每一次更新换代都使计算机的体积和耗电量大大减小，功能大大增强，应用领域进一步拓宽。

现代计算机的发展阶段主要是依据计算机所采用的电子器件不同来划分的。计算机器件从电子管到晶体管，再从分立元件到集成电路以至微处理器，促使计算机的发展出现了3次飞跃。

### 1. 第一代计算机（1946—1958年）

人们通常称为电子管计算机时期，计算机主要用于科学计算。

（1）采用电子管作为逻辑开关元件。

（2）主存储器使用水银延迟线存储器、阴极射线示波管静电存储器、磁鼓和磁心存储器等。

（3）外部设备采用纸带、卡片、磁带等。

（4）使用机器语言，20世纪50年代中期开始使用汇编语言，但还没有操作系统。

这一代计算机主要用于军事目的和科学研究。它的体积庞大，笨重，耗电多，可靠性差，速度慢，维护困难。图1-1所示为电子管。

图1-1　电子管

### 2. 第二代计算机（1959—1964年）

人们通常称为晶体管计算机时期。

（1）采用半导体晶体管作为逻辑开关元件。

（2）主存储器均采用磁心存储器，磁鼓和磁盘开始用做主要的辅助存储器。

（3）输入/输出方式有了很大改进。

（4）开始使用操作系统，有了各种计算机高级语言。

计算机的应用已由军事领域和科学计算扩展到数据处理和事务处理。它的体积减小，重量减轻，耗电量减少，速度加快，可靠性增强。图1-2和图1-3分别是晶体二极管和晶体三极管。

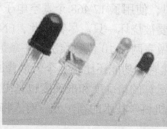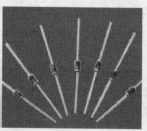

图1-2　晶体二极管

图1-3　晶体三极管

### 3．第三代计算机（1965—1970 年）

人们通常称为集成电路计算机时代，其主要特点如下。

（1）采用中、小规模集成电路作为逻辑开关元件。

（2）开始使用半导体存储器、辅助存储器，仍以磁盘、磁带为主。

（3）外部设备种类增加。

（4）开始走向系列化、通用化和标准化。

（5）操作系统进一步完善，高级语言数量增多。

这一时期计算机主要用于科学计算、数据处理以及过程控制。计算机的体积、重量进一步减小，运算速度和可靠性有了进一步提高。图 1-4 所示为集成电路，右侧是超大规模集成电路。

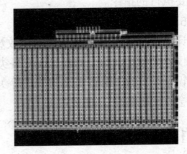

图 1-4　集成电路

### 4．第四代计算机（1971 年至今）

第四代计算机是从 1971 年开始，至今仍在继续发展。人们通常称这一时期为大规模、超大规模集成电路计算机时代，其主要特点如下。

（1）采用大规模、超大规模集成电路作为逻辑开关元件。

（2）主存储器使用半导体存储器，辅助存储器采用大容量的软、硬磁盘，并开始引入光盘。

（3）外部设备有了很大发展，采用了光字符阅读器（OCR）、扫描仪、激光打印机和各种绘图仪。

（4）操作系统不断发展和完善，数据库管理系统进一步发展，软件行业已经发展成为现代新型的工业部门。

这一时期数据通信、计算机网络已有很大发展，微型计算机异军突起，遍及全球。计算机的体积、重量及功耗进一步减小，运算速度、存储容量、可靠性等又有了大幅度提高。

### 5．新一代计算机

从 20 世纪 80 年代开始，日本、美国以及欧洲共同体都相继开展了新一代计算机（FGCS）的研究。新一代计算机是把信息采集、存储、处理、通信和人工智能结合在一起的计算机系统。它不仅能进行一般的信息处理，而且具有形式化推理、联想、学习和解释的能力，能帮助人类开拓未知的领域和获得新的知识。

新一代计算机的研究领域大体包括人工智能、系统结构、软件工程和支援设备，以及对社会的影响等。新一代计算机的系统结构将突破传统的冯·诺依曼机器的概念，实现高度并行处理。

## 1.1.3　计算机的特点

### 1．运算速度快

计算机是由高速电子元器件组成，并能自动地连续工作，因此具有很高的运算速度。现代计算机的最高运算速度已达到每秒几十亿次乃至几百亿次。

### 2. 计算精度高

计算机内采用二进制数字进行运算，因此可以通过增加表示数字的字长和运用计算技巧，使数值计算的精度越来越高。

### 3. 在程序控制下自动操作

计算机内部操作、控制是根据人们事先编制的程序自动控制运行的，一般不需要人工干预，除非程序本身要求用人机对话方式去完成特定的工作。

### 4. 具有强记忆功能和逻辑判断能力

计算机具有完善的存储系统，可存储大量的数据，具有记忆功能，可记忆程序、原始数据、中间结果以及最后的运算结果。此外，计算机还能进行逻辑判断，根据判断结果，自动选择下一步需要执行的指令。

### 5. 通用性强

计算机采用数字化信息来表示数及各种类型的信息，并且有逻辑判断和处理能力，因而计算机不仅能做数值计算，而且也能对各类信息做非数值性质的处理（如信息检索、图形和图像处理、文字识别与处理、语音识别与处理等），这就使计算机具有极强的通用性，能应用于各个学科领域和社会生活的各个方面。

## 1.1.4　计算机的分类

由于在计算机的具体使用过程中存在着使用性能上的差别，如国家气象部门的天气情况数据处理与个人日常生活中的数据处理，航空、航天过程的数据处理与一般企事业单位的数据处理，在程度上差别巨大，因此，对计算机的处理速度、能力差别的要求也巨大。为了解决这样的问题和矛盾，适合不同使用的需求，人们把计算机按照各项综合性能指标，划分成巨型机、大型机、小型机、工作站和个人计算机5大类。

### 1. 巨型机

巨型机（supercomputer）是一种超大型电子计算机（见图1-5）。具有很强的计算和处理数据的能力，主要特点表现为高速度和大容量，配有多种外部和外围设备及丰富的、高功能的软件系统。

巨型机实际上是一个巨大的计算机系统，主要用来承担重大的科学研究、国防尖端技术和国民经济领域的大型计算课题及数据处理任务。例如，大范围天气预报，卫星照片整理，原子核物的探索，洲际导弹、宇宙飞船研究，国民经济的发展计划制订等，项目繁多，时间性强，要综合考虑各种各样的因素，依靠巨型计算机能较顺利地完成。

对巨型机的指标规定：计算机的运算速度平均每秒1 000万次以上；存储容量在1 000万位以上。我国研制成功的"银河"系列计算机就属

图1-5　巨型机

于巨型机。巨型机的发展是电子计算机的一个重要发展方向。它的研制水平标志着一个国家的科学技术和工业发展的程度，体现着国家经济发展的实力。一些发达国家正在投入大量资金和人力、物力研制运算速度达几百亿次的超级大型计算机。

在一定时期内速度最快、性能最高、体积最大、耗资最多的计算机系统称为巨型计算机。巨型计算机是一个相对的概念，一个时期内的巨型机到下一时期可能成为一般的计算机；一个时期内的巨型机技术到下一时期可能成为一般的计算机技术。现代的巨型计算机用于核物理研究、核武器设计、航天航空飞行器设计、国民经济的预测和决策、能源开发、中长期天气预报、卫星图像处理、情报分析和各种科学研究，是强有力的模拟和计算工具，对国民经济和国防建设具有特

别重要的价值。

据统计，计算机的性能与使用价值的平方成正比，即所谓平方律。按照这一统计规律，计算机性能越高，相对价格越便宜。因此，随着大型科学工程对计算机性能要求的日益提高，超高性能的巨型计算机将获得越来越大的经济效益。

### 2. 大型机

大型机（见图 1-6）一般用在尖端的科研领域，主机非常庞大，通常由许多中央处理器协同工作，具有超大的内存和海量的存储器，使用专用的操作系统和应用软件。

服务器一般应用在网络环境中，为其他计算机提供各种服务，如文件服务、打印服务、邮件服务、WWW 服务等。

大型机（mainframe）最初是指装在非常大的带框铁盒子里的大型计算机系统，以区别小一些的迷你机和微型机。

### 3. 小型机

小型机是指运行原理类似于 PC（个人电脑）和服务器，但性能及用途又与它们截然不同的一种高性能计算机，它是 20 世纪 70 年代由 DEC（数字设备公司）首先开发的一种高性能计算产品。

小型机（见图 1-7）具有区别于 PC 及其服务器的特有体系结构，还有各制造厂自己的专利技术，有的还采用小型机专用处理器，如美国 Sun、日本 Fujitsu（富士通）等公司的小型机，而美国 HP 公司的小型机则是基于 PA－RISC 架构，Compaq 公司使用 Alpha 架构。另外，I/O 总线也不相同，Fujitsu 公司使用 PCI 总线，Sun 公司使用 SBUS 总线，这就意味着各公司小型机上的插卡，如网卡、显卡、SCSI 卡等也是专用的。所以小型机是封闭专用的计算机系统。使用小型机的用户一般是看中系统的安全性、可靠性和专用服务器的高速运算能力。

图 1-6　大型机

图 1-7　小型机

现在生产小型机的厂商主要有 IBM 和 HP 等公司，主要应用在银行和制造业，用于科学计算和事务处理等。

现在小型机与中型机、大型机之间已经没有绝对明确的界限了，因为 IBM 公司把很多原来只在大型机和中型机上应用的技术都在小型机中实现了。

小型机跟普通的服务器（也就是常说的 PC-SERVER）是有很大差别的，最重要的一点就是小型机具有高可靠性、高可用性和高服务性的特性。

### 4. 工作站

工作站（workstation）是一种高档的微型计算机，通常配有高分辨率的大屏幕显示器及容量很大的内存储器和外部存储器，是一种以个人计算机和分布式网络计算为基础，主要面向专业应用领域，具备强大的数据运算与图形、图像处理能力，并且具有较强的信息处理功能及联网功能，为满足工程设计、动画制作、科学研究、软件开发、金融管理、信息服务、模拟仿真等专业领域而设计开发的高性能计算机。

**5. 个人计算机**

个人计算机（Personal Computer，PC）一词源自于 1978 年 IBM 的第一部桌上型计算机型号 PC，在此之前有 Apple II 的个人用计算机。个人计算机能独立运行，完成特定功能，它不需要共享其他计算机的处理，磁盘、打印机等资源也可以独立工作。今天，个人计算机一词则泛指所有的个人计算机，如桌上型计算机、笔记型计算机，或是兼容于 IBM 系统的个人计算机等。

## 1.1.5 计算机的应用

计算机的应用非常广泛，涉及人类社会的各个领域和国民经济的各个部门。计算机的应用概括起来主要有以下 5 个方面。

**1. 科学计算**

科学计算是计算机最重要的应用之一。在基础学科和应用科学的研究中，计算机承担庞大和复杂的计算任务，求取各种数学问题的数值解。

计算机高速度、高精度的运算能力可解决人工无法解决的问题，如数学模型复杂、数据量大、精度要求高、实时性强的计算问题都要应用计算机才能得以完成。

**2. 信息处理**

信息处理主要是指对大量的信息进行分析、分类、统计等的加工处理。通常在企业管理、文档管理、财务统计、各种实验分析、物资管理、信息情报检索以及报表统计等领域，用计算机收集、记录数据，经处理产生新的信息形式，主要包括数据的采集、转换、分组、组织、计算、排序、存储、检索等。

**3. 过程控制**

计算机是产生自动化的基本技术工具。利用计算机及时采集数据、分析数据，制订最佳方案，进行生产控制，如工业生产过程综合自动化、工艺过程最优控制、武器控制、通信控制、交通信号控制等。

**4. 计算机的辅助功能**

目前常见的计算机辅助功能有辅助设计（CAD）、辅助制造（CAM）、辅助教学（CAI）、辅助测试（CAT）等。

**5. 办公自动化**

办公自动化是指用计算机处理各种业务、商务，处理数据报表文件，进行各类办公业务的统计、分析、辅助决策、日常管理等。

# 1.2 计算机中常用的数制

数制也称计数制，是指用一组固定的符号和统一的规则来表示数值的方法，即数的管理制度。人们通常采用的数制有十进制、二进制、八进制和十六进制。

## 1.2.1 基本概念

**1. 基数**

构成一个数制所使用的基本符号的个数称为基数。例如，构成二进制的基本符号由 0、1 组成，即基数为 2；构成十进制的基本符号由 0，1，2，3，4，…，9 组成，所以基数为 10。

**2. 位权**

位权用来说明数制中某一位上的数与其所在的位之间的关系。例如，十进制的 123，1 的位权是 100，2 的位权是 10，3 的位权是 1。

## 1.2.2　几种常用的数制

计数制很多，这里主要介绍与计算机技术有关的几种计数制。

**1. 十进制**

十进制的计数规则如下。

（1）有 10 个不同的数码符号：0，1，2，3，4，5，6，7，8，9。

（2）每位逢十进一。

**例 1-1**　$(234.567)_{10}$ 可表示为如下形式：

$$(234.567)_{10}=2\times10^2+3\times10^1+4\times10^0+5\times10^{-1}+6\times10^{-2}+7\times10^{-3}$$

一般情况下，对于任意十进制数 D，可以表示成如下形式：

$$(D)_{10}=(D_{n-1}\,D_{n-2}\cdots D_1\,D_0\,\cdot\,D_{-1}\,D_{-2}\cdots D_{-m})_{10}$$
$$=D_{n-1}\times10^{n-1}+D_{n-2}\times10^{n-2}+\cdots+D_1\times10^1+D_0\times10^0+D_{-1}\times10^{-1}+D_{-2}\times10^{-2}+\cdots+D_{-m}\times10^{-m}$$

其中，$m$，$n$ 都为正整数，$m$，$n$ 分别为小数点右边、左边的位数，$i$ 为数位序数，$D_i$ 表示第 $i$ 位上的数码。

计数制中要用到的数码的个数称为基数。以基数为底数，位序数 $i$ 为指数的幂称为某一数位 $i$ 的权。例如，十进制的基数为 10，其中某一数位 $i$ 的权为 $10^i$。

在计算中，一般用十进制数作为数据的输入和输出。

**2. 二进制**

二进制计数规则如下。

（1）有两个不同的数码符号：0，1。

（2）每位逢二进一。

**例 1-2**　$(1010)_2=1\times2^3+0\times2^2+1\times2^1+0\times2^0=8+2=10$

$(1101.11)_2=1\times2^3+1\times2^2+0\times2^1+1\times2^0+1\times2^{-1}+1\times2^{-2}$
$=8+4+1+0.5+0.25$
$=13.75$

对于任意一个二进制数 B，都可以表示成如下形式：

$$(B)_2=B_{n-1}\times2^{n-1}+B_{n-2}\times2^{n-2}+\cdots+B_1\times2^1+B_0\times2^0+B_{-1}\times2^{-1}+B_{-2}\times2^{-2}+\cdots+B_{-m}\times2^{-m}$$

可见，二进制与十进制相类似，只不过二进制的基数为 2。

计算机中数的存储和运算都使用二进制。

**3. 其他进制**

一般来说，任意一个 J 进制数 N 都可以表示成如下形式：

$$N=B_{n-1}\times J^{n-1}+B_{n-2}\times J^{n-2}+\cdots+B_1\times J^1+B_0\times J^0+B_{-1}\times J^{-1}+B_{-2}\times J^{-2}+\cdots+B_{-m}\times J^{-m}$$

其中，$B_J$ 可以是 0，1，2，$m$，$n$，$\cdots$ 中的任一数码；$m$，$n$ 都为正整数。当 $J=2$，8，16，10 时，就分别是二进制、八进制、十六进制、十进制数的表示形式。

## 1.2.3　不同数制之间的转换

**1. 任意进制数转换成十进制数**

要将任意进制数转换成十进制数，只要将其按权展开再相加即可。

**例 1-3**　$(1101.101)_2 = 1×2^3+1×2^2+0×2^1+1×2^0+1×2^{-1}+0×2^{-2}+1×2^{-3}$
$\qquad\qquad\qquad = 8+4+0+1+0.5+0+0.125$
$\qquad\qquad\qquad = (13.625)_{10}$
$\qquad (305)_8 = 3×8^2+0×8^1+5×8^0 = 192+0+5 = (197)_{10}$
$\qquad (32CF.48)_{16} = 3×16^3+2×16^2+C×16^1+F×16^0+4×16^{-1}+8×16^{-2}$
$\qquad\qquad\qquad = 12288+512+192+15+0.25+0.03125$
$\qquad\qquad\qquad = (13007.28125)_{10}$

**2．十进制数转换成任意 $J$ 进制数**

（1）十进制数转换成二进制数。把整数部分和小数部分分别转换，然后将两部分合并。其方法是：整数转换用"除 2 取余法"；小数转换用"乘 2 取整法"。

**例 1-4**　将十进制数 $(233.6875)_{10}$ 转换为二进制数。

整数 233 转换如下（设 $(233)_{10} = (a_{n-1} a_{n-2} \cdots a_1 a_0)_2$）：

```
2｜233
2｜116            余数 1= a₀
 2｜58                0= a₁
  2｜29               0= a₂
   2｜14              1= a₃
    2｜7              0= a₄
     2｜3             1= a₅
      2｜1            1= a₆
        0            1= a₇
```

小数部分 0.6875 转换如下 (设 $(0.6875)_{10} = (a_{-1} a_{-2} \cdots a_{-m})_2$)：

```
      0.6 8 7 5
  ×           2
      1.3 7 5 0        整数 1= a₋₁
        0.3 7 5
  ×           2
      0.7 5 0          整数 0= a₋₂
        0.7 5
  ×           2
      1. 5 0           整数 1= a₋₃
        0. 5
  ×           2
      1. 0             整数 1= a₋₄
```

即 $(233.6875)_{10} = (11101001.1011)_2$。

整数部分转换直到所得的商为零为止，小数部分转换直到小数部分为零为止（多数情况下，整个过程可能无限地进行下去，这时可根据精度的要求选取适当的位数）。

（2）十进制数转换成八进制数、十六进制数。与十进制数转换成二进制数相类似，十进制数转换成八进制数，整数部分采用"除 8 取余法"；小数部分用"乘 8 取整法"。十进制数转换成十六进制数，整数部分采用"除 16 取余法"；小数部分用"乘 16 取整法"。

总之，十进制数转换成任意 $J$ 进制数的方法是：整数转换用"除基取余法"；小数转换用"乘基取整法"。

（3）二进制数与八进制数之间的转换。

① 二进制数转换成八进制数。转换规则为：从小数点开始，分别向左向右，每 3 位为一组，

不满 3 位的用 0 补足，然后再将每组二进制数用相应的八进制数表示。

**例 1-5**　将二进制数（11101110.00101011）$_2$ 转换成八进制数。

即 (11101110.00101011)$_2$ = (356.126)$_8$。

② 八进制数转换成二进制数。只要将每位八进制数用相应的 3 位二进制数表示即可。

**例 1-6**　将八进制数 (714.431)$_8$ 转换成二进制数。

$$(714.431)_8 = (111001100.100011001)_2$$

（4）二进制数与十六进制数之间的转换。

① 二进制数转换成十六进制数。转换规则为：从小数点开始，分别向左向右，每 4 位为一组，不满 4 位的用 0 补足，然后再将每组二进制数用相应的十六进制数表示。

**例 1-7**　将二进制数 (1101001011111.100011)$_2$ 转换成十六进制数。

```
0001 1010 0101 1111.1000 1100
  ↓    ↓    ↓    ↓    ↓    ↓
  1    A    5    F    8    C
```

即 (1101001011111.100011)$_2$ = (1A5F.8C)$_{16}$。

② 十六进制数转换成二进制数。只要将每位十六进制数用相应的 4 位二进制数表示，即可转换成二进制数。

**例 1-8**　将十六进制数 (1AC0.6D)$_{16}$ 转换成相应的二进制数。

$$(1AC0.6D)_{16} = (1101011000000.01101101)_2$$

## 1.2.4　计算机中的数据单位与编码

### 1. 数据的单位

计算机中数据的常用表示单位有位、字节和字。

（1）位（bit）。计算机中最小的数据单位是二进制的一个数位，简称为位（bit）。一个二进制位只有两种状态"0"和"1"。若干二进制位的组合就可以表示各种数据。

（2）字节（byte）。8 个二进制数位称为一个字节。字节是计算机中用来表示存储空间大小的最基本的容量单位。

除以字节为单位表示存储容量外，还可以用千字节（KB）、兆字节（MB）以及十亿字节（GB）等表示存储容量。它们之间的转换关系为

$$1B = 8bit$$
$$1KB = 2^{10}B = 1\ 024B$$
$$1MB = 2^{20}B = 1\ 024KB$$
$$1GB = 2^{30}B = 1\ 024MB$$

（3）字和字长。字是计算机内部进行数据处理的基本单位，是由若干字节组成的。计算机的每一个字所包含的二进制数的位数称为字长。

### 2. 字符编码

在计算机中，数据是用二进制表示的。字符编码就是规定用怎样的二进制编码来表示字符数据。

（1）BCD码。通常采用把十进制数的每一位分别写成二进制形式的编码，称为二一十进制编码或BCD（Binary-Coded Decimal）编码。

BCD编码方法很多，常用的是8421码。8421码的名称来自它的二进制编码的位权，用它表示一位十进制数，或者说计算机中的每一位十进制数用4位二进制编码来表示。

例如，864用8421BCD码表示为 $(1000\ 0110\ 0100)_{BCD}$。

（2）ASCII。在计算机系统中使用得最广泛的是美国标准信息交换码（American Standard Code for Information Interchange，ASCII）。

# 1.3　计算机系统的组成

计算机系统由硬件系统和软件系统两部分组成。硬件系统一般指用电子器件和机电装置组成的计算机实体，软件系统一般指为计算机运行工作而服务的全部技术和各种程序。

## 1.3.1　计算机的硬件系统

计算机的硬件系统由5大部分组成，即运算器、控制器、存储器、输入设备和输出设备，如图1-8所示。计算机的5大部分通过系统总线完成指令所传达的任务。系统总线由地址总线、数据总线和控制总线组成。

### 1. 运算器

运算器的主要任务是执行各种算术运算和逻辑运算，一般包括算术逻辑部件ALU、累加器A和寄存器R。

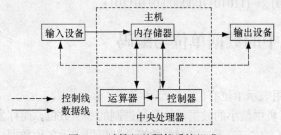

图1-8　计算机的硬件系统组成

### 2. 控制器

控制器是对输入的指令进行分析，控制和指挥计算机的各个部件完成一定任务的部件。

控制器包括指令寄存器、指令计数器（程序计数器）和操作码译码器。

### 3. 存储器

存储器是计算机存储程序和数据的部件。计算机的存储器可以分为两大类：一类是内部存储器，简称内存或主存；另一类是外部存储器，又称为辅助存储器，简称外存或辅存。内存的特点是存储容量较小，存取速度快；外存的特点是存储容量大，存取速度慢。

### 4. 输入设备

输入设备是向计算机中输入信息（程序、数据、声音、文字、图形、图像等）的设备，常用的输入设备有键盘、鼠标器、图形扫描仪、数字化仪、光笔、触摸屏等。

### 5. 输出设备

输出设备是由计算机向外输出信息的设备。常用的输出设备有显示器、打印机、绘图仪等。

通常人们将运算器和控制器合称为中央处理器（Central Processor Unit，CPU），而将中央处理器和主（内）存储器合称为主机，将输入设备和输出设备称为外部设备或外围设备。

## 1.3.2 计算机的软件系统

计算机的软件系统组成如图 1-9 所示。

### 1. 系统软件

系统软件包括操作系统、语言处理程序、数据库管理系统、网络通信管理程序等程序。

### 2. 应用软件

应用软件的涉及范围非常广，它通常指用户利用系统软件提供的系统功能、工具软件和由其他实用软件开发的各种应用软件。

### 3. 计算机语言

计算机语言是用户和计算机之间进行交流的工具，分为机器语言、汇编语言和高级语言 3 种。

图 1-9　计算机的软件系统组成

（1）机器语言。能直接被计算机接收并执行的指令称为机器指令。全部机器指令构成计算机的机器语言。显然，机器语言就是二进制代码语言。机器语言程序可以直接在计算机上运行，但是，用机器语言编写程序不便于记忆、阅读和书写。尽管如此，由于计算机只能接收以二进制代码形式表示的机器语言，所以任何高级语言最后都必须翻译成二进制代码程序（即目标程序），才能为计算机所接收并执行。

（2）汇编语言。用助记符号表示二进制代码形式的机器语言称为汇编语言。可以说，汇编语言是机器语言符号化的结果，是为特定的计算机或计算机系统设计的面向机器的语言。汇编语言的指令与机器指令基本上保持了一一对应的关系。

汇编语言容易记忆，便于阅读和书写，在一定程度上克服了机器语言的缺点。汇编语言程序不能被计算机直接识别和执行，必须将其翻译成机器语言程序才能在计算机上运行。翻译过程由计算机执行汇编程序自动完成，这种翻译过程被称为汇编过程。

（3）高级语言。机器语言和汇编语言都是面向机器的语言，它们的运行效率虽然很高，但人们编写的效率却很低。高级语言是同自然语言和数学语言比较接近的计算机程序设计语言，它容易为人们所掌握，用来描述一个解题过程或某一问题的处理过程十分方便、灵活。由于它独立于机器，因此具有一定的通用性。

同样，用高级语言编制的程序也不能直接在计算机上运行，必须将其翻译成机器语言程序才能执行。其翻译过程有编译和解释两种方式：编译是将用高级语言编写的源程序整个翻译成目标程序，然后将目标程序交给计算机运行；解释是对高级语言编写的源程序逐句进行分析，边解释、边执行，并立即得到运行结果。

## 1.3.3 计算机硬件系统与软件系统之间的关系

计算机系统是由计算机的硬件系统与软件系统组成的，其关系如图 1-10 所示。硬件是计算机系统的物质基础，没有硬件就不称为计算机；软件是计算机的语言，没有软件的支持，计算机就无法使用。硬件与软件之间相互依存，硬件靠软件来支配，软件管理硬件的工作；软件依靠硬件，软件要存储在硬件之上。

图 1-10　计算机系统的关系

计算机系统的组成如图 1-11 所示。

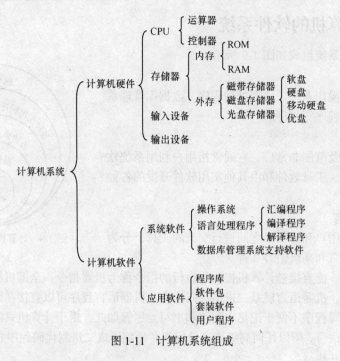

图 1-11　计算机系统组成

# 1.4　现代系列微型计算机硬件简介

微型计算机（简称微机）价格低廉，体积小，其功能可以满足普通单位和个人的需要，目前已得到了广泛的应用。本节对微机硬件的有关知识作简单介绍。

为了便于介绍，我们把微机的硬件部分依据其所处的位置划分为主机和外设两个部分。

## 1.4.1　主机

主机是计算机的总管，相当于人的大脑，几乎所有的文件资料和信息都由它掌管，用户要计算机完成的工作也都主要由它负责，它还要给其他的设备分配工作。下面详细介绍主机内部包括的部件。

### 1. 中央处理器

中央处理器（Central Processing Unit，CPU）主要包括运算器和控制器两大部件，它是计算机的核心部件。CPU（见图 1-12）是一个体积不大而集成度非常高、功能强大的芯片，也称为微处理器（Micro Processor Unit，MPU）。计算机的所有操作都受 CPU 控制，所以它的品质直接影响着整个计算机系统的性能。目前两大 CPU 生产厂商是 Intel 和 AMD。

描述 CPU 性能的主要技术指标有主频、字长等。主频是计算机的频率，它在很大程度上决定着计算机的运算速度，主频越高，运算速度越快。现在微机 CPU（如奔腾 4）的主频已达到 2GHz 以上。字长描述的是 CPU 处理数据的能力，目前微机的字长一般是 32 位或 64 位。

### 2. 内存

微型机的内存储器由半导体器件构成（见图 1-13），包括只读存储器（Read Only Memory，ROM）和随机存储器（Random Access Memory，RAM）。数据、程序在使用时从外存读入 RAM

中，使用完毕后在关机前再存回外存中，掉电将造成信息丢失。在使用 ROM 时，只能从中读出数据，而不能写入数据。存放在 ROM 中的信息就是在关掉电源后存储器中的信息也不会消失。只读存储器在特定的情况下也是可以写入数据的，比如 EEPROM（电可擦除可编程只读存储器），当加上一个"写入电压"后，即可写入数据。

图 1-12　CPU 实物图

图 1-13　内存实物图

一般在系统板上都装有 ROM，在它里面固化了一个基本输入/输出系统，称为 BIOS。其主要作用是完成对系统的加电自检、系统中各功能模块的初始化、系统的基本输入/输出的驱动程序及引导操作系统。

BIOS 提供了许多低层次的服务，如软盘和硬盘驱动程序、显示器驱动程序、键盘驱动程序、打印机驱动程序、串行通信接口驱动程序等，使程序员不必过多地关心这些具体的物理特性和逻辑结构细节，就能方便地控制各种输入/输出操作。

RAM 又分为静态随机存储器（SRAM）、动态随机存储器（DRAM）和视频随机存储器（VRAM）。SRAM 具有低密度（同样芯片面积存储数据量少）、高功耗、快速、静态（如果不掉电，内容将永久保持）等特点，从器件的原理上分为双极型和 MOS 型。双极型 SRAM 常作为系统的高速缓冲存储器（Cache）。DRAM 是 RAM 家族中最大的成员，通常意义上的 RAM 即指DRAM。DRAM 具有高密度、低功耗、廉价、慢速、动态（需要定时刷新）等特点。内存（在系统板上的 RAM 又称主存）一般都采用 DRAM。VRAM 是一种专为视频图像处理设计的 RAM，通常安装在显卡或图形加速卡上。与 DRAM 内存不同，VRAM 内存采用双端口设计，允许同时从处理器向视频存储器和数字/模拟存储器传送信息。若干 RAM 集成芯片焊接在一小块线路板上，称为内存条。内存条插在主板的插槽上，主板上目前常用内存条的容量为 128MB、256MB、1 024MB，甚至更多。内存条的引脚从 30 线、72 线到现在的 168 线。

### 3. 主板

主板也叫系统板或母板（Motherboards），如图 1-14 所示。在 PC 诞生的 20 多年来，主板一直是其主要组成部分。我们可以把它理解为主机内各个部件的"地基"，这些部件通过主板连接在一起。

微机各功能部件相互传输数据时，需要有连接它们的通道，这些公共通道称为总线（BUS），一次传输信息的位数则称为总线宽度。数据总线（DB）用来传输数据信息，它是 CPU 同各部件交换信息的通道。数据总线都是双向的，而具体传送信息的方向则由 CPU 来控制。地址总线（AB）用来传送地址信息，CPU 通过地址总线把需要访问的内存单元地

图 1-14　主板实物图

址或外部设备的地址传送出去。通常地址总线是单方向的，它的宽度与寻址的范围有关。控制总线用来传输控制信号，以协调各部件的操作，它包括 CPU 对内存和接口电路的读写信息、中断响应信号等。USB（Universal Serial Bus，通用串行总线）可以使所有的低速设备都连接到统一的 USB 接口上。USB 接口支持功能传递，用户只需要准备一个 USB 接口，就可以将外设相互连接成串，而其通信功能不会受到丝毫影响。其次，USB 接口本身就可以提供电力来源，因此外设可以没有外接电源线。此外，该接口支持即插即用功能，用户可以完全摆脱添加或去除外设时总要重新开机的麻烦。

#### 4. 板卡

当主机与外部设备交换数据时，通常需要一些专用的设备把两者连接起来，这类连接设备就是板卡，如图 1-15 所示。下面介绍一些常见的板卡。

显示适配卡简称显卡，一般被插在主板的扩展槽内，通过总线与 CPU 相连。当 CPU 有运算结果或图形要显示的时候，首先将信号送给显卡，由显卡的图形处理芯片把它们翻译成显示器能够识别的数据格式，并通过显卡后面的一根 15 芯 VGA 接口和显示电缆传给显示器。显示器的显示方式是由显卡来控制的。显卡

图 1-15　板卡实物

必须有 VRAM，显存越大，显卡所能显示的色彩越丰富，分辨率就越高。例如，显存用 8bit 可以显示 256 种颜色，用 24bit 则可以显示 16.7 兆种颜色。显卡的颜色设置有单色、16 色、256 色、增强色（16 位）、真彩色（24 位），甚至更多。显卡是一种常见的扩展卡，在早期的 DOS 时代完全可以处理大多数图像或者文本文件的显示，但是在 Windows 操作系统得到广泛应用后，在复杂的图形显示及高质量的图像面前就显得无能为力了。最根本的方法就是采用专门的图形加速卡，现在的显卡大多为图形加速卡。声卡负责把计算机内部的数字信号转换为模拟信号，从而可以通过音箱播放声音。

网卡也称网络接口卡（Network Interface Card，NIC），作为局域网中最基本的部件之一，是局域网连接的重要部分。按其传输速度划分，可分为 10Mbit/s 网卡，10/100Mbit/s 自适应网卡以及 1 000Mbit/s 网卡 3 种。应用最广泛的应属第 2 种。

调制解调器又称"MODEM"（Modulator 和 Demodulator 的缩写），也有人称之为"猫"。它可以把计算机内部的数字信号转换为可以在电话线上传输的模拟信号，也可以反过来把模拟信号转换为数字信号。

## 1.4.2　外部设备

#### 1. 键盘和鼠标

键盘是最常用的数据录入设备，常用的有标准键盘或带有特殊用途的订制键盘，图 1-16 左侧就是标准的常用键盘，中间就是一款订制键盘。

图 1-16　常见的外部设备：键盘和鼠标

鼠标器（Mouse）是一种"指点"设备（Pointing Device），如图 1-16 右侧所示，现在多用于 Windows 操作系统环境下，可以取代键盘上的光标移动键移动光标，定位光标于菜单处或按钮处，完成菜单系统特定的命令操作或按钮的功能操作。鼠标的主要性能指标是其分辨率（指每移动 1 英寸所能检出的点数，单位是 ppi），目前鼠标的分辨率为 200ppi 至 400ppi。传送速率一般为 1 200B/s，最高可达 9 600B/s。

### 2. 显示器

显示器是主要的输出设备，如图 1-17 所示。它由一根视频电缆与主机的显示卡相连。以前多用 15 英寸（屏幕对角线的长度）的球面显示器，现在 17 英寸平面直角的显示器已逐渐流行起来了，画面效果比球面显示器有很大的提高。

分辨率是显示器的一个重要性能参数，它指的是屏幕上所能显示的基本像素点的最大数目，一般把它分解成水平分辨率和垂直分辨率。水平分辨率是指水平方向上每一行显示的像素点数；垂直分辨率是指屏幕垂直方向上能够显示扫描线的数目。显然，显示器的分辨率等于水平分辨率乘以垂直分辨率。例如，某显示器的分辨率为 800 像素×600 像素，即表示该显示器的每行可显示 800 个点，而在垂直方向上每屏可显示 600 根扫描线。近几年来，显示器的分辨率得到了很大的发展，性能比较高的显示器的分辨率可达 1 680 像素×1 240 像素。

像素点距是屏幕上相邻两个像素之间的距离，点距越小，图像越清晰，细节越清楚。常见的点距有 0.21mm、0.25mm、0.28mm 等。0.21mm 点距通常用于高档的显示器。目前市场上常用的是 0.28mm 点距的显示器。

### 3. 打印机

打印机也是一种常用的输出设备，如图 1-18 所示。通过一根并口电缆与主机后面的并行口相连。打印机有 3 种类型：针式打印机、喷墨打印机和激光打印机，其性能是逐级递增的。针式打印机的特点是耗材（色带）便宜并且更换容易，但打印时噪声大。喷墨打印机耗材（墨水）昂贵，但打印噪声小，速度快。激光打印机具有高速度、高精度的优点，但造价高。

图 1-17　常见的外部设备：显示器

图 1-18　打印机

### 4. 外存

在计算机系统中，外存用于存储暂时不用的程序和数据，常用的有 U 盘、硬盘、光盘等存储器，如图 1-19 所示。它们和内存一样，存储容量也是以字节为基本单位。

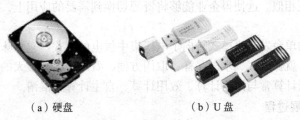
（a）硬盘　　　　　　　（b）U 盘
图 1-19　常见的外存

U盘是目前常用的外部存储器，一般的容量为512MB、1GB、4GB、8GB等。

硬盘的容量有 40GB、60GB、80GB、100GB、120GB、160GB、200GB、250GB、300GB、320GB、500GB、640GB、750GB、1 000GB、1.5TB、2TB等。

硬盘速度是指硬盘电机的转速，转速越快，读写资料的速度就越快，所以转速越快的硬盘，价格也就越高。目前的硬盘转速常见的有 5 400r/min 和 7 200r/min 两种。

**硬盘容量的计算方法**

在操作系统中显示的硬盘容量都要少于标称容量，容量越大则这个差异越大。例如，标称40GB的硬盘，在操作系统中显示只有38GB；80GB的硬盘只有75GB；而120GB的硬盘则只有114GB。这是硬盘厂商对容量的计算方法和操作系统的计算方法不同而造成的。

计算机中采用二进制，这样在操作系统中对容量的计算是以每1 024为一进制的，每1 024B为1KB，每1 024KB为1MB，每1 024MB为1GB，每1 024GB为1TB；而硬盘厂商在计算容量时，是以每1 000为一进制的，每1 000字节为1KB，每1 000KB为1MB，每1 000MB为1GB，每1 000GB为1TB。

以120GB的硬盘为例：

厂商容量计算方法：120GB = 120 000MB = 120 000 000KB = 120 000 000 000B

操作系统计算方法：120 000 000 000B/1 024B = 117 187 500KB/1024B = 114 440.91796875MB = 114GB

光驱只能读取光盘的资料，而不能将资料储存到光盘中，所以光驱又称为CD-ROM（Compact Disk，Read Only Memory），通常一片光盘最多只可以储存650MB左右的资料。由于容量大，所以现在一般软件程序都是利用光盘来储存，因此光驱也成为计算机必要的配备之一。光驱的速度是这样衡量的，单倍速的速度是150KB/s，所以光驱的速度就以此为基准，24倍速就是3.6MB/s。

CD-ROM、CD-R、CD-RW的区别是：CD-ROM光驱只能读取光盘的资料，并不能将资料写入光盘；CD-R光盘只能写入一次资料；CD-RW光盘可以利用CD-RW光驱重复写入的动作。

# 1.5 流行概念简介

## 1.5.1 云计算

云计算是继20世纪80年代大型计算机到客户端-服务器的大转变之后的又一种巨变。云计算（Cloud Computing）是网格计算（Grid Computing）/（分布式计算）（Distributed Computing）、并行计算（Parallel Computing）、效用计算（Utility Computing）、网络存储（Network Storage Technologies）、虚拟化（Virtualization）、负载均衡（Load Balance）等传统计算机和网络技术发展融合的产物。

**1. 云计算的特点**

通过使计算分布在大量的分布式计算机上，而非本地计算机或远程服务器中，企业数据中心的运行将与互联网更相似。这使得企业能够将资源切换到需要的应用上，根据需求访问计算机和存储系统。

好比是从古老的单台发电机模式转向了电厂集中供电的模式。它意味着计算能力也可以作为一种商品进行流通，就像煤气、水电一样，取用方便，费用低廉。最大的不同在于，它是通过互联网进行传输的。云计算常与网格计算、效用计算、自主计算相混淆。

**2. 云计算的发展过程**

1983年，太阳电脑（Sun Microsystems）提出"网络是电脑"（"The Network is the Computer"），

2006 年 3 月，亚马逊（Amazon）推出弹性计算云（Elastic Compute Cloud，EC2）服务。2006 年 8 月 9 日，Google 首席执行官埃里克·施密特（Eric Schmidt）在搜索引擎大会（SES San Jose 2006）首次提出"云计算"（Cloud Computing）的概念。Google "云端计算"源于 Google 工程师克里斯托弗·比希利亚所做的"Google 101"项目。2007 年 10 月，Google 与 IBM 开始在美国大学校园，包括卡内基梅隆大学、麻省理工学院、斯坦福大学、加州大学伯克莱分校及马里兰大学等推广云计算的计划，这项计划希望能降低分布式计算技术在学术研究方面的成本，并为这些大学提供相关的软硬件设备及技术支持（包括数百台个人电脑及 BladeCenter 与 System x 服务器，这些计算平台将提供 1 600 个处理器，支持包括 Linux、Xen、Hadoop 等开放源代码平台）。而学生则可以通过网络开发各项以大规模计算为基础的研究计划。2008 年 1 月 30 日，Google 宣布在中国台湾启动"云计算学术计划"，将与台大、交大等学校合作，将这种先进的大规模、快速计算技术推广到校园。2008 年 2 月 1 日，IBM（NYSE: IBM）宣布将在中国无锡太湖新城科教产业园为中国的软件公司建立全球第一个云计算中心（Cloud Computing Center）。2008 年 7 月 29 日，雅虎、惠普和英特尔宣布一项涵盖美国、德国和新加坡的联合研究计划，推出云计算研究测试床，推进云计算。该计划要与合作伙伴创建 6 个数据中心作为研究试验平台，每个数据中心配置 1 400 个至 4 000 个处理器。这些合作伙伴包括新加坡资讯通信发展管理局、德国卡尔斯鲁厄大学 Steinbuch 计算中心、美国伊利诺伊大学香槟分校、英特尔研究院、惠普实验室和雅虎。2008 年 8 月 3 日，美国专利商标局网站信息显示，戴尔正在申请"云计算"（Cloud Computing）商标，此举旨在加强对这一未来可能重塑技术架构术语的控制权。2010 年 3 月 5 日，Novell 与云安全联盟（CSA）共同宣布一项供应商中立计划，名为"可信任云计算计划"（Trusted Cloud Initiative）。2010 年 7 月，美国国家航空航天局和包括 Rackspace、AMD、Intel、戴尔等支持厂商共同宣布"OpenStack"开放源代码计划，微软在 2010 年 10 月表示支持 OpenStack 与 Windows Server 2008 R2 的集成；而 Ubuntu 已把 OpenStack 加至 11.04 版本中。2011 年 2 月，思科系统正式加入 OpenStack，重点研制 OpenStack 的网络服务。

### 3. 云计算的应用

（1）云物联。物联网就是物物相连的互联网。这有两层意思：第一，物联网的核心和基础仍然是互联网，是在互联网基础上的延伸和扩展的网络；第二，其用户端延伸和扩展到了任何物品与物品之间，进行信息交换和通信。物联网有两种业务模式：①MAI（M2M Application Integration），内部 MaaS；②MaaS（M2M as a Service），MMO，（Multi-Tenants，多租户模型）。随着物联网业务量的增加，对数据存储和计算量的需求将带来对"云计算"能力的要求：①云计算从计算中心到数据中心在物联网的初级阶段，PoP 即可满足需求；②在物联网高级阶段，可能出现 MVNO/MMO 运营商（国外已存在多年），需要虚拟化云计算技术，SOA 等技术的结合实现互联网的泛在服务：TaaS（everyThing as a Service）。

（2）云安全。云安全（Cloud Security）是一个从"云计算"演变而来的新名词。云安全的策略构想是：使用者越多，每个使用者就越安全，因为如此庞大的用户群足以覆盖互联网的每个角落，只要某个网站被挂马或某个新木马病毒入侵，就会立刻被截获。"云安全"通过网状的大量客户端对网络中软件行为的异常监测，获取互联网中木马、恶意程序的最新信息，推送到 Server 端进行自动分析和处理，再把病毒和木马的解决方案分发到每一个客户端。

（3）云存储。云存储是在云计算（cloud computing）概念上延伸和发展出来的一个新的概念，是指通过集群应用、网格技术或分布式文件系统等功能，将网络中大量各种不同类型的存储设备通过应用软件集合起来协同工作，共同对外提供数据存储和业务访问功能的一个系统。当云计算系统运算和处理的核心是大量数据的存储和管理时，云计算系统中就需要配置大量的存储设备，那么云计算系统就转变成为一个云存储系统，所以云存储是一个以数据存储和管理为核心的云计算系统。

云技术要求大量用户参与，也不可避免地出现了隐私问题。用户参与即要收集某些用户数据，从而引发了用户对数据安全的担心。很多用户担心自己的隐私会被云技术收集。正因为如此，在加入云计划时，很多厂商都承诺尽量避免收集到用户隐私，即使收集到也不会泄露或使用。但不少人还是怀疑厂商的承诺，他们的怀疑也不是没有道理的。不少知名厂商都被指责有可能泄露用户隐私，并且泄露事件也确实时有发生。

## 1.5.2 物联网

### 1. 概念

物联网是新一代信息技术的重要组成部分。其英文名称是"The Internet of things"。因此顾名思义，"物联网就是物物相连的互联网"。这有两层意思：

第一，物联网的核心和基础仍然是互联网，是在互联网基础上的延伸和扩展的网络；

第二，其用户端延伸和扩展到了任何物品与物品之间，进行信息交换和通信。因此，物联网的定义是通过射频识别（RFID）、红外感应器、全球定位系统、激光扫描器等信息传感设备，按约定的协议把任何物品与互联网相连接，进行信息交换和通信，以实现对物品的智能化识别、定位、跟踪、监控和管理的一种网络，如图1-20所示。

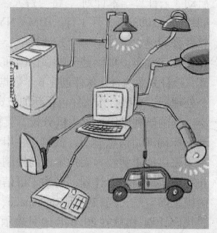

图1-20 物联网

### 2. 特征

和传统的互联网相比，物联网有其鲜明的特征。

首先，它是各种感知技术的广泛应用。物联网上部署了海量的多种类型传感器，每个传感器都是一个信息源，不同类别的传感器所捕获的信息内容和信息格式不同。传感器获得的数据具有实时性，按一定的频率周期性地采集环境信息，不断更新数据。

其次，它是一种建立在互联网上的泛在网络。物联网技术的重要基础和核心仍旧是互联网，通过各种有线和无线网络与互联网融合，将物体的信息实时准确地传递出去。在物联网上的传感器定时采集的信息需要通过网络传输，由于其数量极其庞大，形成了海量信息，在传输过程中，为了保障数据的正确性和及时性，必须适应各种异构网络和协议。

最后，物联网不仅仅提供了传感器的连接，其本身也具有智能处理的能力，能够对物体实施智能控制。物联网将传感器和智能处理相结合，利用云计算、模式识别等各种智能技术，扩充其应用领域。从传感器获得的海量信息中分析、加工和处理出有意义的数据，以适应不同用户的不同需求，发现新的应用领域和应用模式。

### 3. "物"的涵义

这里的"物"要满足以下条件才能够被纳入"物联网"的范围：

（1）要有数据传输通路；

（2）要有一定的存储功能；

（3）要有CPU；

（4）要有操作系统；

（5）要有专门的应用程序；

（6）遵循物联网的通信协议；

（7）在世界网络中有可被识别的唯一编号。

### 4. 物联网分类

（1）私有物联网（Private IoT）：一般面向单一机构内部提供服务；

（2）公有物联网（Public IoT）：基于互联网（Internet）向公众或大型用户群体提供服务；

（3）社区物联网（Community IoT）：向一个关联的"社区"或机构群体（如一个城市政府下属的各委办局：如公安局、交通局、环保局、城管局等）提供服务；

（4）混合物联网（Hybrid IoT）：是上述的两种或两种以上的物联网的组合，但后台有统一运维实体。

### 5. 物联网定义

物联网是一个基于互联网、传统电信网等信息承载体，让所有能够被独立寻址的普通物理对象实现互联互通的网络。它具有普通对象设备化、自治终端互联化和普适服务智能化 3 个重要特征。物联网（Internet of Things）指的是将无处不在（Ubiquitous）的末端设备（Devices）和设施（Facilities），包括具备"内在智能"的传感器、移动终端、工业系统、楼控系统、家庭智能设施、视频监控系统等和"外在使能"（Enabled）的，如贴上 RFID 的各种资产（Assets）、携带无线终端的个人与车辆等"智能化物件或动物"或"智能尘埃"（Mote），通过各种无线/有线的长距离/

图 1-21 物联网示意图

短距离通信网络实现互联互通（M2M）、应用大集成（Grand Integration），以及基于云计算的 SaaS 营运等模式，提供安全可控乃至个性化的实时在线监测、定位追溯、报警联动、调度指挥、预案管理、远程控制、安全防范、远程维保、在线升级、统计报表、决策支持、领导桌面（集中展示的 Cockpit Dashboard）等管理和服务功能，实现对"万物"的"高效、节能、安全、环保"的"管、控、营"一体化，如图 1-21 所示。

### 6. 产生背景

（1）物联网的实践最早可以追溯到 1990 年施乐公司的网络可乐贩售机——Networked Coke Machine。

（2）1999 年在美国召开的移动计算和网络国际会议首先提出物联网（Internet of Things）这个概念，它是 1999 年 MIT Auto-ID 中心的 Ashton 教授在研究 RFID 时最早提出来的，并提出了结合物品编码、RFID 和互联网技术的解决方案。当时基于互联网、RFID 技术、EPC 标准，在计算机互联网的基础上，利用射频识别技术、无线数据通信技术等，构造了一个实现全球物品信息实时共享的实物互联网"Internet of things"（简称物联网），这也是在 2003 年掀起第一轮华夏物联网热潮的基础。1999 年，在美国召开的移动计算和网络国际会议提出了"传感网是 21 世纪人类面临的又一个发展机遇"。

（3）2003 年，美国《技术评论》提出传感网络技术将是未来改变人们生活的十大技术之首。

（4）2005 年 11 月 17 日，在突尼斯举行的信息社会世界峰会（WSIS）上，国际电信联盟（ITU）发布《ITU 互联网报告 2005：物联网》，引用了"物联网"的概念。物联网的定义和范围已经发生了变化，覆盖范围有了较大的拓展，不再只是指基于 RFID 技术的物联网。报告指出，无所不在的"物联网"通信时代即将来临，世界上所有的物体从轮胎到牙刷、从房屋到纸巾都可以通过因特网主动进行交换。射频识别技术（RFID）、传感器技术、纳米技术、智能嵌入技术将得到更加广泛的应用。根据 ITU 的描述，在物联网时代，通过在各种各样的日常用品上嵌入一种短距离的移动收发器，人类在信息与通信世界里将获得一个新的沟通维度，从任何时间任何地点的人与人之间的沟通连接扩展到人与物和物与物之间的沟通连接。物联网概念的兴起，很大程度上得益于国际电信联盟 2005 年以物联网为标题的年度互联网报告。然而，ITU 的报告对物联网缺乏一个清晰的定义。虽然目前国内对物联网也还没有一个统一的标准定义，但从物联网本质上看，物联网是现代信息技术发展到一定阶段后出现的一种聚合性应用与技术提升，将各种感知技术、现代网络技术和人工智能与自动化技术聚合与集成应用，使人与物智慧对话，创造一个智慧的世界。物联网技术被称为是信息产业的第三次革命性创新。物联网的本质概括起来主要体现在 3 个方面：一是互联网特征，即对需要联网的物一定要能够实现互联互通的互联网络；二是识别与通信特征，即纳入物联网的"物"一定要具备自动识别与物物通信（M2M）的功能；三是智能化特征，即网络系统应具有自动化、自我反馈与智能控制的特点。

（5）2008 年后，为了促进科技发展，寻找经济新的增长点，各国政府开始重视下一代的技术规划，将目光放在了物联网上。在中国，同年 11 月在北京大学举行的第二届中国移动政务研讨会"知识社会与创新 2.0"提出移动技术、物联网技术的发展代表着新一代信息技术的形成，并带动了经济社会形态、创新形态的变革，推动了面向知识社会的以用户体验为核心的下一代创新（创新 2.0）形态的形成，创新与发展更加关注用户，注重以人为本。而创新 2.0 形态的形成又进一步推动新一代信息技术的健康发展。

（6）2009 年 1 月 28 日，奥巴马就任美国总统后，与美国工商业领袖举行了一次"圆桌会议"，作为仅有的两名代表之一，IBM 首席执行官彭明盛首次提出"智慧地球"这一概念，建议新政府投资新一代的智慧型基础设施。当年，美国将新能源和物联网列为振兴经济的两大重点。2009 年 2 月 24 日，2009IBM 论坛上，IBM 大中华区首席执行官钱大群公布了名为"智慧的地球"的最新策略。此概念一经提出，即得到美国各界的高度关注，甚至有分析认为，IBM 公司的这一构想极有可能上升至美国的国家战略，并在世界范围内引起轰动。IBM 认为，IT 产业下一阶段的任务是把新一代 IT 技术充分运用在各行各业之中，具体地说，就是把感应器嵌入和装备到电网、铁路、桥梁、隧道、公路、建筑、供水系统、大坝、油气管道等各种物体中，并且被普遍连接，形成物联网。 在策略发布会上，IBM 还提出，如果在基础建设的执行中植入"智慧"的理念，不仅仅能够在短期内有力地刺激经济，促进就业，而且能够在短时间内为中国打造一个成熟的智慧基础设施平台。IBM 希望"智慧的地球"策略能掀起"互联网"浪潮之后的又一次科技产业革命。IBM 前首席执行官郭士纳曾提出一个重要的观点，认为计算模式每隔 15 年发生一次变革。这一判断像摩尔定律一样准确，人们把它称为"十五年周期定律"。1965 年前后发生的变革以大型机为标志，1980 年前后以个人计算机的普及为标志，而 1995 年前后则发生了互联网革命。每一次这样的技术变革都引起企业间、产业间甚至国家间竞争格局的重大动荡和变化。而互联网革命一定程度上是由美国"信息高速公路"战略所催熟。20 世纪 90 年代，美国政府计划用 20 年时间，耗资 2 000 亿～4 000 亿美元建设美国国家信息基础结构，创造了巨大的经济和社会效益。而今天，"智慧地球"战略被不少美国人认为与当年的"信息高速公路"有许多相似之处，同样被他们认为是振兴经济、确立竞争优势的关键战略。该战略能否掀起如当年互联网革命一样的科技和经济浪潮，不仅为美国所关注，更为世界所关注。物联网的概念与其说是一个外来概念，不如说它已经是一个"中国制造"的概念，它的覆盖范围与时俱进，已经超越了 1999 年 Ashton 教授和 2005 年 ITU 报告所指的范围，物联网已被贴上"中国式"标签。截至 2010 年，发改委、工信部等部委正在会同有关部门，在新一代信息技术方面开展研究，以形成支持新一代信息技术的一些新政策措施，从而推动我国经济的发展。

### 7. 物联网未来发展

物联网将是下一个推动世界高速发展的"重要生产力"！物联网拥有业界最完整的专业物联产品系列，覆盖从传感器、控制器到云计算的各种应用。产品服务智能家居、交通物流、环境保护、公共安全、智能消防、工业监测、个人健康等各种领域。构建了"质量好，技术优，专业性强，成本低，满足客户需求"的综合优势，持续为客户提供有竞争力的产品和服务。

### 8. 应用案例

一、物联网传感器产品已率先在上海浦东国际机场防入侵系统中得到应用

系统铺设了 3 万多个传感节点，覆盖了地面、栅栏和低空探测，可以防止人员的翻越、偷渡、恐怖袭击等攻击性入侵。上海世博会也与中科院无锡高新微纳传感网工程技术研发中心签下订单，购买防入侵微纳传感网 1500 万元产品。

二、ZigBee 路灯控制系统点亮济南园博园

ZigBee 无线路灯照明节能环保技术的应用是此次园博园中的一大亮点。园区所有的功能性照明都采用了 ZigBee 无线技术达成的无线路灯控制。

三、智能交通系统（ITS）

ITS 是利用现代信息技术为核心，利用先进的通信、计算机、自动控制、传感器技术，实现对交通的实时控制与指挥管理。交通信息采集被认为是 ITS 的关键子系统，是发展 ITS 的基础，成为交通智能化的前提。无论是交通控制还是交通违章管理系统，都涉及交通动态信息的采集，交通动态信息采集也就成为交通智能化的首要任务。

四、首家高铁物联网技术应用中心在苏州投用

我国首家高铁物联网技术应用中心于 2010 年 6 月 18 日在苏州科技城投用，该中心将为高铁物联网产业发展提供科技支撑。

高铁物联网作为物联网产业中投资规模最大、市场前景最好的产业之一，正在改变人类的生产和生活方式。据中心工作人员介绍，以往购票、检票的单调方式，将在这里升级为人性化、多样化的新体验。刷卡购票、手机购票、电话购票等新技术的集成使用，让旅客可以摆脱拥挤的车站购票；与地铁类似的检票方式则可实现持有不同票据旅客的快速通行。

清华易程公司工作人员表示，为应对中国巨大的铁路客运量，该中心研发了目前世界上最大的票务系统，每年可处理 30 亿人次，而目前全球在用系统的最大极限是 5 亿人次。

五、国家电网首座 220 千伏智能变电站

2011 年 1 月 3 日，国家电网首座 220 千伏智能变电站——无锡市惠山区西泾变电站日前投入运行，并通过物联网技术建立传感测控网络，实现了真正意义上的"无人值守和巡检"。西泾变电站利用物联网技术建立传感测控网络，将传统意义上的变电设备"活化"，实现自我感知、判别和决策，从而完成自动控制，完全达到了智能变电站建设的前期预想，设计和建设水平全国领先。

六、首家手机物联网落户广州

将移动终端与电子商务相结合的模式，让消费者可以与商家进行便捷的互动交流，随时随地体验品牌品质，传播分享信息，实现互联网向物联网的从容过度，缔造出一种全新的零接触、高透明、无风险的市场模式。手机物联网购物其实就是闪购。广州闪购通过手机扫描条形码、二维码等方式，可以进行购物、比价、鉴别产品等功能。专家称，这种智能手机和电子商务的结合，是"手机物联网"的其中一项重要功能。有分析表示，预计 2013 年手机物联网占物联网的比例将过半，至 2015 年手机物联网市场规模达 6 847 亿元，手机物联网应用正伴随着电子商务大规模兴起。

### 9. 在我国的发展

物联网在中国迅速崛起得益于我国在物联网方面的几大优势：第一，我国早在 1999 年就启动

了物联网核心传感网技术研究，研发水平处于世界前列；第二，在世界传感网领域，我国是标准主导国之一，专利拥有量高；第三，我国是目前能够实现物联网完整产业链的国家之一；第四，我国无线通信网络和宽带覆盖率高，为物联网的发展提供了坚实的基础设施支持；第五，我国已经成为世界第二大经济体，有较为雄厚的经济实力支持物联网发展。

"与计算机、互联网产业不同，中国在'物联网'领域享有国际话语权！"中科院上海微系统与信息技术研究所副所长、中科院无锡高新微纳传感网工程中心主任刘海涛自豪地说。目前，我国的无线通信网络已经覆盖了城乡，从繁华的城市到偏僻的农村，从海岛到珠穆朗玛峰，到处都有无线网络的覆盖。无线网络是实现"物联网"必不可少的基础设施，安置在动物、植物、机器和物品上的电子介质产生的数字信号可随时随地通过无处不在的无线网络传送出去。"云计算"技术的运用，使数以亿计的各类物品的实时动态管理变得可能。

中科院早在 1999 年就启动了传感网研究，与其他国家相比具有同发优势。该院组成了 2000 多人的团队，先后投入数亿元，在无线智能传感器网络通信技术、微型传感器、传感器终端机、移动基站等方面取得重大进展，目前已拥有从材料、技术、器件、系统到网络的完整产业链。在世界传感网领域，中国与德国、美国、韩国一起，成为国际标准制定的主导国之一。

业内专家表示，掌握"物联网"的世界话语权不仅体现在技术领先，更在于我国是世界上少数能实现产业化的国家之一。这使我国在信息技术领域迎头赶上甚至占领产业价值链的高端成为可能。多种传感手段组成一个协同系统后，可以防止人员的翻越、偷渡、恐怖袭击等攻击性入侵。由于效率高于美国和以色列的防入侵产品，国家民航总局正式发文要求，全国民用机场都要采用国产传感网防入侵系统。至 2009 年 8 月，仅浦东机场直接采购传感网产品金额为 4000 多万元，加上配件共 5000 万元。刘海涛称，若全国近 200 家民用机场都加装防入侵系统，将产生上百亿的市场规模。

## 1.5.3　模式识别

### 1. 概念

模式识别（Pattern Recognition）是人类的一项基本智能，在日常生活中，人们经常在进行"模式识别"。

随着 20 世纪 40 年代计算机的出现以及 50 年代人工智能的兴起，人们当然也希望能用计算机来代替或扩展人类的部分脑力劳动。（计算机）模式识别在 20 世纪 60 年代初迅速发展并成为一门新学科。模式识别是指对表征事物或现象的各种形式的（数值的、文字的和逻辑关系的）信息进行处理和分析，以对事物或现象进行描述、辨认、分类和解释的过程，是信息科学和人工智能的重要组成部分。模式识别又常称作模式分类，从处理问题的性质和解决问题的方法等角度，模式识别分为有监督的分类（Supervised Classification）和无监督的分类（Unsupervised Classification）两种。两者的主要差别在于，各实验样本所属的类别是否预先已知。一般来说，有监督的分类往往需要提供大量已知类别的样本，但在实际问题中，这是存在一定困难的，因此研究无监督的分类就变得十分有必要了。

### 2. 分类

模式还可分成抽象的和具体的两种形式。前者如意识、思想、议论等，属于概念识别研究的范畴，是人工智能的另一研究分支。我们所指的模式识别主要是对语音波形、地震波、心电图、脑电图、图片、照片、文字、符号、生物传感器等对象的具体模式进行辨识和分类。

# 第2章
# 中文版 Windows XP 操作系统

## 2.1　初识中文版 Windows XP

2001 年，Microsoft 公司推出了其 Windows 操作系统家族的最新成员——中文版 Windows XP，它以 Windows NT/2000 为核心技术，是稳定的纯 32 位操作系统。中文版 Windows XP 有 5 种版本，分别为家庭版、专业版、平板电脑版、媒体中心版和 64 位工作站版，其中最常用的是适于个人用户的家庭版 Windows XP Home Edition 和针对商业用户的专业版 Windows XP Professional。本章主要介绍 Windows XP Professional 版本（以下简称 Windows XP）。

### 2.1.1　Windows XP 的新特征

Windows XP 不仅集成了 Windows 2000 和其他早期版本的优点，而且增加了众多全新的技术和功能，使计算机的使用更加容易、有效和愉快。

Windows XP 的新特征主要体现在如下几个方面。

#### 1．界面更精致

**焕然一新的视觉效果**。Windows XP 的全新界面给人一种很强的立体感，靓丽的色彩带给用户清爽的感觉，可爱的卡通图标使用户在工作中体验趣味性。

**多变的开始菜单和任务栏**。Windows XP 开始菜单和任务栏改变了沿用多年的风格，进行了全新的设计。在开始菜单的顶端新增了用户名和形象生动的用户图标，开始菜单中自动调整的常用程序栏使用户的操作更加方便，新增的"任务栏按钮分组"功能使用户的桌面更加简捷。

#### 2．使用更简便

**随机应变的任务列表**。打开"我的电脑"，在窗口左侧有一栏任务列表，它将根据窗口右侧出现的不同文件类型随机应变地列出相关的可能操作的任务。

**分类组合的控制面板**。Windows XP 对控制面板中的项目进行了分类组合，用户将更加快捷地找到希望设置的内容。

**聪明的搜索精灵**。新增的搜索精灵不仅形象可爱、表情丰富，而且在搜索列表中列出了多种文件类型和多种限制条件，带给用户更高的搜索效率。

#### 3．功能更强大

**高速、可靠与稳定**。系统性能得到显著提高，这将允许用户使用更多程序，并且它们的运行速度比以前更快、更可靠、更稳定。同时，与其他各种功能应用程序的兼容性比以前更好。

**内置 CDRW 支持**。Windows XP 可以不再需要任何第三方软件，直接进行 CD-R 或 CD-RW 刻录，而且用户可以方便地增减刻录的内容。

**无限的沟通**。用户可以使用"远程桌面"在家中访问办公室内的计算机及其资源，并可以使用同事的计算机查看家中计算机里的文件。使用 NetMeeting 可以与在任何地方的任何人举行虚拟会议，还可以使用音频、视频或聊天工具参与讨论。使用"远程协助"，只要将电子邮件发送给用户信任的计算机专家或提供帮助的工作人员，他们就会在他们自己的位置远程地帮助用户解决问题。

#### 4. 娱乐性更强

**改进了媒体播放器**。Windows Media Player 提供了丰富的视觉享受，不仅提供了多种风格迥异的播放器外观，而且提供了多彩缤纷的动态效果。Windows Media Player 还提供了更全面的功能，可以收听和制作数字音乐文件，可以直接观看 DVD 影片，还可以收听互联网广播。

**增加了影视编辑器**。新增了 Windows Movie Maker 影视编辑器，用户可以录制和编辑自己的音频和视频，可以制作自己的电影，使用 Windows XP 实现用户的创作梦想。

### 2.1.2　安装 Windows XP

#### 1. 准备安装

在安装 Windows XP Professional 之前，应该确保计算机满足基本配置的要求。如果希望达到更加理想的使用效果，则应该使计算机的硬件满足推荐配置的要求。硬件配置见表 2-1。

表 2-1　　　　　　　　　　　　　安装 Windows XP 硬件配置

| 硬　件 | 基本配置 | 推荐配置 |
| --- | --- | --- |
| CPU | 233MHz | 300MHz 或更高的兼容微处理器 |
| 内存 | 64MB | 128MB 或更多 |
| 硬盘空间 | 1GB 可用空间 | 1.5GB 可用空间或更大 |
| 显示设备 | Super VGA（800 像素×600 像素）或更高分辨率的适配器和显示器 | |
| 光盘驱动器 | CD-ROM 或 DVD | |
| 输入设备 | 键盘和鼠标或兼容的定位设备 | |

#### 2. 安装种类

Windows XP 的安装可以分为 3 种方式：升级安装、全新安装和多系统共存安装。

（1）升级安装。如果用户需要覆盖原有系统升级到 Windows XP 版本，可以在 Windows 98/Me 或者 Windows NT4.0/2000 基础上进行升级。

（2）全新安装。如果用户新购买的计算机还未安装操作系统，或者机器上原有的操作系统已经格式化，可以采用这种方式进行安装。

（3）多系统共存安装。如果用户需要在保留原有操作系统基础上安装 Windows XP，可以将 Windows XP 安装在一个独立的分区中，与原有的系统共同存在，但相互独立，互不干扰。

#### 3. 安装 Windows XP

Windows XP 的升级安装是系统推荐的安装方式，下面以该方式为例，介绍具体的安装过程。

（1）启动计算机到原有的操作系统，然后将 Windows XP 安装光盘插入光驱，光盘将自动运行，打开"欢迎使用 Microsoft Windows XP"窗口，如图 2-1 所示。

（2）在欢迎窗口的"您希望做什么？"选项组中，用户可以选择"安装可选的 Windows 组件"选项，对系统组件进行自定义安装，缩短安装时间。

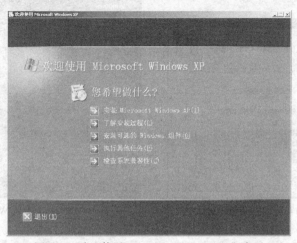

图 2-1　"欢迎使用 Microsoft Windows XP"窗口

（3）选择"安装 Microsoft Windows XP"选项，可以打开 Windows XP 的安装界面。在界面右侧的"欢迎使用 Windows 安装程序"对话框中，在"安装类型"下拉列表中选择"升级安装"，并单击"下一步"按钮。

（4）弹出"许可协议"对话框，如图 2-2 所示。用户可先阅读许可协议，然后选择"我接受这个协议"单选按钮，并单击"下一步"按钮。

（5）弹出"您的产品密钥"对话框，如图 2-3 所示。用户可按屏幕提示找到所安装产品的密钥，并要在 5 组文本框中正确地输入，并单击"下一步"按钮。

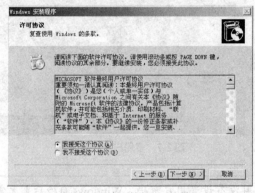

图 2-2　"许可协议"对话框

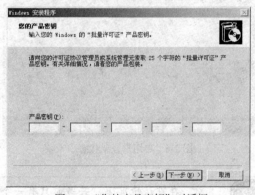

图 2-3　"您的产品密钥"对话框

（6）弹出"升级报告"对话框，可选择是否创建升级报告，单击"下一步"按钮。

（7）弹出"获得更新的安装程序文件"对话框，如图 2-4 所示。选择"否，跳过这一步继续安装 Windows"单选按钮，并单击"下一步"按钮。

（8）安装过程进入"准备安装"阶段，系统首先分析当前系统，然后开始复制安装所需要的文件。

（9）安装文件复制结束后，系统将自动重新启动计算机，继续"准备安装"阶段。几分钟后系统再次重启，进入"安装 Windows"阶段，如图 2-5 所示。该阶段系统将安装设备，配置网络，安装"开始"菜单项，注册组件，最后保存设置，完成安装。

（10）系统再次重新启动后，将启动一个向导帮助设置计算机。该过程用户只需输入一些个人信息，其他配置均由系统自动完成。至此，Windows XP 就安装完成了。

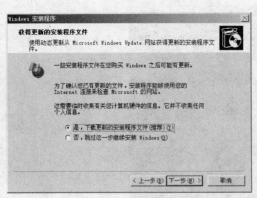

图 2-4 "获得更新的安装程序文件"对话框

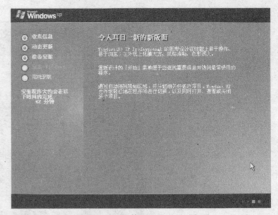

图 2-5 安装 Windows 界面

### 2.1.3 启动中文版 Windows XP

在计算机中安装了 Windows XP 之后，计算机启动时就会同时启动 Windows XP。

（1）按下显示器的电源按钮打开显示器，再将机箱上的电源开关打开接通主机电源，计算机会自动启动系统并开始自检，之后出现欢迎界面。

（2）如果设置了用户名和密码，则会出现 Windows XP 登录界面，根据使用该计算机的用户账户数目的不同，可以分为单用户登录和多用户登录两种界面，分别如图 2-6 和图 2-7 所示。

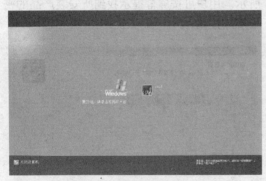

图 2-6 单用户登录状态

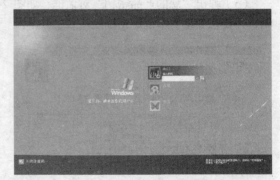

图 2-7 多用户登录状态

**注意** 在默认情况下，若当前只有一个用户且没有设置用户密码，Windows 自检后则无需选择用户和输入密码即可进入 Windows XP 操作系统。

（3）单击用户名，输入正确密码后按【Enter】键或者单击文本框右侧的 ➡️ 按钮，即可加载个人设置。

（4）经过几秒钟后，即可看到 Windows XP 的工作界面。

### 2.1.4 Windows XP 的退出

通过关机、待机、休眠和注销等操作均可以退出中文版 Windows XP。

#### 1. 关机

当用户结束对计算机的操作时，一定要先退出 Windows XP 系统，然后再关闭显示器和电源。用户必须保证每次使用完计算机后都安全、顺利地关闭计算机，只有这样计算机才能正确地保存此次使用时的一些信息，而这些信息是下次启动时所需要的。

正确关机的具体步骤为：单击"开始"按钮，在"开始"菜单中选择 ⊙ 关闭计算机(U) 按钮，这时系统会弹出一个"关闭计算机"对话框，如图 2-8 所示。单击"关闭"按钮，系统即可自动地保存相关的信息。

### 2. 待机和休眠

待机和休眠也可以实现退出 Windows XP 操作系统，将计算机转为低耗能状态。要实现计算机的休眠，"控制面板"中"电源管理"的"启用休眠"复选框要勾选上。然后在"关闭计算机"对话框中按【Shift】键，"待机"按钮才能变成"休眠"按钮。

### 3. 注销

应用注销功能使用户不必重新启动计算机就可以实现不同用户的登录切换。打开"开始"菜单，单击"注销"按钮 🗐，这时桌面上会出现一个"注销 Windows"对话框，如图 2-9 所示，单击"注销"按钮，即可关闭当前用户操作环境中的程序和窗口，并弹出 Windows XP 登录界面。

图 2-8 "关闭计算机"对话框

图 2-9 "注销 Windows"对话框

## 2.1.5 Windows XP 的帮助系统

Windows XP 的帮助系统提供了有关使用 Windows XP 的详细信息，充分地利用帮助系统，用户能够更快地掌握 Windows XP 的使用方法和使用技巧。Windows XP 的帮助系统提供了多种查找信息的方法，灵活地使用各种方法将能够迅速地找到所需要的帮助信息。

单击"开始"按钮，单击"帮助和支持"命令，弹出"帮助和支持中心"窗口，如图 2-10 所示。在"帮助和支持中心"窗口中列出了 4 个大标题，并且各自分列了多个小标题，通过单击任一标题能直接获得特定的某一种帮助。

图 2-10 "帮助和支持中心"窗口

搜索功能：在"搜索"文本框中输入要查找的帮助信息的关键字，单击➡按钮，系统会在窗口的左侧列出相关内容的标题。单击某一个标题，系统就会在窗口的右侧显示具体的帮助信息。

📑索引⑩ 按钮：单击该按钮，就会打开索引页面。在"键入要查找的关键字"文本框中输入要查找的帮助信息的关键字，系统就会在窗口左侧的索引列表中跳转到相关内容的标题，单击某一个标题，并单击"显示"按钮，系统就会在窗口的右侧显示具体的帮助信息。

# 2.2 Windows XP 的基本操作

## 2.2.1 认识及管理桌面

在 Windows 操作系统中，"桌面"是系统登录后最先出现的整个屏幕界面，它是用户和计算机进行交流的最底层（基本）窗口，通过桌面，用户可以方便、有效地管理计算机。

Windows XP 的桌面包括桌面背景、桌面图标、任务栏、开始按钮等。

### 1. 桌面背景

桌面背景是指 Windows 桌面的背景图案，又被称为桌布或者墙纸，如图 2-11 所示，用户也可以根据自己的爱好更改桌面背景。

图 2-11 Windows XP 的工作界面

### 2. 桌面图标

"图标"就是小图像，它由图形和说明文字两部分组成，将鼠标指针放在图标上停留片刻，图标右下角会出现对图标所表示内容的说明或者文件存放的路径，双击桌面图标就可以打开相应的内容。因此，桌面上的图标实质上就是打开各种程序和文件的快捷方式，用户可以在桌面上创建自己经常使用的程序或文件的图标，这样使用时直接在桌面上双击即可快速启动该项目。

下面简单介绍一下系统常用的 5 个图标。

**"我的文档"** 图标：用于快速查看和管理"我的文档"文件夹中的文件和子文件夹。双击该图标可以打开"我的文档"文件夹。"我的文档"是一个系统文件夹，它可以保存信件、报告和其他文档，管理其他文件夹，并且是系统默认的文档保存位置，操作系统中大部分的应用程序（记事本、画图、Microsoft Word 等）都将"我的文档"文件夹作为默认的存储位置，其英文标识为"My Documents"。

**"我的电脑"**图标：通过该图标启动"我的电脑"应用程序，以便用户管理计算机磁盘、文件夹、文件等内容，访问照相机、扫描仪和其他硬件，了解有关信息。

**"网上邻居"**图标：用户可以通过网上邻居进行查看工作组中的计算机、查看网络位置、添加网络位置等工作，还可以访问网络上其他计算机的文件夹、文件等相关信息。

**"Internet Explorer"**图标：双击该图标，可以启动 Internet Explorer 浏览器，浏览互联网上的信息。

**"回收站"**图标：Windows XP 在删除文件和文件夹时，并没有将它们从硬盘上删除，而是暂时保存在"回收站"中，当用户误删除了一些重要的文件时，就可以通过"回收站"把它们找回来。

### 3. 鼠标的基本操作

Windows XP 中大多数操作是由鼠标来快速完成的，鼠标的操作方法较为简单，大致归纳为 5 种：移动、单击、右击、双击和拖曳。

**移动**：是指握住鼠标在平面上拖动，此时鼠标光标会在屏幕上做同步移动。

**单击**：是指将鼠标光标指向某个对象后按下鼠标左键，并快速松开鼠标左键的过程。

**右击**：是指单击鼠标右键。在某个对象上右击，将弹出该对象的快捷菜单。

**双击**：是指将鼠标光标移动到某个对象上，连续快速地按下鼠标左键，然后松开鼠标左键的过程。

**拖曳**：是指将鼠标光标移动到某个对象上，按住鼠标左键不放，然后移动鼠标将对象从一个位置移动到另一个位置，最后松开鼠标左键。

### 4. 排列桌面图标

由于桌面图标具有快速、方便的特点，很多用户都习惯于在桌面上创建大量的快捷方式图标，这就需要用户随时对图标进行整理，将它们按一定规律排列，才能既保持桌面的整洁、有序，又使用户能快速地选择所需图标，提高使用效率。

进行排列图标操作时，应在桌面上的空白处单击鼠标右键，在弹出的快捷菜单中选择"排列图标"命令，在其子菜单项中选择排列方式，则桌面图标会按选定的方式排列。

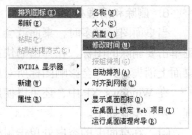

"排列图标"命令的子菜单如图 2-12 所示。它包括 3 组排列命令，第 1 组为单选命令，是基本的排列方式，每次可以选择其中的一个。第 2 组及第 3 组为多选命令（单选及多选命令的区别将在菜单操作中进行详细介绍），是排列方式的辅助选项，可同时选择多个。

图 2-12　"排列图标"命令的子菜单

### 5. 创建快捷方式图标

设置桌面快捷方式就是在桌面上建立各种应用程序、文件、文件夹、打印机或网络中的计算机等快捷方式图标，通过双击该快捷方式图标，即可快速打开该项目。一般情况下，用户在桌面上创建的快捷方式图标都是一些经常使用的项目，这样既能保持桌面的整洁，又能提高运行速度。设置桌面快捷方式的操作步骤如下。

（1）单击"开始"按钮，选择"所有程序"→"附件"→"Windows 资源管理器"命令，打开"Windows 资源管理器"，或打开"我的电脑"。

（2）选定要创建快捷方式的应用程序、文件、文件夹、打印机或计算机等。

（3）在菜单中选择"文件"→"发送到"命令，或单击鼠标右键，在弹出的快捷菜单中选择"发送到"命令，如图 2-13 所示。

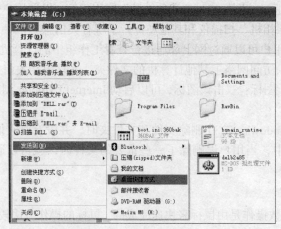

图 2-13　创建桌面快捷方式

（4）在弹出的子菜单中选择"桌面快捷方式"命令，即可创建该文件或应用程序在桌面中的快捷方式图标，如文件夹的快捷图标为，Word 2003 的快捷方式图标为。

除了使用"发送到"→"桌面快捷方式"外，也可以在菜单中选择"文件"→"创建快捷方式"命令，或单击鼠标右键，在弹出的快捷菜单中选择"创建快捷方式"命令，即可创建该项目的快捷方式。然后将该项目的快捷方式拖到桌面上。

如果在"所有程序"子菜单中有用户要创建桌面快捷方式的应用程序，也可以右击该应用程序，在弹出的快捷菜单中选择"创建快捷方式"命令，系统会将创建的快捷方式添加到"所有程序"子菜单中，将该快捷方式拖到桌面上即可创建该应用程序的桌面快捷方式。还可以在按住【Ctrl】键的同时用鼠标将该快捷方式拖到桌面上，这样就将该快捷方式复制到桌面上了。

### 6. 删除和清理桌面图标

当桌面图标过多时，桌面就会显得杂乱无章，这时就需要将一些不常用的图标删除。鼠标右键单击要删除的图标，在弹出的快捷菜单中选择"删除"命令即可。这种删除方式只是使图标从桌面上消失，并不会影响图标所对应的文件夹或应用程序。

在 Windows XP 中，还可以使用"未使用的桌面快捷方式"的桌面文件夹对桌面图标进行管理。操作步骤如下。

（1）在桌面上的空白处单击鼠标右键，打开桌面快捷菜单。

（2）选择"排列图标"，单击"运行桌面清理向导"，打开"欢迎使用清理桌面向导"对话框，单击"下一步"按钮。

（3）打开"快捷方式"对话框，如图 2-14 所示。在"快捷方式"对话框中，默认情况下，所有从未使用过的图标都带有选定标志"√"，表示将要被删除。用户可以参考对话框中系统统计的"上次使用日期"选择保留或删除任一个图标，然后单击"下一步"按钮。

（4）打开"正在完成清理桌面向导"对话框，单击"完成"按钮。

操作完成后，用户将在桌面上看到一个叫做"未使用的桌面快捷方式"的桌面图标，双击该图标，打开"未使用的桌面快捷方式"窗口，将看到刚刚清理的桌面图标，如图 2-15 所示。

### 7. 个性化桌面背景

用户可以选择单一的颜色作为桌面的背景，也可以选择类型为 BMP、JPG 等图像文件或者HTML 文档作为桌面的背景图片。设置桌面背景的操作步骤如下。

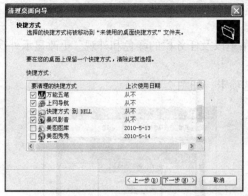

图 2-14　"快捷方式"对话框

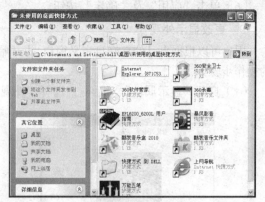

图 2-15　"未使用的桌面快捷方式"窗口

（1）在桌面空白处单击鼠标右键，在弹出的快捷菜单中选择"属性"命令，或单击"开始"按钮，选择"控制面板"命令，在弹出的"控制面板"窗口中双击"显示"图标（经典视图下）。

（2）打开"显示属性"对话框，选择"桌面"选项卡，如图 2-16 所示。

（3）在"背景"列表框中可选择一幅喜欢的背景图片，同时该选项卡中的显示器将显示该图片作为背景图片的效果，也可以单击"浏览"按钮，在本地磁盘或网络中选择其他图片作为桌面背景，如图 2-17 所示。通过"位置"下拉列表调整背景图片在桌面上的位置。

（4）单击"应用"及"确定"按钮。

图 2-16　"桌面"选项卡

图 2-17　"浏览"对话框

### 8. 设置屏幕保护程序

屏幕保护程序是指在一定时间内没有使用鼠标或键盘进行任何操作而在屏幕上显示的画面。设置屏幕保护程序可以对屏幕起到保护作用，使显示器处于节能状态，操作步骤如下。

（1）打开"显示属性"对话框，选择"屏幕保护程序"选项卡，如图 2-18 所示。

（2）在该选项卡的"屏幕保护程序"选项组的下拉列表中选择一种屏幕保护程序，在选项卡的显示器中即可看到该屏幕保护程序的显示效果。

（3）单击"设置"按钮，可对该屏幕保护程序进行一些设置。

（4）单击"预览"按钮，可预览该屏幕保护程序的效果，移动鼠标或操作键盘即可结束屏幕保护程序。

（5）在"等待"数值框中可输入或调节微调按钮，确定若计算机多长时间无人使用则启动该屏幕保护程序。

（6）单击"应用"及"确定"按钮。

### 9. 更改显示外观

用户可以根据自己的喜好自定义窗口、【开始】菜单以及任务栏的颜色和外观。更改显示外观的操作步骤如下。

（1）打开"显示属性"对话框，选择"外观"选项卡，如图 2-19 所示。

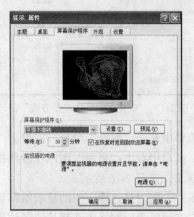

图 2-18 "屏幕保护程序"选项卡

图 2-19 "外观"选项卡

（2）在该选项卡中的"窗口和按钮"下拉列表中有"Windows XP 样式"和"Windows 经典样式"两种选项。在选择了样式后，再进行"色彩方案"和"字体大小"的设置。

（3）单击"高级"按钮，打开"高级外观"对话框，如图 2-20 所示，可以分别对"项目"下拉列表中的各个项目进行设置。

（4）单击"效果"按钮，打开"效果"对话框，如图 2-21 所示。在该对话框中可进行显示效果的设置。

图 2-20 "高级外观"对话框

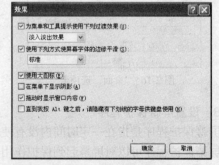

图 2-21 "效果"对话框

（5）单击"应用"和"确定"按钮，即可应用所选设置。

### 10. 设置屏幕分辨率、颜色质量和刷新频率

Windows XP 安装完毕后，会将屏幕分辨率和颜色质量自动调整到比较合理的状态。用户也可以根据自己的需求自行做相应的调整，具体操作步骤如下。

（1）右键单击桌面空白处，从弹出的快捷菜单中选择"属性"命令，弹出"显示属性"对话框，切换到"设置"选项卡，如图 2-22 所示。

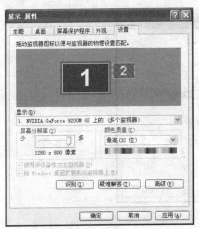

图 2-22　"设置"选项卡　　　　　　　　　图 2-23　"监视器"选项卡

（2）拖动"屏幕分辨率"滑块来调整屏幕分辨率，从"颜色质量"下拉列表中选择一个颜色质量选项。

（3）单击"高级"按钮，弹出"监视器和属性"对话框，切换到"监视器"选项卡，如图 2-23 所示。从"屏幕刷新频率"下拉列表中选择一种屏幕刷新频率。

（4）单击"应用"和"确定"按钮完成设置。

## 2.2.2　任务栏的使用

默认状态下，无论当前屏幕是桌面还是任何一个打开的窗口，在其下方都会显示一个小的矩形条，这就是任务栏。

### 1. 任务栏的组成

任务栏通常由 4 部分组成，即"开始"菜单按钮、快速启动工具栏、最小化窗口按钮栏和通知区域，如图 2-24 所示。

图 2-24　任务栏

**"开始"菜单按钮**：位于任务栏的最左侧，单击此按钮，可以打开"开始"菜单。几乎对计算机的所有操作都可以通过"开始"菜单来完成，详细内容会在后续章节中介绍。

**快速启动工具栏**：在"开始"按钮的右侧，由需要快速启动的程序图标按钮组成，一般包括 Internet Explorer 浏览器图标、Outlook Express 电子邮件图标、显示桌面图标等。

**最小化窗口按钮栏**：应用程序启动后，任务栏上会立即出现带有窗口标题的按钮。通过选择不同的按钮，可以实现正在运行的各个应用程序间的切换。

**通知区域**：通知区域中的图标可能临时出现，显示正在进行的活动状态。例如，当将文件发送到打印机时打印机图标将出现，打印结束时该图标消失。当可以从 Microsoft 站点下载新的"Windows 更新"时，在通知区域中也会提示用户。

**时钟**：位于任务栏的最右侧，显示当前的系统时间，把鼠标在上面停留片刻，会显示当前的系统日期。双击时间后打开"日期和时间属性"对话框，如图 2-25 所示。在"时间和日期"选项卡中，用户可以完成时间和日期的校对，在"时区"选项卡中，用户可以进行时区的设置，而选择"Internet 时间"选项卡的"自动与 Internet 时间服务器同步"复选框，可以使本机上的时间与 Internet 上的时间保持一致。

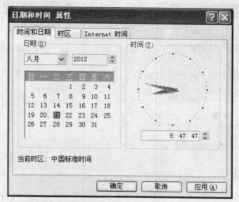

图 2-25 "日期和时间属性"对话框

### 2. 调整任务栏大小及位置

（1）调整任务栏大小。将鼠标放在任务栏的上边缘，当出现双向箭头↕时，按下鼠标左键不放，同时向上拖曳鼠标，拖至合适的大小时释放鼠标左键即可，如图 2-26 所示。

图 2-26 改变大小后的任务栏

（2）改变任务栏中各区域大小。当任务栏处于非锁定状态时，各区域的分界处将出现两列凹陷的小点，将鼠标移至小点处，当出现双向箭头↔时，按下鼠标左键拖曳即可改变各区域的大小。

（3）改变任务栏位置。先在任务栏上的空白区域按下鼠标左键，然后拖曳鼠标到所需要边缘后再释放鼠标左键，即可将任务栏调整到桌面的其他边缘。

---

有时候，用户会发现任务栏的大小和位置是不能调整的，这是因为任务栏被锁定了。解除锁定的具体步骤如下。

（1）用鼠标右键单击任务栏空白处，在弹出的快捷菜单中可以看到"锁定任务栏"菜单项前面有一个 √ 标记。

（2）单击"锁定任务栏"菜单项，即可解除任务栏的锁定。

---

### 3. 自定义任务栏

在任务栏上的空白区域上单击鼠标右键，选择快捷菜单中的"属性"命令，可以打开"任务栏和「开始」菜单属性"对话框，如图 2-27 所示。

在"任务栏外观"选项组中，可以通过对复选框的选择来设置任务栏的外观，以下为各复选框的含义。

**锁定任务栏**：当任务栏被锁定后，任务栏不能被随意移动或改变大小。

**自动隐藏任务栏**：当用户不对任务栏进行操作时，它将自动消失，当用户需要使用时，可以把鼠标放在任务栏位置，它会自动出现。

**将任务栏保持在其他窗口的前端**：如果用户打开很多窗口，任务栏总是在最前端，而不会被其他窗口所覆盖。

**分组相似任务栏按钮**：把相同的程序或相似的文件归类分组使用同一个按钮，使用时，只要找到相应的按钮组，就可以找到要操作的窗口名称。

**显示快速启动**：选择后将显示快速启动工具栏。

在"通知区域"选项组中，可以选择是否显示时钟，也可以把最近没有点击过的图标隐藏起来，以便保持通知区域的简洁明了。

单击"自定义"按钮，在打开的"自定义通知"对话框中可以进行隐藏或显示图标的设置，如图 2-28 所示。

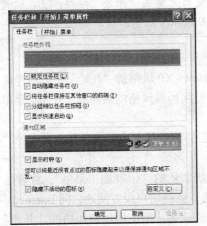

图 2-27　"任务栏和「开始」菜单属性"对话框

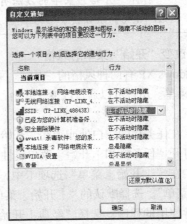

图 2-28　"自定义通知"对话框

 修改属性后，一定要单击"应用"或"确定"按钮，修改的属性才能生效，若单击"取消"按钮，则保持原有设置。

#### 4. 设置快速启动栏

快速启动栏位于"开始"菜单的右侧，单击其中的某个图标即可快速启动相应的应用程序。默认情况下，快速启动栏只有"启动 Internet Exproer 浏览器"图标和"显示桌面"图标，用户可以把自己常用的应用程序添加到快速启动栏中。如要把桌面上的"记事本"应用程序的快捷图标放到快速启动栏，先将任务栏设为非锁定状态，然后在"记事本"应用程序的快捷图标上按下鼠标左键，将其拖曳到快速启动栏中释放鼠标，即可将该图标添加到快速启动栏中，这时快速启动栏中的图标为。

### 2.2.3　"开始"菜单

"开始"菜单在 Windows XP 中占有重要的位置，通过它可以打开大多数应用程序，查看计算机中已保存的文档，快速查找所需要的文件、文件夹等内容，以及注销用户和关闭计算机，可以方便地访问 Internet、收发电子邮件和启动常用的程序。

#### 1. "开始"菜单的组成

"开始"菜单的组成大体上可分为 4 部分，如图 2-29 所示。

（1）顶端为深蓝色背景，显示当前登录计算机系统的用户，由一个小图片和用户名称组成。

（2）中间部分左侧为白色背景，列出了管理程序的操作菜单，并以分隔线分为网络程序、常用程序和所有程序 3 部分，是用户常用的应用程序的快捷启动项。

（3）中间部分右侧是浅蓝色背景，列出了管理资源和系统

图 2-29　"开始"菜单

控制的操作菜单，并以分隔线分为文档管理、系统设置和常用操作3部分。通过这些菜单项，用户可以实现对计算机的操作与管理。

（4）底部为深蓝色背景，是计算机控制菜单区域，在此进行注销用户和关闭计算机的操作。

 **提示**　　　　打开"开始"菜单的方法有3种：①在桌面上单击"开始"按钮；②在键盘上按下【Ctrl+Esc】组合键；③在键盘上按下带有 Windows 标志的键。

### 2. 改变"开始"菜单的风格

Windows XP 有两种风格的"开始"菜单，即 Windows XP 风格的"开始"菜单和经典风格的"开始"菜单。用户可以通过改变"开始"菜单属性来使用经典风格的桌面和"开始"菜单，操作步骤如下。

（1）在任务栏的空白处或者在"开始"按钮上右击，然后从弹出的快捷菜单中选择"属性"命令，打开"任务栏和「开始」菜单属性"对话框。

（2）在"「开始」菜单"选项卡中，可以选择系统默认的"「开始」菜单"，或者是"经典「开始」菜单"。选择默认的"「开始」菜单"单选按钮，会使用户很方便地访问 Internet、电子邮件和经常使用的程序；选择"经典「开始」菜单"单选按钮，则使用经典风格的"开始"菜单，如图 2-30 所示。

### 3. 自定义"开始"菜单

用户不但可以方便地使用"开始"菜单，而且可以根据自己的爱好和习惯自定义"开始"菜单。操作步骤如下。

（1）在"「开始」菜单"选项卡中单击"自定义"按钮，打开"自定义「开始」菜单"对话框，如图 2-31 所示。在"常规"选项卡中包括3个设置区域。

图 2-30　"「开始」菜单"选项卡

图 2-31　自定义「开始」菜单-"常规"选项卡

在"为程序选择一个图标大小"选项组中，用户可以选择在"开始"菜单显示大图标或者小图标。

在"程序"选项组中，可以定义在"开始"菜单中显示常用程序的快捷方式的数目，系统默认为6个，用户可以根据需要任意调整其数目。

在"在「开始」菜单上显示"选项组中，用户可以选择浏览网页的工具和收发电子邮件的程序，当用户取消了这两个复选框的选择时，"开始"菜单中将不显示这两项。

（2）用户在完成常规设置后，可以切换到"高级"选项卡中进行高级设置，如图 2-32 所示。

在"「开始」菜单设置"选项组中，"当鼠标停止在它们上面时打开子菜单"指用户将鼠标放在"开始"菜单的某一选项上，系统会自动打开其级联菜单。"突出显示新安装的程序"指用户在安装完一个新应用程序后，在"开始"菜单中将以不同的颜色突出显示，以区别于其他程序。

在"「开始」菜单项目"列表框中提供了常用的选项，用户可以将它们添加到"开始"菜单。

（3）当用户在"常规"和"高级"选项卡中设置好之后，单击"确定"以及"应用"按钮，关闭对话框。当用户再次打开"开始"菜单时，所做的设置就会生效。

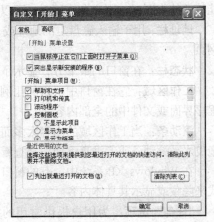

图 2-32　自定义「开始」菜单–"高级"选项卡

## 2.2.4　窗口及其操作

Windows 操作系统最显著的特点就是用户的所有操作都是基于窗口来完成的，因此，了解窗口的组成，掌握窗口的操作是使用 Windows 操作系统最基本的内容。

### 1．窗口的组成

在中文版 Windows XP 中运行的应用程序由于功能各不相同，与程序对应的各种窗口的显示内容也不完全相同，但基本上都是由相同的组件组成的。图 2-33 所示为一个标准的窗口，它由标题栏、菜单栏、工具栏等几部分组成。

图 2-33　示例窗口

**标题栏**：位于窗口的最上部，它标明了当前窗口的名称，左侧有控制菜单按钮，右侧有最小化、最大化或还原以及关闭按钮。

**控制菜单按钮**：每个窗口标题栏的左上方都会有一个包含部分窗口操作命令和表示当前程序或文件特征的控制菜单按钮，单击它即可打开控制菜单，如图 2-34 所示。

**菜单栏**：在标题栏的下面，按功能划分成若干个菜单，提供了用户在操作过程中所能执行的各种命令。

**工具栏**：由当前窗口的常用功能按钮组成，每个按钮都有一个显示功

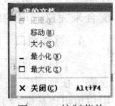

图 2-34　控制菜单

能特征的小图标，用户在使用时，可以直接单击图标，从而简化命令的执行步骤。

**地址栏**：用于输入磁盘上的地址或 URL 地址，从而快速到达磁盘某个文件夹或快速打开某个网页。

**状态栏**：在窗口的最下方，显示了与当前操作有关的一些基本情况。

**工作区域**：它在窗口中所占的比例最大，可以进行当前应用程序的最主要操作（显示了应用程序界面或文件中的全部内容）。

**滚动条**：当工作区域的内容太多而不能全部显示时，窗口将自动出现滚动条，用户可以通过拖曳水平滚动条或者垂直滚动条来查看所有的内容。

在 Windows XP 系统中，有的窗口左侧新增加了链接区域，用户可以通过单击选项名称的方式来隐藏或显示其具体内容。

**"任务"选项**：为用户提供常用的操作命令，其名称和内容随打开窗口的内容而变化。当选择一个对象后，在该选项下会出现可能用到的各种操作命令，可以在此直接进行操作。

**"其他位置"选项**：以链接的形式为用户提供了计算机上其他的位置，在需要使用时，可以快速转到需要的位置，打开所需要的其他文件，如"我的电脑"、"我的文档"等。

**"详细信息"选项**：在这个选项中显示了所选对象的大小、类型和其他信息。

### 2. 打开和关闭窗口

**打开窗口**：当需要打开一个窗口时，可以通过下面两种方式来实现。

- 双击要打开的窗口的图标，这是最常用的方法。
- 在选中的图标上右击，在其快捷菜单中选择"打开"命令。

**关闭窗口**：用户完成对窗口的操作后，可以用以下几种方式关闭窗口。

- 直接在标题栏上单击"关闭"按钮。
- 双击标题栏控制菜单按钮。
- 单击控制菜单按钮，在弹出的控制菜单中选择"关闭"命令。
- 使用【Alt+F4】组合键。
- 如果用户打开的窗口是应用程序，在文件菜单中选择"退出"命令。
- 如果所要关闭的窗口处于最小化状态，可以在任务栏上选择该窗口的按钮，然后右击，在弹出的快捷菜单中选择"关闭"命令。

### 3. 调整窗口大小

在对窗口进行操作的过程中，用户可以根据自己的需要，把窗口最小化、最大化或还原。最小化时窗口会以按钮的形式缩小到任务栏中，不显示在桌面上；最大化时窗口铺满整个桌面；还原窗口时将窗口恢复到上次的显示效果。用户可以通过操作窗口右上角的最小化，最大化和还原按钮来实现这些操作。

**缩放窗口**：鼠标放在窗口的垂直边框上，鼠标指针变成双向箭头时进行拖曳改变窗口的宽度。鼠标放在水平边框上，指针变成双向箭头时进行拖曳改变窗口的高度。把鼠标放在边框的任意角上进行拖曳，可同时改变窗口的高度和宽度。用户也可以标题栏上的快捷菜单和键盘的配合来完成窗口的缩放。

### 4. 移动窗口

一个打开的窗口可以在桌面上任意移动其位置，其操作可以通过鼠标或鼠标与键盘的配合来完成。在标题栏上按下鼠标左键并拖曳，到合适的位置后松开鼠标左键，即可完成移动的操作。用户也可以标题栏上的快捷菜单和键盘的配合来完成窗口移动。

## 5. 窗口的排列

当用户在打开的多个窗口间频繁地进行交换数据等操作时，应通过适当的排列使打开窗口全部处于显示状态，这样会使操作更加流畅、方便。在 Windows XP 中，用户可以选择 3 种排列方式：层叠窗口、横向平铺窗口和纵向平铺窗口，如图 2-35、图 2-36 和图 2-37 所示。

实现窗口排列的操作如下。

在任务栏上的空白区域右击，弹出一个包含各排列方式的快捷菜单，如图 2-38 所示，在其中任选一种排列方式。

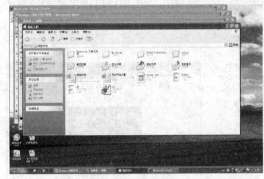

图 2-35　层叠窗口

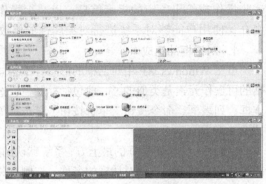

图 2-36　横向平铺窗口

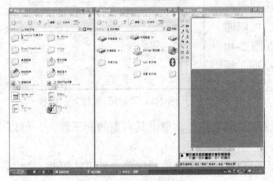

图 2-37　纵向平铺窗口

图 2-38　任务栏快捷菜单

**提示**

在选择了某项排列方式后，在任务栏快捷菜单中会出现相应的撤销该选项的命令。例如，用户执行了"层叠窗口"命令后，任务栏的快捷菜单会增加一项"撤销层叠"命令，当用户执行此命令后，窗口恢复原状。

## 6. 切换窗口

在 Windows 系统中，用户可以同时打开多个窗口，但是在打开的多个窗口中，只有一个为可操作窗口，称为活动窗口或当前窗口，其标题栏为鲜艳的颜色（默认为深蓝色）。当用户需要改变当前的操作窗口时，则进行窗口的切换操作，下面是几种切换的方式。

- 单击要操作窗口的标题栏。
- 在所选窗口的任意位置单击。
- 在任务栏上选择所要操作窗口的按钮，然后单击即可完成切换。
- 用【Alt+Tab】组合键来完成切换。按下【Alt】和【Tab】两个键，屏幕上会出现切换任务栏，如图 2-39 所示，

图 2-39　切换任务栏

在按住【Alt】键的同时，通过不断按下【Tab】键从"切换任务栏"中选择所要打开的窗口，选中后再释放两个键，选择的窗口即可成为当前窗口。

- 使用【Alt+Esc】组合键。这种方法不会出现切换任务栏，而是直接在各个窗口之间进行切换。使用【Alt+Esc】组合键只用于切换非最小化的多个窗口。

## 2.2.5　使用对话框

对话框是 Windows 操作系统的一种特殊窗口。一方面，它用来显示系统信息，指导用户的下一步操作或给出一定的提示信息，以减少操作的失误；另一方面，它为用户提供了输入信息的媒介，使用户能够对系统进行对象属性的修改或设置。

### 1. 对话框的组成

虽然 Windows XP 中对话框的形态各不相同，但是包括的可操作元素是类似的，一般包括标题栏、选项卡、文本框、列表框、命令按钮、单选按钮、复选框等几部分，如图 2-40 所示。

**标题栏**：位于对话框的最上方，系统默认的是深蓝色，标题栏的左侧标明了该对话框的名称，右侧有关闭按钮，有的对话框还有帮助按钮。

**选项卡**：在系统中有很多对话框都是由多个选项卡构成的，每个选项卡又可以包含不同的选项组，用户可以通过选择不同的选项卡来查看不同的内容。例如，在图 2-40 所示的"显示 属性"对话框中包含了"主题"、"桌面"等 5 个选项卡，在"屏幕保护程序"选项卡中又包含了"屏幕保护程序"、"监视器的电源"两个选项组。

图 2-40 "显示 属性"对话框

**文本框**：在文本框中可以进行信息的输入、修改及删除操作。单击其右侧的向下箭头，可以在展开的下拉列表中查看最近曾经输入过的内容，如图 2-41 所示。

**列表框**：显示该对话框所能提供的众多选项，用户可以从中选取，但是通常不能更改，如图 2-42 所示。

**下拉列表框**：与文本框相似，用户只能从下拉列表框中选择选项，但不能更改选项，如图 2-43 所示。

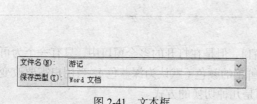

图 2-41　文本框

图 2-42　列表框

图 2-43　下拉列表框

**命令按钮**：它是指在对话框中带有文字的圆角矩形按钮，常用的有"确定"、"应用"、"取消"等。

**单选按钮**：由一个小圆形和其后面的文字说明组成，其选中标志为在圆形中间出现的一个小圆点。在由单选按钮组成的选项组中，当选中其中一个选项后，其他选项自动取消，如图 2-44 所示。

　　**复选框**：由一个小正方形和其后面的文字说明组成，如图 2-45 所示。当用户选择后，在正方形中间会出现一个 "√" 标志，可以根据需要选择一个或多个独立的选项。

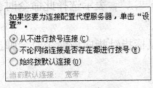

图 2-44　单选按钮

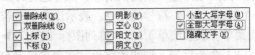

图 2-45　复选框

　　**微调按钮**：由数字框、增加按钮和减少按钮组成。调节数字时，可以分别单击箭头即可增加或减少数字，或直接选中原有数字后输入新的数值。

### 2. 对话框的操作

　　（1）移动对话框。对话框打开后，用户可以任意改变它的位置，其操作方法与移动窗口相同，即通过拖曳标题栏或右击标题栏，选择 "移动" 命令来实现。

　　（2）关闭对话框。单击 "确定" 按钮或者 "应用" 按钮，可在关闭对话框的同时保存用户在对话框中所做的修改。如果用户要取消所做的改动，可以单击 "取消" 按钮，或者直接在标题栏上单击关闭按钮，也可以在键盘上按【Esc】键退出对话框。

　　（3）使用对话框中的帮助。在标题栏上单击帮助按钮，这时鼠标旁边会出现一个问号，在需要了解的对象上单击，就会出现一个对该对象进行详细说明的文本框，再单击鼠标，说明文本框消失。

注意　对话框的尺寸是固定的，用户不可以随意改变它的大小，这也是对话框与窗口的最明显的区别。

## 2.2.6　使用菜单

　　菜单是一个应用程序的命令集合，选择菜单中相应的命令，可以快速地完成许多复杂的操作。Windows XP 中的菜单除了前面讲述的 "开始" 菜单外，还包括下拉式菜单和快捷菜单两种。

### 1. 下拉式菜单

　　下拉式菜单是指单击窗口菜单栏中的菜单项后弹出的长方形区域。一般下拉式菜单中都包括了多个菜单命令，通过鼠标左键在相应的命令上单击可选择相应的菜单命令。各种菜单中有一些统一的符号和约定，代表某种特定的含义，如图 2-46 所示。

　　（1）菜单名后带下划线的字母：同时按下该字母与【Alt】键，可以打开相应菜单，因此它是使用键盘打开菜单的快捷键，如 "文件（F）"。

　　（2）分隔线：用来分隔菜单中的各个命令组。

　　（3）有 "√" 标记的命令：表示该命令是复选命令组中的一个，当前处于选中状态，即此命令正在被使用，再次单击该命令，可取消 "√" 标记，则该命令不再起作用，如 "√状态栏（B）"。

　　（4）有 "●" 标记的命令：表示该命令是单选命令组中的一个，且当前此命令正在起作用，选

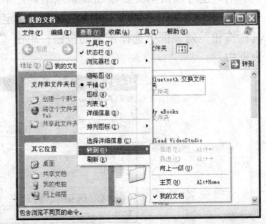

图 2-46　"我的文档" 窗口中的 "查看" 菜单项

择其他命令时该命令无效，标记"•"消失，如"•平铺（S）"。

（5）变灰的命令：表示该命令在当前情况下无效，暂时不能使用。

（6）带省略号"…"命令：菜单中有些命令后带有省略号"…"，表示选择此命令时会弹出对话框，需要用户进一步提供信息，如"选择详细信息（C）…"。

（7）带"▶"符号的命令：表示该命令有若干子命令，鼠标指针指向该命令时会弹出它的下一级菜单（级联菜单），如"排列图标（T）　▶"。

（8）命令后带下划线的字母：在菜单已经打开的情况下，单击该字母可以执行其左侧的菜单命令，即该字母为键盘操作时的快捷键，如"图标（N）"。

（9）命令右侧的组合字母：组合字母是键盘上键名的组合，是该命令的快捷键，即在不打开菜单的情况下直接按组合键就可以执行该命令，如"主页（H）　Alt+Home"。

### 2. 快捷菜单

Windows XP 提供了许多快捷菜单，用户只需在相应位置右击，即可弹出对应的快捷菜单。图 2-47 所示为在"本地磁盘"上右击后弹出的快捷菜单。使用快捷菜单可以帮助用户快速执行常用的命令，从而提高操作计算机的效率。快捷菜单的操作方法与下拉式菜单相同，即通过选择命令来完成不同的操作。

图 2-47　快捷菜单

## 2.2.7　工具栏的使用

为了方便而快捷地完成一般的任务，Windows 系统将一些常用的命令按不同的功能以按钮形式组成不同的工具栏，如图 2-48 所示。工具栏的每个按钮上都有一个小图标，单击这些小图标可快速完成相应的操作。将鼠标指针移动到该图标上，指针下方会显示对应命令文本框。

图 2-48　工具栏

工具栏在任何打开的窗口中都是可选的，要显示工具栏，操作方法为：单击窗口的"查看"菜单，指向"工具栏"菜单项，打开它的子菜单，子菜单中显示的是该窗口中可用的所有工具栏，单击某个菜单项，可使其前面出现"√"号标记或取消"√"，这样有"√"号标记的工具栏即可显示在窗口中，没有"√"号标记的则隐藏起来。

用户还可以根据需要添加或删除工具栏中的按钮。添加工具栏按钮的操作为：在"工具栏"子菜单中选择"自定义…"命令，打开"自定义工具栏"对话框，如图 2-49 所示。在"可用工具栏按钮"列表框中选择需要的按钮，单击"添加"按钮，将其添加到"当前工具栏按钮"列表框中。

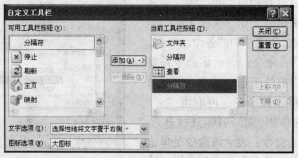

图 2-49　"自定义工具栏"对话框

### 2.2.8　Windows XP 的多用户管理

作为一个多用户多任务的操作系统，Windows XP 可以为使用计算机的每一个用户设置一个单独的账户名和密码。不同的用户可以使用不同的账户名进入 Windows XP 系统进行各种操作，从而达到多人使用同一台计算机而互不影响的目的。

设置多个用户使用环境的具体操作如下。

（1）选择"开始"→"控制面板"菜单项，弹出"控制面板"窗口。

（2）双击"用户账户"图标，打开"用户账户"窗口，如图 2-50 所示。

（3）在"挑选一项任务…"选项组中单击"创建一个新户"链接，在弹出的"为新户名起名"窗口中设置好账户名和账户类型，即可完成新账户的创建。

（4）在"挑选一项任务…"选项组中选择"更改账户"，就可以进行更改用户账户名称、更改用户账户图片、更改用户账户类型、更改用户账户密码等操作，如图 2-51 所示。

（5）在图 2-51 中还可以删除创建的用户账户。

图 2-50　"用户账户"窗口

图 2-51　更改账户窗口

# 2.3　管理文件和文件夹

文件和文件夹是计算机中重要的概念之一，在 Windows XP 中，几乎所有的任务都要涉及文件和文件夹的操作。

### 2.3.1　文件和文件夹的管理工具

"我的电脑"和"资源管理器"是 Windows XP 为用户提供的两个强大的信息管理工具，它们的功能基本相同，都可以显示硬盘、CD-ROM 驱动器的内容，可以搜索和打开文件及文件夹，访问控制面板中的选项等。下面详细介绍"我的电脑"和"资源管理器"的组成及使用情况。

1. 我的电脑

单击"开始"按钮，选择"我的电脑"命令，即可打开"我的电脑"窗口。

**"我的电脑"的窗口组成**

如图 2-52 所示，"我的电脑"窗口由左右两个部分组成，其中左侧窗口有"系统任务"、"其他位置"和"详细信息"3 个窗格。

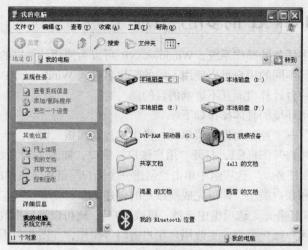

图 2-52 "我的电脑"窗口

**"系统任务"**窗格：为用户提供了所在位置可以进行的任务命令，不同的位置会有不同的任务命令显示，用户可以通过该窗格完成大多数的文件和文件夹管理任务。

**"其他位置"**窗格：包括"网上邻居"、"我的文档"、"共享文档"和"控制面板"4 个超链接，通过它们可以快速打开对应的窗口。

**"详细信息"**窗格：根据右侧窗口中选定的不同内容显示不同的信息，如果选定的是磁盘驱动器，它显示的是该磁盘的大小、已用空间、可用空间等相关信息。

"我的电脑"右侧窗口中显示计算机的所有磁盘列表，或选定磁盘、文件夹下的所有子文件夹及文件。

"我的电脑"的菜单栏、工具栏、地址栏的组成和执行的功能同 Windows 其他窗口一样。

工具栏上的按钮使用户的操作更加方便，它是菜单中比较常用的几个命令。

"后退"按钮（ ）：用于向后移动到上次所选的磁盘或文件夹。

"前进"按钮（ ）：用于撤销最新的"后退"操作。

"向上"按钮（ ）：用于向上移动到上一级文件夹或磁盘。

"搜索"按钮（ 搜索 ）：用于查找文件、文件夹、计算机或者用户。

"文件夹"按钮（ 文件夹 ）：将窗口切换到资源管理器形式的窗口。

"查看"按钮（ ）：用于选择文件和文件夹在窗口中的显示方式。

"我的电脑"的操作

在默认情况下，单击文件名可以选定该文件，双击文件名就会打开与之关联的应用程序及文件本身。在"我的电脑"窗口中，要查看某个文件，应该按照层次关系，先打开磁盘驱动器，再逐层打开各个文件夹，然后在文件夹窗口中查看文件。

**2. 资源管理器**

**打开"资源管理器"**

用户可以采取以下几种方式打开资源管理器。

- 单击"开始"按钮，打开"开始"菜单，选择"所有程序" → "附件" → "Windows 资源管理器"命令，打开"Windows 资源管理器"窗口，如图 2-53 所示。
- 右击"开始"按钮，在弹出的列表中选择"资源管理器"命令。
- 右击"我的电脑"图标，在弹出的快捷菜单中选择"资源管理器"命令。

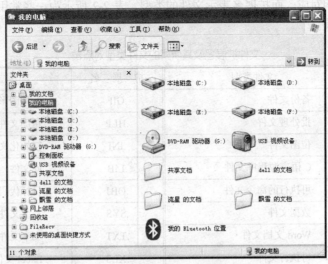

图 2-53 "Windows 资源管理器" 窗口

**"资源管理器"的窗口组成**

如图 2-53 所示，"资源管理器"窗口中菜单栏、工具栏和地址栏的组成和"我的电脑"窗口完全相同，执行的功能也相同。

不同的是，在"资源管理器"窗口中，左边的窗格以树状分层结构的形式显示了所有磁盘和文件夹的列表，右边的窗格用于显示选定的磁盘和文件夹中的内容，用户可以不必打开多个窗口，而只在一个窗口中就可以浏览所有的磁盘和文件夹。

在"资源管理器"窗口左边的窗格中，若驱动器或文件夹前面有"+"号，表明该驱动器或文件夹有下一级子文件夹，单击该"+"号可展开其所包含的子文件夹，当展开驱动器或文件夹后，"+"号会变成"−"号，表明该驱动器或文件夹已展开，单击"−"按钮，可折叠已展开的内容。例如，单击左边窗格中"我的电脑"前面的"+"号，将显示"我的电脑"中所有的磁盘信息，选择需要的磁盘前面的"+"号，将显示该磁盘中所有的内容。

**"资源管理器"的操作**

"资源管理器"的操作方法和"我的电脑"的操作方法相似，但在查看文件的操作上有所不同，在"资源管理器"窗口中，要查看一个文件夹或磁盘的内容，可以在文件夹窗格中逐层单击选定的图标。

## 2.3.2 认识文件和文件夹

### 1. 文件

文件是由计算机处理的各种信息的集合，通常要由用户赋予一定的名称并存储在磁盘上，它可以是一个应用程序，也可以是用户创建的文档或图片、声音、动画等。在计算机中存储的文件用图标表示，图标下面是文件名，图标上的图片说明了文件的类型和用处。例如，"记事本"程序创建的所有文档的图标都一样，如图 2-54 所示。

图 2-54 "记事本"的文档图标

Windows XP 支持长文件名，文件名最多可以使用 256 个西文字符或 128 个汉字。在为文件命名时，不可以使用以下字符：\、/、:、*、?、"、<、>、|。

文件名由主文件名和扩展名两部分组成，中间用点隔开，如"文档 1.doc"。一般情况下，主文件名与文件内容相对应，而扩展名表示文件的类型。表 2-2 所示为一些常用文件扩展名及其所属的文件类型对照表。

表 2-2　　　　　　　　　文件扩展名及其所属的文件类型对照表

| 扩 展 名 | 文件类型 | 扩 展 名 | 文件类型 |
|---|---|---|---|
| .BAK | 备份文件 | .GIF | 一种图形文件 |
| .BAT | 批处理文件 | .HLP | 帮助文件 |
| .BMP | 位图文件 | .INI | 初始化文件 |
| .C | C 语言源程序文件 | .LIB | 库文件 |
| .COM | 可执行的命令文件 | .OBJ | 目标代码文件 |
| .DAT | 数据文件 | .SYS | 系统文件 |
| .DOC | Word 文档文件 | .TXT | 文本文件 |
| .EXE | 可执行文件 | .XLS | Excel 文件 |

### 2．文件夹

文件夹就是计算机系统中用来组织和管理文件的一种形式，是为方便用户查找、维护和存储而设置的。文件夹由文件夹图标和文件夹名组成，与文件类似，在不同的显示方式下，文件夹图标的显示也是不一样的。文件一般保存在文件夹中，一个文件夹中不仅可以包含多个文件，还可以存放下一级文件夹、磁盘驱动器及打印队列等内容。

注意　　　　一个文件夹内不允许有同名文件，也不允许有同名的子文件夹。

### 3．设置文件或文件夹属性

保存在计算机中的文件及文件夹都有其自身的属性，如文件的创建、修改、访问时间，文件的类型，文件夹包含的文件数等。用户可以随时通过属性对话框对这些属性进行访问，并且还可以修改其中的一些属性，如文件和文件夹的保存属性等。

文件或文件夹包含 3 种属性：只读、隐藏和存档。

"只读"属性：指该文件或文件夹不允许更改和删除。

"隐藏"属性：若将文件或文件夹设置为"隐藏"属性，则该文件或文件夹在常规显示中将不被看到，除非用户对文件夹进行了设置，要求显示出隐藏文件。当这种文件显示出来时，图标的颜色会比其他图标颜色浅。

"存档"属性：若将文件或文件夹设置为"存档"属性，则表示该文件或文件夹已存档，有些程序用此选项来确定哪些文件需做备份。

更改文件或文件夹属性的操作步骤如下。

（1）选中要更改属性的文件或文件夹。

（2）在菜单中选择"文件"→"属性"命令，或单击鼠标右键，在弹出的快捷菜单中选择"属性"命令，打开"属性"对话框。

（3）选择"常规"选项卡，如图 2-55 所示。在该选

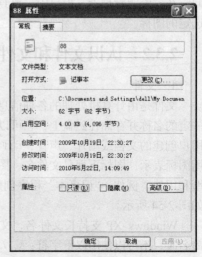
图 2-55　文件夹属性的"常规"选项卡

项卡的"属性"选项组中选定需要的属性复选框。

（4）单击"应用"按钮，若更改文件夹的属性，则会弹出"确认属性更改"对话框。在该对话框中可选择"仅将更改应用于该文件夹"或"将更改应用于该文件夹、子文件夹和文件"单选按钮，单击"确定"按钮即可关闭该对话框。

（5）在"常规"选项卡中单击"确定"按钮，即可应用该属性。

### 2.3.3　文件和文件夹的基本操作

#### 1．查看文件和文件夹

在使用"我的电脑"和"资源管理器"查看文件和文件夹时，用户可以根据需要选择不同的显示方式和排列方式。

**选择显示方式**

通常在"我的电脑"和"资源管理器"中查看文件和文件夹有 6 种格式："缩略图"、"平铺"、"图标"、"列表"、"详细信息"和"幻灯片"。

修改文件或文件查看格式的操作步骤如下。

（1）打开"我的电脑"或"资源管理器"。

（2）选择"查看"菜单，或单击工具栏中的"查看"按钮，如图 2-56 所示。

（3）在打开的下拉菜单中任选一种查看格式。

**选择排列方式**

在选择了查看格式的情况下，用户还可以进一步选择文件排列的先后顺序，以便于对文件的查找。在 Windows XP 中提供了按文件的"名称"、"大小"、"类型"和"修改时间"进行自动排列的方法，以及"按组排列"、"自动排列"和"对齐到网格"排列方式。

排列图标的操作步骤如下。

（1）打开"我的电脑"或"资源管理器"。

（2）在菜单中选择"查看"→"排列图标"命令，或单击鼠标右键，在弹出的快捷菜单中选择"排列图标"命令。

（3）打开子菜单，如图 2-57 所示，在其中选择一种排列方式。

图 2-56　"查看"按钮

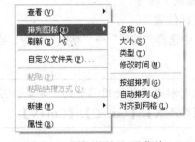

图 2-57　"排列图标"子菜单

当文件显示方式是"详细信息"时，可以通过单击"名称"、"大小"、"类型"、"修改时间"按钮来改变文件的排列顺序，单击两次可以在升序、降序之间转换。

#### 2．创建文件夹

在使用计算机的过程中，为了更好地使用和管理文件，每个用户都可以创建自己的文件夹。新文件夹的创建位置可以是"我的电脑"或"资源管理器"中的各级文件夹窗口。

创建文件夹的操作步骤如下。

（1）双击"我的电脑"图标，打开"我的电脑"窗口，或打开"资源管理器"窗口。

（2）双击要新建文件夹的磁盘，打开该磁盘，或通过双击打开要新建文件夹的上级文件夹。

（3）在菜单中选择"文件"→"新建"→"文件夹"命令，或单击鼠标右键，在弹出的快捷菜单中选择"新建"→"文件夹"命令，即可新建一个文件夹，系统默认的新文件夹为"新建文件夹"。

（4）在新建的文件夹名称文本框中输入一个有说明性的文件夹名称，按【Enter】键或用鼠标单击其他地方即可。

 **提示**　　　新建文件的操作与创建文件夹相似，只是在"新建"的子菜单中选择新建文件的类型，然后输入文件名。

### 3. 选定文件和文件夹

（1）选定单个对象：用鼠标单击对象即可。

（2）选定多个相邻对象：按下【Shift】键不放，再用鼠标单击首尾两个文件。

（3）选定多个不相邻对象：按下【Ctrl】键不放，再用鼠标逐个单击各个文件。

（4）反向选择：若非选文件或文件夹较少，可先选择非选文件或文件夹，然后选择"编辑"→"反向选择"命令即可。

（5）全部选定：选择"编辑"→"全部选定"命令或按【Ctrl+A】组合键。

### 4. 移动和复制文件或文件夹

移动操作就是改变文件或文件夹的存放位置，执行移动命令后，原位置的文件或文件夹消失，出现在目标位置；复制操作就是将文件或文件夹复制一份，保存到其他地方，执行复制命令后，原位置和目标位置均有该文件或文件夹。移动或复制操作可以使用菜单命令，也可以使用鼠标拖曳的方法。

使用菜单命令移动（复制）文件或文件夹的操作步骤如下。

（1）选择要进行移动（复制）的文件或文件夹。

（2）在菜单中选择"编辑"→"剪切"（复制）命令，或单击鼠标右键，在弹出的快捷菜单中选择"剪切"（复制）命令。

（3）选择目标位置。

（4）在菜单中选择"编辑"→"粘贴"命令，或单击鼠标右键，在弹出的快捷菜单中选择"粘贴"命令即可。

 **提示**　　　执行移动操作使用"剪切"命令。另外，剪切、复制和粘贴分别对应键盘操作的组合键【Ctrl+X】、【Ctrl+C】、【Ctrl+V】。

使用鼠标拖曳的方法进行移动和复制文件或文件夹的操作方法如下。

**移动对象**

（1）在同一硬盘的不同文件夹之间：选择对象后，用鼠标拖曳该对象到目的文件夹。

（2）在不同硬盘之间：选择对象，按下【Shift】键不放，再用鼠标拖曳该对象到目的文件夹。

**复制对象**

（1）在同一硬盘的不同文件夹之间：选择对象，按下【Ctrl】键不放，再用鼠标拖曳该对象到目的文件夹。

（2）在不同硬盘之间：选择对象后，用鼠标拖曳该对象到目的文件夹。

在 Windows 的"资源管理器"窗口中可以浏览所有的磁盘及文件夹，使用这种方法更加方便。

### 5. 重命名文件或文件夹

对于文件或文件夹的名称，用户可以随时根据需要进行更改，只要符合命名规则即可。

重命名文件或文件夹的具体操作步骤如下。

（1）选择要重命名的文件或文件夹。

（2）在菜单中选择"文件"→"重命名"命令，或单击鼠标右键，在弹出的快捷菜单中选择"重命名"命令。

（3）这时文件或文件夹的名称将处于编辑状态（蓝色反白显示），用户可直接键入新的名称进行重命名操作。

 　　　　也可在文件或文件夹名称处直接单击两次（两次单击间隔时间应稍长一些，以免使其变为双击），使其处于编辑状态，键入新的名称进行重命名操作。

### 6. 删除文件或文件夹

当不再需要某些文件或文件夹时可将其删除，这样既有利于对文件或文件夹进行管理，也可以节省磁盘空间。删除后的文件或文件夹将被放到"回收站"中，用户可以选择将其彻底删除或还原到原来的位置。

删除文件或文件夹的操作如下。

（1）选定要删除的文件或文件夹。

（2）在菜单中选择"文件"→"删除"命令，或单击鼠标右键，在弹出的快捷菜单中选择"删除"命令，或直接使用快捷键【Delete】。

（3）弹出"确认文件删除"对话框（见图2-58）或"确认文件夹删除"对话框，单击"是"按钮。

图 2-58　"确认文件删除"对话框

 　　　　若想直接删除文件或文件夹，而不将其放入"回收站"中，可在拖到"回收站"时按住【Shift】键，或选中该文件或文件夹，按【Shift+Delete】组合键。

### 7. 快速查找文件或文件夹

有时候需要查看某个文件或文件夹的内容，却忘记了该文件或文件夹存放的具体位置或具体名称，利用 Windows XP 提供的搜索文件或文件夹功能就可以帮用户查找该文件或文件夹。

搜索文件或文件夹的操作步骤如下。

（1）单击"开始"按钮，在弹出的菜单中选择"搜索"命令。

（2）打开"搜索结果"窗口，如图 2-59 所示。在"搜索助理"中选择"所有文件和文件夹"。

（3）在"要搜索的文件或文件夹名为"文

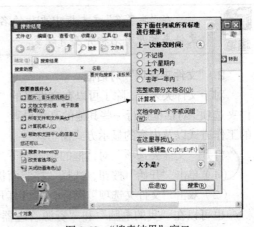

图 2-59　"搜索结果"窗口

本框中输入文件或文件夹的名称。

（4）在"包含文字"文本框中输入该文件或文件夹中包含的文字。

（5）在"搜索范围"下拉列表中选择要搜索的范围。

（6）单击"搜索"按钮，即可开始搜索，Windows XP 会将搜索的结果显示在"搜索结果"对话框右边的空白框内。

（7）若要停止搜索，可单击"停止搜索"按钮。

（8）双击搜索后显示的文件或文件夹，即可打开该文件或文件夹。

### 2.3.4 管理文件和文件夹

#### 1. 设置共享文件夹

Windows XP 网络方面的功能设置更加强大，用户不仅可以使用系统提供的共享文件夹，也可以将自己的文件夹设置为共享文件夹，以便与其他用户共享。

打开"我的电脑"，可以看到系统提供的"共享文档"文件夹。若用户想同使用本机的其他用户共享某个文件或文件夹，可选定该文件或文件夹，将其拖到"共享文档"文件夹中即可。

如果用户想同网络上的其他用户共享自己的文件夹，可按以下方法操作。

（1）选定要设置共享的文件夹。

（2）在菜单中选择"文件"→"共享和安全"命令，或单击鼠标右键，在弹出的快捷菜单中选择"共享和安全"命令。

（3）打开"属性"对话框中的"共享"选项卡，如图2-60所示。

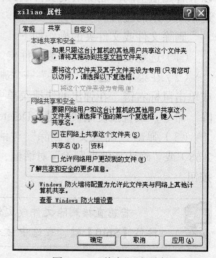

（4）选中"在网络上共享这个文件夹"复选框，这时"共享名"文本框和"允许网络用户更改我的文件"复选框变为可用状态。用户可以在"共享名"文本框中更改该共享文件夹的名称。若清除"允许网络用户更改我的文件"复选框，则其他用户只能看该共享文件夹中的内容，而不能对其进行修改。

（5）设置完毕后，单击"应用"按钮和"确定"按钮即可。

图 2-60 "共享"选项卡

在"共享名"文本框中更改的名称是其他用户连接到此共享文件夹时将看到的名称，文件夹的原有名称并没有改变。

#### 2. "文件夹选项"对话框

对于文件夹来说，除了可以在文件夹的"属性"对话框中进行一些设置以外，还可以通过"文件夹选项"对话框进行一些其他的高级设置。"文件夹选项"对话框是系统提供给用户设置文件夹的工作方式以及内容的显示方式窗口。

打开"文件夹选项"对话框的步骤如下。

（1）单击"开始"按钮，选择"控制面板"命令，打开"控制面板"窗口。

（2）双击"文件夹选项"图标，即可打开"文件夹选项"对话框。

也可以在"我的电脑"和"资源管理器"窗口中选择"工具"→"文件夹选项"命令，打开"文件夹选项"对话框。在该对话框中有"常规"、"查看"、"文件类型"和"脱机文件"4

个选项卡。

（1）"常规"选项卡。该选项卡用来设置文件夹的常规属性，如图 2-61 所示。"浏览文件夹"选项组可设置文件夹的浏览方式，在打开多个文件夹时是在同一窗口中打开还是在不同的窗口中打开；"打开项目的方式"选项组用来设置文件夹的打开方式，可设定文件夹通过单击打开还是通过双击打开。单击"应用"按钮，即可应用设置方案。

如果用户在设定了一些选项之后又想恢复系统的默认值，只需要单击"还原为默认值"按钮即可。

（2）"查看"选项卡。该选项卡用来设置文件和文件夹的显示方式，如图 2-62 所示。可以把当前文件夹所使用的视图应用到所有文件夹，通过"高级设置"，用户还可以按照自己习惯的方式来显示文件和文件夹，如可设置是否显示隐藏的文件或文件夹。

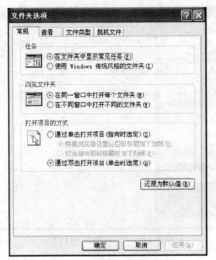　　　　　

图 2-61　"常规"选项卡　　　　　　　　　图 2-62　"查看"选项卡

（3）"文件类型"选项卡。该选项卡用来更改已建立关联文件的打开方式，如图 2-63 所示。在该选项卡中的"已注册的文件类型"列表框中列出了所有已经注册的文件扩展名和文件类型。单击"新建"按钮，可弹出"新建扩展名"对话框，如图 2-64 所示。

图 2-63　"文件类型"选项卡

图 2-64　"新建扩展名"对话框

在该对话框中的"文件扩展名"文本框中可输入新建的文件扩展名，单击"高级"按钮，可显示"关联的文件类型"下拉列表，在该列表中可选择所输入的文件扩展名要建立关联的文件类型，设置完毕后，单击"确定"按钮即可退出该对话框。

选中某种已注册的文件类型，单击"删除"按钮，弹出"文件类型"对话框，询问用户是否要删除所选的文件扩展名，单击"是"按钮，即可删除该文件扩展名。在"扩展名的详细信息"选项组中显示了所选的文件扩展名的打开方式和详细信息。

单击"更改"按钮，在弹出的"打开方式"对话框中可更改文件的打开方式，可以选择用来打开此类型文件的程序。

### 2.3.5　使用回收站

"回收站"是系统中的一个特殊文件夹，是硬盘上的一个存储空间，用户从硬盘中删除文件或文件夹时，Windows XP会将其自动放入"回收站"中。用户既可以在回收站中把它们恢复到原来的位置，也可以在回收站中彻底删除它们来释放硬盘空间。

删除或还原"回收站"中文件或文件夹的操作步骤如下。

（1）双击桌面上的"回收站"图标，打开"回收站"窗口，如图2-65所示。

（2）在"回收站任务"窗格中单击不同命令，可执行不同的操作。

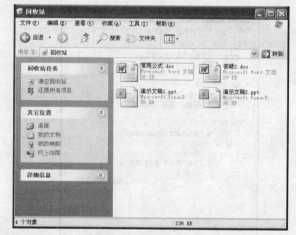

图2-65　"回收站"窗口

- 单击"清空回收站"命令，可删除"回收站"中所有的文件和文件夹。
- 单击"还原所有项目"命令，可还原所有的文件和文件夹。
- 若要还原一个文件或文件夹，可选中该文件或文件夹，单击"回收站任务"窗格中的"还原项目"命令。

删除"回收站"中的文件或文件夹，意味着将该文件或文件夹彻底删除，无法再还原；若还原已删除文件夹中的文件，则该文件夹将在原来的位置重建，然后在此文件夹中还原文件；当回收站充满后，Windows XP将自动清除"回收站"中的空间以存放最近删除的文件和文件夹。

# 2.4　系 统 设 置

## 2.4.1　控制面板

"控制面板"提供了丰富的专门用于更改Windows的外观和行为方式的工具。有些工具可帮助用户调整计算机设置，从而使得操作计算机更加有趣。

在Windows XP中有多种方法可以启动控制面板，使用户可以从不同的工作状态方便地进入控制面板。

- 单击"开始"按钮，然后选择"控制面板"。如果计算机设置为使用更熟悉的"开始"菜单的经典显示方式，可单击"开始"，指向"设置"，然后单击"控制面板"选项。

- 在"我的电脑"窗口左侧的"其他位置"窗格中选择"控制面板"链接。
- 在"资源管理器"窗口左侧的"文件夹"窗格中选择"控制面板"链接。

　　首次打开"控制面板"时，将出现"控制面板"中最常用的项目，这些项目按照分类进行组织，如图 2-66 所示。要在"分类"视图下查看"控制面板"中某一项目的详细信息，可以用鼠标指针指向该图标或类别名称，稍等片刻即出现可供阅读的文本。要打开某个项目，可单击该项目图标或类别名，某些项目会打开可执行的任务列表和可选择的单个控制面板项目。

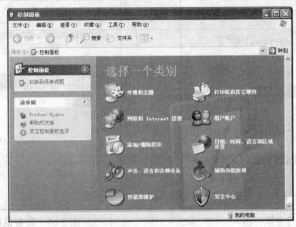

图 2-66　控制面板分类视图

　　如果打开"控制面板"时没有看到所需的项目，可单击"切换到经典视图"，使"控制面板"窗口以经典视图来显示，如图 2-67 所示。要打开某个项目，可双击该项目的图标。

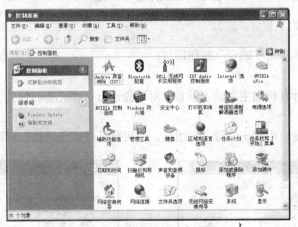

图 2-67　控制面板经典视图

## 2.4.2　设置鼠标和键盘

　　在安装 Windows XP 时，系统已自动对鼠标和键盘进行过设置，但这种默认的设置可能并不符合用户个人的使用习惯，这时用户可以按个人的喜好对鼠标和键盘进行一些调整。

### 1．设置鼠标

**设置鼠标的操作步骤如下。**

　　（1）单击"开始"按钮，选择"控制面板"命令，打开"控制面板"窗口。如果出现的是"分类视图"，再单击"打印机和其他硬件"链接，打开"打印机和其他硬件"窗口。

（2）双击"鼠标"图标，打开"鼠标属性"对话框。

（3）选择"鼠标键"选项卡，可以设置主要键为默认的左键还是右键，以及调整双击速度等，如图 2-68 所示。

（4）选择"指针"选项卡，可以选择指针方案，自定义鼠标指针在各种状态下显示的样式，鼠标指针是否带阴影等，如图 2-69 所示。

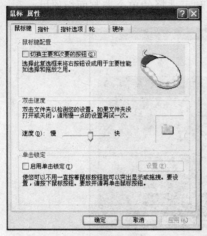

图 2-68　设置鼠标键

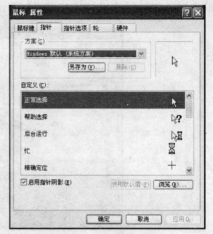

图 2-69　设置鼠标指针

（5）选择"指针选项"选项卡，可以调整鼠标指针的移动速度，移动鼠标指针时是否显示移动轨迹等，如图 2-70 所示。

（6）选择"轮"选项卡，可以设置滚轮鼠标滚动滑轮一个尺格时屏幕滚动的行数。

（7）选择"硬件"选项卡，在该对话框中显示了当前鼠标的常规属性、高级设置和驱动程序等信息。

（8）设置完毕后，单击"确定"按钮即可。

**2．设置键盘**

键盘是用户使用计算机的主要输入设备，对键盘进行一些必要的设置，可使用户的输入操作更加得心应手。

在"控制面板"窗口中双击"键盘"图标，即可打开"键盘属性"对话框，如图 2-71 所示。

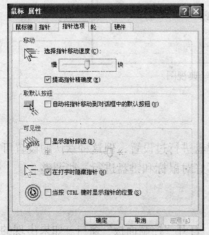

图 2-70　鼠标指针选项

图 2-71　设置键盘速度

在"字符重复"选项区域中拖动"重复延迟"滑块，可以调整在按住一个键之后字符重复出现的延迟时间；拖动"重复率"滑块，可以调整在按住一个键时字符重复的速度。对话框中还提供了测试区，用户可以在文本框中重复输入字符，感受设定的数值是否合适。

在"光标闪烁频率"选项区域中拖动滑块，可以调整光标闪烁的速度，测试光标会在滑标左端以新频率闪烁。

### 2.4.3　设置区域和语言选项

不同的国家和地区使用不同的日期、时间和语言，并且所使用的数字、货币和日期的书写格式也会有很大的差异，为了满足世界各地用户的不同需要，Windows XP 允许用户选择自己所在的区域，并启用对应该区域的标准时间、标准语言和标准格式。

#### 1. 设置区域

（1）打开"控制面板"窗口，双击"区域和语言选项"，打开"区域和语言选项"对话框，如图 2-72 所示。

（2）在"区域选项"选项卡中，在"标准和格式"选项组的下拉列表框中选择自己使用的语言。

（3）在"位置"下拉列表中选择自己所在的国家。系统将自动启动该区域的标准的数字、货币、时间和日期的书写格式。

（4）单击"自定义"按钮，打开"自定义区域选项"对话框，如图 2-73 所示。

（5）用户可以依次在"数字"、"货币"、"时间"、"日期"和"排序"选项卡中根据自己的习惯或工作需要修改标准格式。

（6）设置完毕后，单击"确定"按钮即可。

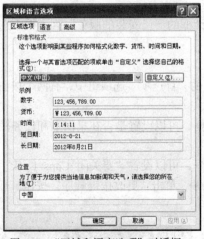

图 2-72　"区域和语言选项"对话框

图 2-73　"自定义区域选项"对话框

#### 2. 输入法的添加和删除

在 Windows XP 系统安装时，已经默认安装了 4 种输入法：智能 ABC 输入法、微软拼音输入法、全拼和郑码。如果用户需要使用其他的输入法，可以自行安装，对不经常使用的输入法可以删除。

安装中文输入法的操作步骤如下。

（1）打开"控制面板"窗口。双击"区域和语言选项"图标，打开"区域和语言选项"对话框。

（2）在"语言"选项卡中，单击"详细信息"按钮，打开"文字服务和输入语言"对话框，如图 2-74 所示。

（3）单击"设置"选项卡，在"已安装的服务"列表框中列出了系统已安装的各种输入法名称。

（4）单击"添加"按钮，打开"添加输入语言"对话框，如图 2-75 所示。选中"键盘布局/输入法"，在它的下拉列表中选择要安装的输入法。

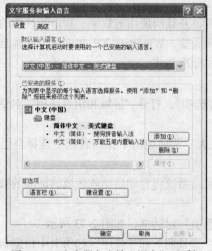
图 2-74　"文字服务和输入语言"对话框

图 2-75　"添加输入语言"对话框

（5）单击"确定"按钮，如果安装正确，在"已安装的服务"列表框中会显示新安装的输入法。再次单击"确定"按钮。

删除中文输入法：在"文字服务和输入语言"对话框的"已安装的服务"列表框中选择要删除的输入法，单击"删除"按钮即可。

### 3. 语言栏和快捷键设置

在图 2-74 所示的"文字服务和输入语言"对话框的"首选项"选项组中，有两个按钮"语言栏"和"键设置"。

单击"语言栏"按钮，打开"语言栏设置"对话框，可以设置是否在桌面上和任务栏中显示语言栏和图标，如图 2-76 所示。

单击"键设置"按钮，打开"高级键设置"对话框，可以设置"要关闭 Caps Lock"按键和"输入语言的热键"，如图 2-77 所示。若要更改按键顺序，单击"更改按键顺序"按钮，打开"更改按键顺序"对话框，在其中进行设置即可。

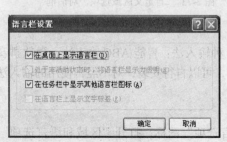
图 2-76　"语言栏设置"对话框

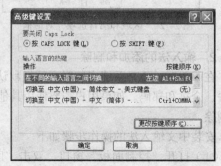
图 2-77　"高级键设置"对话框

## 2.4.4　添加和删除字体

### 1．添加字体

在 Windows XP 系统安装时，已经默认安装了多种字体，如宋体、楷体、Arial、Times New Roman 等。用户安装某些应用软件时也会向系统添加字体。如果用户想自行向系统添加新字体，可按如下方法操作。

（1）打开"控制面板"窗口，双击"字体"图标，打开"字体"窗口，如图 2-78 所示。

（2）选择"文件"→"安装新字体"命令，打开"添加字体"对话框，如图 2-79 所示。定位到磁盘或网络中含有字体的位置，"字体列表"中将显示当前位置所有字体的列表，选择要安装的字体，并选择是否把字体复制到"字体"文件夹，单击"确定"按钮，系统自动完成对所选字体的安装。

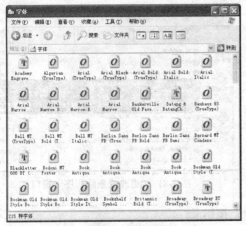

图 2-78　"字体"窗口

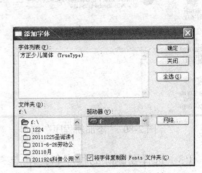

图 2-79　"添加字体"对话框

在"字体"窗口中双击字体名称，可在打开的窗口中查看该字体。

### 2．删除字体

系统中安装字体过多也会影响到系统的性能，因此可以删除那些不常用到的字体。要删除某种字体，首先在"字体"窗口中选择要删除的字体，单击"文件"菜单中的"删除"命令，或在右键快捷菜单中单击"删除"命令，或直接按【Delete】键，弹出确认删除字体的对话框，单击"是"按钮即可删除所选字体。

　安装打印机时，安装程序可能会安装几种打印机字体。这些字体并不在"字体"文件夹中显示，但会出现在基于 Windows 程序（如"写字板"）的字体列表中。

## 2.4.5　添加或删除程序

在计算机的使用过程中，根据用户的需要经常要安装新的应用程序，而对于不再使用的程序，为节省硬盘空间和提高系统性能，可对其进行删除。

### 1．添加应用程序

添加应用程序的操作步骤如下。

（1）打开"控制面板"窗口，双击"添加或删除程序"图标，打开"添加或删除程序"窗口。

（2）单击窗口左侧"添加新程序"按钮，如图 2-80 所示，右侧会显示与添加新程序相关的内容。

（3）确定安装途径，单击"CD 或软盘"按钮或"Windows Update"按钮。

（4）按照系统逐步出现的屏幕提示完成安装操作。

对于大多数应用程序，可以通过"资源管理器"直接定位到安装程序原文件的位置，直接运行安装程序，按照提示即可完成安装。

**2. 删除操作**

删除程序的操作步骤如下。

（1）打开"添加或删除程序"窗口。

（2）单击"更改或删除程序"按钮，窗口右侧会列出当前系统已经安装的程序，如图 2-81 所示。

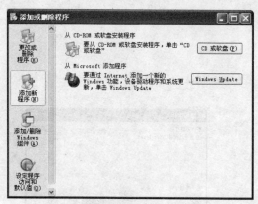

图 2-80  "添加新程序"窗口

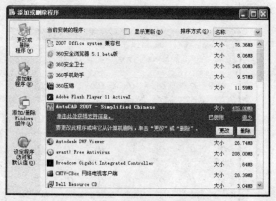

图 2-81  "更改或删除程序"窗口

（3）选择要删除的程序名，单击"更改/删除"按钮。

（4）按屏幕出现的提示对话框逐步完成删除。

## 2.4.6  设置辅助功能

在使用计算机的用户中，可能有些用户具有视觉、听觉或行动的障碍，Windows XP 提供了一些辅助功能，使用户能够根据需要设置适合自己的工作环境。操作步骤如下。

（1）单击"控制面板"中的"辅助功能选项"，打开"辅助功能选项"对话框，如图 2-82 所示。

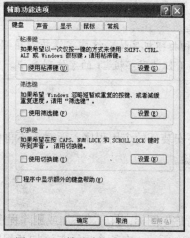

图 2-82  "辅助功能选项"对话框

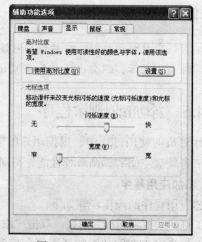

图 2-83  "显示"选项卡

（2）选择"键盘"选项卡，可以简化键盘的操作方法，使键盘的使用更加容易。可以进行"黏滞键"、"筛选键"和"切换键"的设置。

（3）选择"声音"选项卡，可以设置系统发出声音时的可视警告。

（4）选择"显示"选项卡，可以选择"使用高对比度"复选框，使屏幕上显示的内容可读性更好。还可以设置光标的闪烁速度和光标的宽度，如图 2-83 所示。

（5）选择"鼠标"选项卡，选中"使用鼠标键"复选框，单击"设置"按钮，打开"鼠标键的设置"对话框，如图 2-84 所示。在"鼠标键的设置"对话框中可以设置鼠标键的快捷键、指针速度等。

（6）选择"常规"选项卡，可以为所有的辅助功能设置公共属性，如图 2-85 所示。

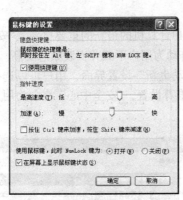

图 2-84　"鼠标键的设置"对话框

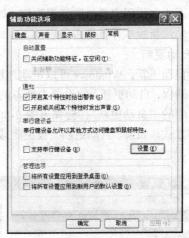

图 2-85　"常规"选项卡

## 2.4.7　安全中心

"安全中心"是 Windows XP SP2 引进的一项全新服务。它作为一个"中央区域"，方便用户更改安全设置，了解更多的安全问题以及确保系统执行了微软公司建议的最新的基本安全更新。用户只要在"控制面板"中双击"安全中心"的图标就可以进入此项服务，如图 2-86 所示。

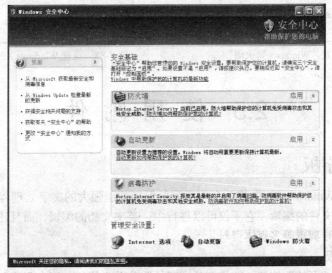

图 2-86　Windows "安全中心"界面

"安全中心"会以后台进程的形式运行，随时检测用户计算机中以下组件的状态。

### 1. 防火墙

防火墙有助于保护计算机，阻止未授权用户通过网络获得对计算机的访问。"安全中心"会检测"Windows 防火墙"是否已经开启，同时它还会检测是否存在其他软件防火墙。单击"安全中心"中的"Windows 防火墙"，可进入如图 2-87 所示的防火墙设置界面，用户可以在"常规"选项卡中启用或关闭 Windows 防火墙。高级用户还可以在"例外"和"高级"选项卡中对 Windows 防火墙进行进一步的设置，使之能更好地保护计算机的安全。

### 2. 病毒防护

防病毒软件可以保护用户的计算机免受病毒和其他安全问题的威胁。Windows 将检查用户的计算机是否正在使用完整的防病毒程序。如果检测到反病毒软件的存在，"安全中心"还会确定该软件是否是最新版本并且是否已启动了实时扫描功能。

### 3. 自动更新

使用自动更新，Windows 可以定期地检查针对于用户计算机的最新的重要更新。"安全中心"会检测并确保"自动更新"的设置为推荐的状态，比如自动为用户下载并安装紧急更新。单击"安全中心"中的"自动更新"，会弹出图 2-88 所示的"自动更新"设置界面，用户可以选择进行自动更新的方式。如果"自动更新"被关闭或被配置为非推荐设置，"安全中心"将会为用户提供适当的建议。

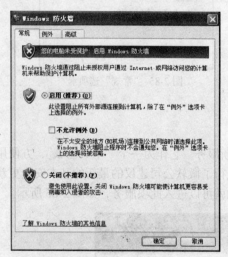

图 2-87　设置"Windows 防火墙"

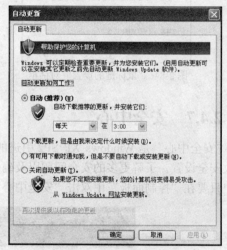

图 2-88　设置 Windows XP 的"自动更新"

# 2.5　使　用　附　件

## 2.5.1　写字板

"写字板"是 Windows XP 中的一个使用简单但却功能强大的文字处理程序，用户可以利用它进行日常工作中文件的编辑。它不仅可以进行中、英文文档的编辑，而且还可以图文混排，插入图片、声音、视频剪辑等多媒体资料。

### 1. 启动写字板

在桌面上单击"开始"按钮，在打开的"开始"菜单中执行"所有程序"→"附件"→"写字板"命令，这时就可以进入"写字板"窗口，如图 2-89 所示。

另外，通过双击要打开的写字板文档图标也可以打开写字板。写字板在打开的同时，将新建一个空白的未命名文档。

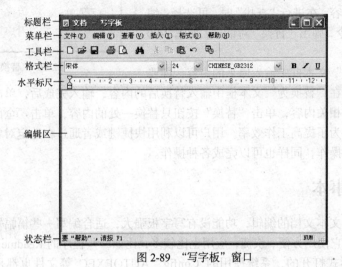

图 2-89 "写字板"窗口

### 2. "写字板" 窗口组成

从图 2-89 中可以看到，"写字板"窗口由标题栏、菜单栏、工具栏、格式栏、水平标尺、编辑区和状态栏几部分组成。

（1）标题栏：表示录入文档的标题。

（2）菜单栏：写字板的菜单主要包括以下内容："文件"、"编辑"、"查看"、"插入"、"格式"和"帮助"。

（3）工具栏：由若干按钮组成，按钮的功能与对应菜单命令相同。

（4）格式栏：提供快速设置文档格式的方法，其按钮的功能与"格式"菜单的对应命令相同。

（5）标尺：设置段落的左、右缩进以及首行的起始位置。

### 3. 新建文档

当用户需要新建一个文档时，可以在"文件"菜单中进行操作，执行"新建"命令，弹出"新建"对话框，用户可以选择新建文档的类型，系统默认为 RTF 格式的文档。单击"确定"按钮后，即可新建一个文档进行文字的输入。

### 4. 编辑文档

编辑功能是写字板程序的灵魂，通过各种方法，如复制、剪切、粘贴等操作，使文档能符合用户的需要。下面简单介绍几种常用的操作。

**选择**：按住鼠标左键不放，在所需要操作的对象上拖动，当文字呈反白显示时，说明已经选中对象。执行"编辑"菜单中的"全选"命令，或者使用组合键【Ctrl+A】即可选定文档中的所有内容。

**删除**：当用户选定不再需要的对象进行清除工作时，可以在键盘上按下【Delete】键，也可以在"编辑"菜单中执行"清除"或者"剪切"命令，即可删除内容。

**移动**：先选中对象，当对象呈反白显示时，按下鼠标左键将其拖到所需要的位置再松开鼠标左键，即可完成移动的操作。

**复制**：用户如要对文档内容进行复制，可以先选定对象，使用"编辑"菜单中的"复制"命令，也可以使用组合键【Ctrl+C】来进行。

**查找和替换**：有时用户需要在文档中寻找一些相关的字词，如果全靠手动查找，会浪费很多时间，利用"编辑"菜单中的"查找"和"替换"命令就能轻松地找到想要的内容。在进行"查找"时，可选择"编辑"→"替换"命令，弹出"替换"对话框，如图2-90所示。

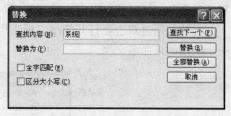

图2-90　"替换"对话框

在"查找内容"文本框中输入原来的内容，即要被替换掉的内容，在"替换为"文本框中输入替换后的内容，输入完成后，单击"查找下一个"按钮，即可查找到相关内容，单击"替换"按钮只替换一处的内容，单击"全部替换"按钮则在全文中都替换掉。为了提高工作效率，用户可以利用快捷键或者通过在选定对象上右击后所产生的快捷菜单中进行操作，同样也可以完成各种操作。

## 2.5.2　记事本

记事本用于纯文本文档的编辑，功能没有写字板强大，适合编写一些篇幅短小、不需要复杂格式的文件。由于它使用方便、快捷，应用也比较多，比如一些程序的Readme文件、INI文件通常是以记事本的形式打开的，系统使用的Config、AUTOEXEC等文件也都是记事本文档。在Windows XP系统中的"记事本"又新增了一些功能，如可以选择不同的字体和大小来显示文档内容，可以使用不同的语言格式来创建文档，可以改变文字的阅读顺序等。

### 1. 启动记事本

按照以下步骤操作可以启动记事本：单击"开始"按钮，选择"所有程序"→"附件"→"记事本"命令，即可启动记事本，如图2-91所示。它的界面与写字板的基本一样，但没有工具栏、格式栏和标尺。

### 2. 使用记事本

启动记事本后，用户就可以使用它来创建新文档，或者查看和编辑以前保存的文档，也可以进行剪切、复制、粘贴、删除等操作，这些文档的处理方法与写字板完全相同。

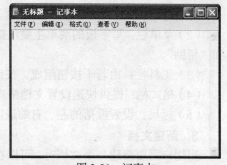

图2-91　记事本

记事本有一项写字板没有的功能，即可以跳转到特定行。操作步骤如下：在"编辑"菜单上单击"转到"命令，在"转到下列行"对话框中键入光标要跳转到的行号，系统将从文档顶部开始计算行数。要执行该命令，并不需要用户在文档中添加行号。

### 3. 设置记事本

默认情况下，记事本中一个段落的文本只占一行，不能将文本自动换到下一行，因此无法看到超出一屏宽度的内容。用户可以在"格式"菜单上单击"自动换行"命令，则可以按窗口的大小自动换行。

在记事本中用户可以使用不同的语言格式创建文档，而且可以用不同的格式打开或保存文档，当用户使用不同的字符集工作时，程序将默认保存为标准的ANSI（美国国家标准化组织）文档。

用户可以用不同的编码，如ANSI、Unicode big endian、Unicode或UTF-8等进行保存或打开文档。方法为：在"打开"或"另存为"对话框的"编码"下拉列表中选择相应的编码，如图2-92所示。

图 2-92　选择不同编码打开文件

### 2.5.3　画图

"画图"是一个位图图像编辑程序，使用它用户可以自己绘制图画，也可以对扫描的图片及其他复制的各种位图格式的图画进行编辑、修改，编辑完成后，可以存为 BMP、JPG、GIF 等格式，还可以发送到桌面和其他文本文档中。

**1. 认识"画图"界面**

要启动"画图"程序，可单击"开始"按钮，选择"所有程序"→"附件"→"画图"命令，打开"画图"窗口，如图 2-93 所示。"画图"窗口主要由标题栏、菜单栏、工具箱、调色板、状态栏、绘图区等几部分组成。

**2. 使用工具箱**

"工具箱"中为用户提供了 16 种常用的工具，如图 2-94 所示，其下面为辅助选择框，用于显示某些工具的辅助选项，以便用户自行选择。下面分别介绍每种工具的用途及使用方法。

图 2-93　"画图"窗口

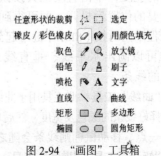

| | | | |
|---|---|---|---|
| 任意形状的裁剪 | ✄ ▢ | 选定 |
| 橡皮 / 彩色橡皮 | ◊ | 用颜色填充 |
| 取色 | ✎ 🔍 | 放大镜 |
| 铅笔 | ✎ ✎ | 刷子 |
| 喷枪 | ✍ A | 文字 |
| 直线 | ＼ ＞ | 曲线 |
| 矩形 | ▢ ◿ | 多边形 |
| 椭圆 | ◯ ◯ | 圆角矩形 |

图 2-94　"画图"工具箱

  **"任意形状的裁剪"工具**：利用此工具可以对图片进行任意形状的剪切。单击此工具按钮，在绘图区沿要裁剪的图案边缘按下鼠标左键并移动，直到将图案全部圈定后再释放鼠标左键，此时出现虚框选区，在选区内单击鼠标右键，从弹出的快捷菜单中选择"剪切"命令，即可看到效果。

  **"选定"工具**：此工具用于选中对象，使用时单击此工具按钮，拖曳鼠标左键，可以拉出一个矩形选区对所要操作的对象进行选择，用户可对选中范围内的对象进行复制、移动、剪切等操作。

  **"橡皮/彩色橡皮"工具**：用于擦除绘图中不需要的部分，用户可根据要擦除的对象范围大小，利用辅助选择框来选择合适的橡皮擦。橡皮的颜色为当前背景颜色，即橡皮工具擦除后的地方将被背景颜色填充。

  **"用颜色填充"工具**：运用此工具可对一个选区内进行颜色填充，用户可以从调色板中选择颜色，选定某种颜色后，在填充对象上单击改变前景色，右击改变背景色。在填充时，一定要在封闭的范围内进行，否则整个画布的颜色会发生改变，达不到预想的效果。

  **"取色"工具**：此工具的功能相当于在调色板中进行颜色选择。运用此工具时可单击该工具按钮，然后在要操作的对象上单击，调色板中的前景色随之改变，而对其右击，则背景色会发生改变。当用户需要对两个对象进行相同颜色填充，而这时前景色、背景色的颜色已经调乱时，可采用此工具，能保证其颜色的绝对相同。

  **"放大镜"工具**：使用放大镜可以对某一区域进行放大，以便能够详细观察和编辑。选择此工具按钮，绘图区会出现一个矩形选区，选择所要观察的对象，单击即可放大，再次单击回到原来的状态，用户可以在辅助选框中选择放大的比例。

  **"铅笔"工具**：此工具用于不规则线条的绘制。单击该工具按钮即可使用，线条的颜色与前景色相同。

  **"刷子"工具**：使用此工具可绘制不规则的图形。单击该工具按钮，在绘图区按下鼠标左键拖曳即可绘制显示前景色的图画，按下鼠标右键拖曳可绘制显示背景色图画。用户可以根据需要选择不同的笔刷粗细及形状。

  **"喷枪"工具**：使用喷枪工具能产生喷绘的效果。选择好颜色后，单击此工具按钮，即可进行喷绘，在喷绘点上停留的时间越久，其浓度越深。

  **"文字"工具**：该工具用于在图画中加入文字。单击此工具按钮，在绘图区确定文字位置后拖曳鼠标，出现文本编辑框，即可输入文字。同时，利用"查看"菜单中的"文字工具栏"命令可以设置文字的字体、字号，给文字加粗、倾斜、加下划线，改变文字的显示方向等，如图2-95所示。

图2-95　文字工具

  **"直线"工具**：此工具用于直线线条的绘制。先选择所需要的颜色以及在辅助选择框中选择合适的宽度，单击直线工具按钮，拖曳鼠标至所需要的位置后松开，即可得到直线。在拖曳的过程中同时按【Shift】键可起到约束的作用，这样可以画出水平线、垂直线或与水平线成45°的线条。

  **"曲线"工具**：此工具用于曲线线条的绘制，先选择好线条的颜色及宽度，然后单击曲线按钮，拖曳鼠标至所需要的位置后松开，然后在线条上选择一点，移动鼠标则线条会随之变化，调整至合适的弧度即可。

  **"矩形"工具、"椭圆"工具、"圆角矩形"工具**：这3种工具的应用基本相同，当单击工具按钮后，在绘图区直接拖曳鼠标即可拉出相应的图形。在其辅助选择框中有 3 种选项，分别为以前景色为边框的图形、以前景色为边框背景色填充的图形和以前景色填充没有边框的图形。在施曳鼠标的同时按【Shift】键，可以分别得到正方形、正圆和正圆角矩形。

"多边形"工具：利用此工具用户可以绘制多边形。单击此工具按钮，在绘图区拖曳鼠标左键，当需要弯曲时释放鼠标，如此反复，双击鼠标结束，即可得到相应的多边形。

### 3．图像及颜色的编辑

在画图工具栏的"图像"菜单中，用户可对图像进行简单的编辑，下面来学习相关的内容。

（1）选择"图像"菜单的"翻转和旋转"命令，打开"翻转和旋转"对话框，如图 2-96 所示，其中有 3 个单选按钮：水平翻转、垂直翻转及按一定角度旋转，用户可以根据自己的需要进行选择。

（2）选择"图像"菜单的"拉伸和扭曲"命令，打开"拉伸和扭曲"对话框，如图 2-97 所示，其中有拉伸和扭曲两个选项组，用户可以选择水平和垂直方向拉伸的比例和扭曲的角度。

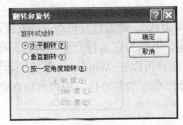

图 2-96　"翻转和旋转"对话框

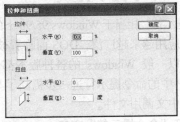

图 2-97　"拉伸和扭曲"对话框

（3）选择"图像"菜单的"反色"命令，图形即可呈反色显示。

（4）选择"图像"菜单的"属性"命令，打开"属性"对话框，可以查看保存过的文件属性。

当用户的一幅作品完成后，可以将它设置为墙纸，还可以打印输出，具体的操作都是在"文件"菜单中实现的，用户可以直接执行相关的命令，根据系统提示操作。

## 2.5.4　计算器

使用计算器可以完成普通的手持计算器的所有计算功能，还可以把计算结果复制到其他应用程序中。计算器分为标准型和科学型。标准型计算器可以进行简单的算术运算，如加减乘除运算等。科学型计算器可以进行比较复杂的函数运算和统计运算，如对数运算、阶乘运算等。

### 1．启动标准型计算机

单击"开始"按钮，选择"所有程序"→"附件"→"计算器"命令，即可启动标准型计算器，如图 2-98 所示。

### 2．启动科学型计算机

在标准型计算器窗口中，从菜单中选择"查看"→"科学型"命令，即可从标准型计算器切换到科学型计算器，如图 2-99 所示。

图 2-98　标准型计算机

图 2-99　科学型计算器

**3．在计算器和其他应用程序之间交换数据**

为了避免手工录入造成的错误，用户可以直接把计算器的计算结果复制到其他应用程序中，操作步骤如下。

（1）使用计算器进行计算，使计算结果显示在计算器的显示窗口中。

（2）在菜单中选择"编辑"→"复制"命令。

（3）打开需要使用计算结果的应用程序，将光标移动到插入位置。

（4）在菜单中选择"编辑"→"粘贴"命令。

用户也可以把其他应用程序的数据复制到计算器中，方法类似。如果复制到计算器中的数据是计算公式，比如"3＋9"，用户可以直接在计算器中单击"＝"按钮，计算结果"12"就会显示在计算器的显示窗口中。

## 2.5.5　命令提示符

"命令提示符"相当于 Windows 95/98 下的"MS-DOS 方式"。随着计算机产业的发展，Windows 操作系统的应用越来越广泛，DOS 面临着被淘汰的命运，但因为它运行安全、稳定，有的用户还在使用，所以一般 Windows 的各种版本都与其兼容，用户可以在 Windows 系统下运行 DOS。Windows XP 中的命令提示符进一步提高了与 DOS 下操作命令的兼容性，用户可以在命令提示符下直接输入中文调用文件。

**1．打开"命令提示符"窗口**

选择"所有程序"→"附件"→"命令提示符"命令，即可启动"命令提示符"窗口。系统默认的当前位置是系统盘下的"Documents and Settings\用户名"文件夹，如图 2-100 所示。

**2．设置"命令提示符"的属性**

在"命令提示符"中，默认的是白字黑底显示，用户可以通过"属性"来改变其显示方式、字体、字号等一些属性。

在"命令提示符"窗口的标题栏上右击，在弹出的快捷菜单中选择"属性"命令，可以打开"'命令提示符'属性"对话框，如图 2-101 所示。在"选项"、"字体"、"布局"、"颜色"选项卡中进行相应属性的设置。

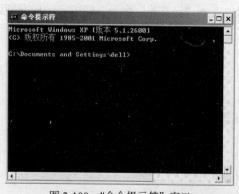

图 2-100　"命令提示符"窗口

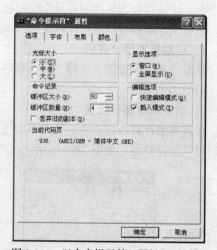

图 2-101　"'命令提示符'属性"对话框

**3．退出"命令提示符"**

退出"命令提示符"可以选择以下两种方法之一进行操作。

- 在 DOS 提示符下输入 EXIT 命令，然后按【Enter】键。
- 单击窗口标题栏上的"关闭"按钮。

# 2.6 系统维护与优化

## 2.6.1 管理磁盘

磁盘是计算机主要的外部存储设备，只有合理地使用和维护磁盘，才能使计算机始终处于良好的运行状态。Windows XP 为用户提供了多种磁盘管理和维护工具，如磁盘碎片整理、磁盘扫描、磁盘清理、格式化磁盘等工具。

### 1. 格式化磁盘

格式化磁盘是磁盘管理的最基本工作。格式化磁盘就是给磁盘划分磁道和扇区，创建根目录和文件分配表，检查磁盘上的坏区并做标记，同时删除磁盘上的所有数据。格式化硬盘可分为高级格式化和低级格式化，高级格式化是指在 Windows XP 操作系统下对硬盘进行的格式化操作，低级格式化是指在分区和高级格式化操作之前，应用专门的程序（一般由硬盘生产厂商提供）对硬盘进行的物理格式化。通常硬盘出厂时已经做过低级格式化，如果没有特殊情况，用户不需要对硬盘做低级格式化。下面所说的格式化均指高级格式化。

格式化磁盘的操作步骤如下。

（1）双击"我的电脑"图标，打开"我的电脑"窗口。

（2）选择要进行格式化操作的磁盘，选择"文件"→"格式化"命令，或右击要进行格式化操作的磁盘，在打开的快捷菜单中选择"格式化"命令。

（3）打开"格式化"对话框，如图 2-102 所示。在"文件系统"下拉列表中可选择 NTFS 或 FAT32，在"分配单元大小"下拉列表中可选择要分配的单元大小。若需要快速格式化，可选中"快速格式化"复选框。

（4）单击"开始"按钮，将弹出"格式化警告"对话框，若确认要进行格式化，单击"确定"按钮，即可开始进行格式化操作。

（5）格式化完毕后，将出现"格式化完毕"对话框，单击"确定"按钮即可。

图 2-102 "格式化"对话框

### 2. 清理磁盘

在计算机的日常使用过程中，用户可能会非常频繁地进行应用程序的安装、卸载，文件的移动、复制、删除，计算机硬盘上将会产生大量的临时文件或已经没用的程序，计算机的系统性能下降。用户需要定期对磁盘进行清理，以保证计算机始终处于较好的状态。

执行磁盘清理程序的操作步骤如下。

（1）单击"开始"按钮，选择"所有程序"→"附件"→"系统工具"→ "磁盘清理"命令。

（2）打开"选择驱动器"对话框，在"驱动器"下拉列表中选择要进行清理的驱动器，单击"确定"按钮，可弹出该驱动器的"磁盘清理"对话框，选择"磁盘清理"选项卡，如图 2-103 所示。

（3）在该选项卡中"要删除的文件"列表框中列出了可删除的文件类型及其所占用的磁盘空间大小，选中某文件类型前的复选框，在进行清理时即可将其删除；在"获取的磁盘空间总数"中显示了若删除所有选中复选框的文件类型后可得到的磁盘空间总数；在"描述"文本框中显示了当前选择的文件类型的描述信息，单击"查看文件"按钮，可查看该文件类型中包含文件的具体信息。

（4）单击"确定"按钮，将弹出"磁盘清理"确认删除对话框，单击"是"按钮，弹出"磁盘清理"对话框。清理完毕后，该对话框将自动消失。

（5）若要删除不用的可选 Windows 组件或卸载不用的安装程序，可选择"其他选项"选项卡，如图 2-104 所示。在该选项卡中单击"Windows 组件"、"安装的程序"或"系统还原"选项组中的"清理"按钮，即可删除不用的可选 Windows 组件，卸载不用的安装程序或者删除还原点，以释放更多的磁盘空间。

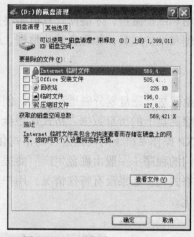
图 2-103 "磁盘清理"选项卡

图 2-104 "其他选项"选项卡

### 3. 整理磁盘碎片

磁盘（尤其是硬盘）经过长时间的使用后，难免会出现很多零散的空间和磁盘碎片，一个文件可能会被分别存放在不同的磁盘空间中，这样在访问该文件时，系统就需要到不同的磁盘空间中去寻找该文件的不同部分，从而影响了运行速度。同时，由于磁盘中的可用空间也是零散的，创建新文件或文件夹的速度也会降低。使用磁盘碎片整理程序可以重新安排文件在磁盘中的存储位置，将文件的存储位置整理到一起，同时合并可用空间，实现提高运行速度的目的。

运行磁盘碎片整理程序的操作步骤如下。

（1）单击"开始"按钮，选择"所有程序"→"附件"→"系统工具"→"磁盘碎片整理程序"命令，打开"磁盘碎片整理程序"窗口，如图 2-105 所示。

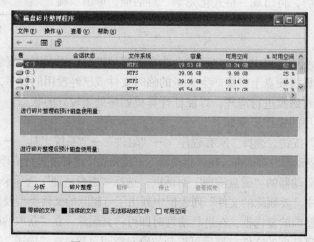
图 2-105 "磁盘碎片整理程序"窗口

（2）在"磁盘碎片整理程序"窗口中显示了磁盘的一些状态和系统信息。选择一个磁盘，单击"分析"按钮，系统即可分析该磁盘是否需要进行磁盘整理，并弹出是否需要进行磁盘碎片整理的"磁盘碎片整理程序"对话框，如图 2-106 所示，建议用户是否应对磁盘进行碎片整理。

（3）在图 2-106 所示对话框中单击"查看报告"按钮，可弹出"分析报告"对话框，如图 2-107 所示，该对话框中显示了该磁盘的卷信息及最零碎的文件信息。单击"碎片整理"按钮，即可开始磁盘碎片整理程序，系统会以不同的颜色条来显示文件的零碎程度及碎片整理的进度，如图 2-108 所示。

（4）整理完毕后，系统会弹出一个对话框，提示用户磁盘整理程序已完成，单击"关闭"按钮即可关闭"磁盘碎片整理程序"窗口。

图 2-106　"磁盘碎片整理程序"对话框　　　　图 2-107　"分析报告"对话框

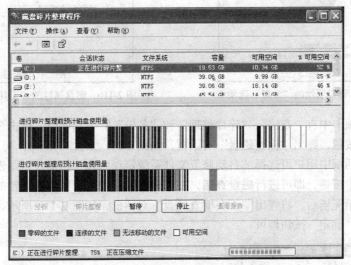

图 2-108　正在整理磁盘碎片

#### 4．查看磁盘属性

磁盘的属性包括磁盘的常规信息，磁盘的查错、碎片整理等处理程序，磁盘的硬件信息等。

**查看磁盘的常规属性**

磁盘的常规属性包括磁盘的类型、文件系统、空间大小、卷标等信息，查看磁盘的常规属性可执行以下操作。

（1）双击"我的电脑"图标，打开"我的电脑"窗口。

（2）右击要查看属性的磁盘图标，在弹出的快捷菜单中选择"属性"命令。

（3）打开"磁盘属性"对话框，选择"常规"选项卡，如图2-109所示。

（4）在该选项卡中，用户可以在最上面的文本框中键入该磁盘的卷标；在该选项卡的中部显示了该磁盘的类型、文件系统、已用空间、可用空间等信息；在该选项卡的下部显示了该磁盘的容量，并用饼图的形式显示了已用空间和可用空间的比例信息。单击"磁盘清理"按钮，可启动磁盘清理程序进行磁盘清理。

（5）单击"应用"按钮，即可应用在该选项卡中更改的设置。

**磁盘查错**

用户在经常进行文件的移动、复制、删除及安装、删除程序等操作后，可能会出现文件系统的错误或者坏的磁盘扇区，这时可执行磁盘查错程序，以修复文件系统的错误，恢复坏扇区等。

执行磁盘查错程序的操作步骤如下。

（1）双击"我的电脑"图标，打开"我的电脑"窗口。

（2）右击要进行磁盘查错的磁盘图标，在弹出的快捷菜单中选择"属性"命令。

（3）打开"磁盘属性"对话框，选择"工具"选项卡，如图2-110所示。

图2-109 磁盘属性的"常规"选项卡

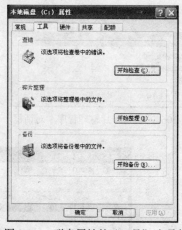

图2-110 磁盘属性的"工具"选项卡

（4）在该选项卡中有"查错"、"碎片整理"和"备份"3个选项组。单击"查错"选项组中的"开始检查"按钮，弹出"检查磁盘"对话框，如图2-111所示。

（5）在该对话框中用户可选择"自动修复文件系统错误"和"扫描并试图恢复坏扇区"复选框，单击"开始"按钮，即可进行磁盘查错，在"进度"框中可看到磁盘查错的进度。

（6）磁盘查错完毕后，将弹出"正在检查磁盘"对话框，如图2-112所示，通知用户已完成磁盘检查，单击"确定"按钮即可。

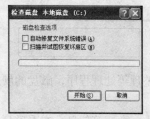

图2-111 "检查磁盘"对话框

图2-112 "正在检查磁盘"对话框

（7）单击"碎片整理"选项组中的"开始整理"按钮，可执行"磁盘碎片整理程序"。

（8）单击"备份"选项组中的"开始备份"按钮，可启动"备份"程序。

## 2.6.2　电源管理

当笔记本电脑无法连接电源时，可使用计算机中的蓄电池供电，合理地管理电源可以显著地延长笔记本电脑的使用时间。对于台式计算机而言，虽然不需要担心蓄电池没电，但是对电源的属性进行适当的设置，不仅可以节约电力能源，而且有利于延长计算机的使用寿命。

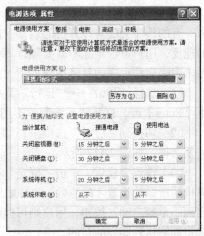

打开控制面板，双击"电源选项"，即可打开"电源选项 属性"对话框，如图 2-113 所示。

在"电源使用方案"选项卡的"电源使用方案"下拉列表中，系统提供了多种方案，用户可以根据自己使用的计算机选择一种匹配的方案。例如，如果用户正在使用台式计算机，可选择"家用/办公桌"方案；如果用户正在使用笔记本电脑，可选择"便携/袖珍式"方案；

图 2-113　"电源选项 属性"对话框

如果用户正在从 Internet 下载软件或正在刻录光盘，为了避免中途停止，则可选择"一直开着"方案。用户不仅可以选择系统提供的电源使用方案，也可以根据自己的需要修改"关闭监视器"和"关闭硬盘"的时间，完成修改后单击"另存为"按钮，在弹出的对话框中输入新的名称，以后就可以从"电源使用方案"下拉列表中选用自己设置的方案。

单击"高级"选项卡，如图 2-114 所示。如果选中"总是在任务栏上显示图标"复选框，便可在任务栏可看到电源管理图标，如果用户正在使用笔记本电脑，只要把鼠标停留在该图标上，系统就会自动显示蓄电池的剩余电量，用户便能够由此估计可用的时间。如果选中"在计算机从待机状态恢复时，提示输入密码"复选框，那么当计算机从待机状态返回工作状态时，系统会弹出对话框要求用户输入密码。启动这种功能可以避免其他人进入计算机的工作状态查看或修改信息，为用户提供了可行的数据安全性。

单击"休眠"选项卡，如图 2-115 所示。启用休眠状态可以显著地缩短计算机的启动时间。在"休眠"选项卡中选中"启用休眠"复选框，当用户在"开始"菜单中选择"关闭计算机"命令时，就可以从弹出的对话框中选用"休眠"按钮。

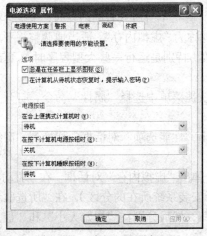

图 2-114　"高级"选项卡

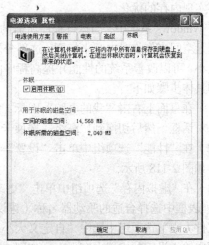

图 2-115　"休眠"选项卡

### 2.6.3 系统优化

在计算机硬件不变的情况下，用户可以通过系统设置来改变计算机的性能，从而让计算机运行得更快。

#### 1. 启动优化

有的程序会随着计算机的启动一起运行，这就大大延迟了计算机的开机速度。为了加快开机的速度，用户可以删除不需要随计算机开机启动的程序。

删除启动程序的具体步骤如下。

（1）选择"开始"→"运行"菜单项，打开"运行"对话框，从中输入"msconfig"，然后按下【Enter】键，打开"系统配置实用程序"对话框，如图 2-116 所示。

（2）切换到"启动"选项卡，如果不希望哪个程序随计算机的启动而启动，则可去掉其前面的复选框，如图 2-117 所示。

（3）设置完成后，单击"确定"按钮，弹出"系统配置"对话框，提示用户只有重新启动计算机后所做的设置才能生效。此时如果单击"重新启动"按钮就会重新启动计算机，如果单击"退出而不重新启动"按钮，用户则可以继续进行其他的工作，待完成其他的工作后再重新启动计算机也能够达到同样的目的。

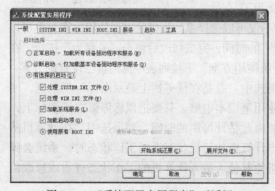

图 2-116 "系统配置实用程序"对话框

图 2-117 "启动"选项卡

#### 2. 内存优化

计算机运行速度的快慢与内存有着直接的关系，因此优化内存是很重要的。用户可以更改虚拟内存实现内存的优化。

在 Windows 系统中，当运行程序所需的内存大于计算机本身所具有的内存时，系统会将一部分的硬盘空间当作临时内存来使用，这部分硬盘空间就称为"虚拟内存"。适当地调整一下虚拟内存的大小，可以改善系统的性能并提高程序的运行速度（特别是运行一些大型程序时）。更改虚拟内存的具体步骤如下。

（1）在桌面上右击"我的电脑"图标，从弹出的快捷菜单中选择"属性"命令，打开"系统属性"对话框，然后切换到"高级"选项卡。

（2）在"性能"选项组中单击"设置"按钮，弹出"性能选项"对话框，切换到"高级"选项卡，如图 2-118 所示。

（3）在"虚拟内存"选项组中单击"更改"按钮，弹出"虚拟内存"对话框。在"驱动器「卷标」"列表框中选择合适的驱动器名称（建议不要选择安装系统所在的分区），在"所选驱动器的页面文件大小"选项组中选中"自定义大小"单选按钮，然后分别在"初始大小"和"最大值"文本框中输入设定的虚拟内存大小，如图 2-119 所示。

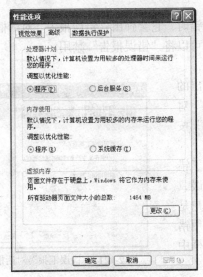

图 2-118　"性能选项"对话框

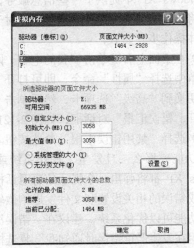

图 2-119　"虚拟内存"对话框

（4）输入完成后，单击"设置"按钮确定设置的数值，然后单击"确定"按钮，弹出"系统控制面板小程序"对话框。

（5）如果要使所做的设置立即生效，则单击"确定"按钮立刻重新启动计算机。

　　　　一般来说，虚拟内存为物理内存的 1.5 倍，稍大点也可以，如果用户不想虚拟内存频繁改动，则可将"最大值"和"最小值"设置为一样。

### 3. 加快应用程序的速度

在打开多个应用程序时，用户可能希望计算机能够专注、快速地完成其中的某一个应用程序。在 Windows XP 中，用户可以通过指定程序的优先级来达到这一目的。

指定程序优先级的方法很简单：按下【Ctrl+Alt+Del】组合键，打开"Windows 任务管理器"窗口，切换到"进程"选项卡，右击需要指定优先级的程序，从弹出的快捷菜单中选择"设置优先级"菜单项，然后再从弹出的级联菜单中选择相应的设置就可以了，如图 2-120 所示。

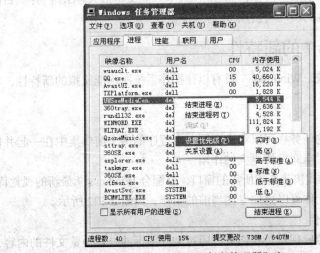

图 2-120　"Windows 任务管理器"窗口

#### 4. 禁用"错误报告"对话框

Windows XP 中提供了一些信息服务，如程序出错时，它会弹出"错误报告"对话框，希望用户能将出错的情况发送给微软公司。对于普通用户可以将"错误报告"禁用。

具体操作步骤如下。

（1）在桌面上右键单击"我的电脑"图标，从弹出的快捷菜单中选择"属性"命令，即可打开"系统属性"对话框，切换到"高级"选项卡，然后单击"错误报告"按钮，打开"错误汇报"对话框，如图 2-121 所示。

（2）选择"禁用错误汇报"单选按钮。如果启用了错误汇报功能，那么一旦发生了操作系统或者程序错误，Windows XP 都将弹出一个提示信息对话框，询问用户是否把造成错误的相关设置和文件发送给微软公司。禁用错误报告功能可以优化系统，建议在"错误汇报"对话框中选中"但在发生严重错误时通知我"复选框。

图 2-121　"错误汇报"对话框

# 2.7　Windows 7 抢先体验

2009 年 10 月 23 日，Windows 7 操作系统正式在中国发布。Windows 7 是微软公司目前推出的 Windows 操作系统的最新版本，与其之前的版本相比，Windows 7 不仅具有靓丽的外观和桌面，而且操作更方便，功能更强大，本节就来简单了解下 Windows 7 操作系统。

## 2.7.1　Windows 7 的版本

Windows 7 共包含 6 个版本，分别为 Windows 7 Starter（初级版）、Windows 7 Home Basic（家庭普通版）、Windows 7 Home Premium（家庭高级版）、Windows 7 Professional（专业版）、Windows 7 Enterprise（企业版）以及 Windows 7 Utimate（旗舰版）。

在这 6 个版本中，Windows 7 家庭高级版和 Windows 7 专业版是两大主力版本，前者面向家庭用户，后者针对商业用户。此外，32 位版本和 64 位版本没有外观火灾功能上的区别，但 64 位版本支持 16GB（最高至 192GB）内存，而 32 位版本只能支持最大 4GB 内存。目前所有新的和较新的 CPU 都在 64 位兼容的，均可使用 64 位版本。

## 2.7.2　Windows 7 的新特性

作为新一代的操作系统，Windows 7 具有以往操作系统所不能比拟的新特性，将给用户带来不一般的全新体验。

#### 1. 全新的任务栏

Windows 7 全新设计的任务栏可以将来自同一个程序的多个窗口集中在一起并使用同一个图标来显示，让有限的任务栏空间发挥更大的作用。

还可以通过缩略图的形式快速查找所需的窗口，并配合 Windows 7 最新的视觉特效 Aero Peek 让无关的窗口变为透明，让你可以更加专注当前的工作，如图 2-122 所示。

#### 2. 更加直观地预览文件

使用 Windows 7 的资源管理器，我们可以通过文件图标的外观预览文件的内容，这样就可以在不打开文件的情况下，直接通过预览窗格来快速查看各种文件的详细内容。用户可根据爱好自行调整文件图标和预览窗格的大小，如图 2-123 所示。

图 2-122 全新的任务栏

图 2-123 直观地预览文件

### 3. Jump List 轻松使用

Jump List 是 Windows 7 的一个全新功能，我们可以通过【开始】菜单和任务栏的右键快捷菜单来找到它的身影。通过该功能，我们可以方便地找到某个程序的常用操作，并根据程序的不同而显示不同的操作。另外，我们还可将该程序的一些常用操作锁定到 Jump List 的顶端，更加方便我们的查找，如图 2-124 所示。

图 2-124 Jump List 轻松使用

### 4. 让日常工作触手可及

在日常工作中，有一些常用的程序或文件会分散到电脑的各个位置，那么如何才能快速地找到它们呢？在 Windows 7 中，我们只需将这些程序或文件夹拖动到任务栏中，即可将其固定到相应程序的 Jump List 顶端，这样我们就可以在同一个位置找到所有常用的文件和文件夹。如果不需要了，我们还可方便地将其解锁，如图 2-125 所示。

### 5. 窗口的智能缩放

在 Windows 7 中加入了窗口的智能缩放功能，当用户使用鼠标将窗口拖动到显示器的边缘时，窗口即可最大化或平行排列。

使用鼠标拖动并轻轻地晃动窗口，即可隐藏当前不活动的窗口，使繁杂的桌面立刻变得清新舒适。

图 2-125  拖动"计算机"图标到任务栏中

### 6. 自定义通知区域图标

在 Windows 7 操作系统中，我们可以对通知区域的图标进行自由管理。可以将一些不常用的图标隐藏起来；可以通过简单的拖动来改变图标的位置；还可以通过设置面板对所有的图标进行集中的管理，如图 2-126 所示。

### 7. 常用操作更加方便

在 Windows 7 中，一些常用操作被设计得更加方便快捷。例如单击任务栏右下角的【网络连接】按钮，即可显示当前环境中的可用网络和信号强度，使用鼠标轻轻一点，即可进行连接，如图 2-127 所示。对于经常要在会议中进行演示的工作人员，只需要使用【Windows+P】组合键即可轻松地切换投影状态。

图 2-126  自定义通知区域

图 2-127  网络连接情况显示

# 第3章
# 文字处理软件 Word

Word 作为 Microsoft Office 2003 软件包的重要组成部分之一，是当前流行的一种文字处理软件。

本章以中文 Word 2003 为对象，介绍文字处理软件 Word 工具的主要特点和使用方法。

## 3.1 概　　述

Word 是微软公司推出的 Office 中的重要组件，适用于制作各种文档，如信函、书刊、传真、公文、报纸、简历等。Word 具有 Windows 友好的图形用户界面，集文字编辑、排版、图片、表格、Internet 等于一体，功能强大，操作简单，可以为用户轻而易举地构成各种形式、各种风格的图文并茂的文档。

Word 具有如下特点。

（1）Word 采用了伸缩菜单，将最常用的菜单项默认显示，而其他菜单项需要通过扩展菜单才能访问，这使得菜单显示更为简洁。

（2）Word 可以编辑多种不同格式的文件。用户可以把 Word 文档立即转变成电子邮件或者 HTML（Hypertext Markup Language，超文本标记语言）文档。这样，可以将 Word 强大的文字处理功能与 Internet 技术结合起来，充分发挥两者的共同优势，极大地提高办公效率。

（3）Word 不仅为用户提供了英文的拼写和语法检查，还提供了中文的拼写和语法检查。

（4）Word 为用户提供的剪贴板多达 24 个，可以在任务窗格中显示出来。图 3-1 所示为剪贴板工具栏。要粘贴剪贴板上的某项内容，先把插入点移到粘贴的位置，再单击"剪贴板"上的相应图标即可。

（5）Word 具有"所见即所得"的图片操作特点，用户可以在显示终端上将所编辑的文本直接输出，得到的输出与在终端上显示的完全一样。

（6）Word 中引入了 OLE（Object Linking and Embedding，对象的链接与嵌入）技术，不仅可以方便灵活地在文档中插入图片、音频、视频等数据，还可以插入各种软件编辑生成的数据。

图 3-1　剪贴板工具栏

（7）Word 可以从 Excel、PowerPoint 等软件中复制图表、数据等资料到所编辑的文件中。同时，利用 Windows 的 DDE（Dynamic Data Exchange，动态数据交换）和 OLE 功能，可以使所复制的图表、数据随原始资料的更新而自动更新。

（8）Word 所提供的多种中、英文常用模板文件使用户在使用中更为方便，并节省了宝贵的时间。例如，制作公文，用户不必花时间去制作接收者和发文者等栏目，可直接在 Word 内建的公文模板中输入想要的内容。

（9）Word 具有可靠的文档保护能力。文档除了可以设置密码外，如果遇到意外断电，当再次打开该文档时，可以自动恢复到断电前的状态。

（10）Word 提供了多种字体。当输入中、英文混合字体时，系统会自动将中文设置为宋体，英文设置为 Times New Roman。

（11）Word 提供的域和宏操作，使用户的使用更得心应手。

（12）Word 提供的中文联机帮助，可帮助用户解决在使用中遇到的各种问题。

# 3.2　Word 的基本操作

## 3.2.1　Word 的启动

Word 的启动方法有多种，下面介绍 3 种常用的方法。

### 1. 从"开始"菜单启动 Word

选择"开始"→"所有程序"→"Microsoft Office"→"Microsoft Office Word"命令，即可启动 Word 程序。

### 2. 通过快捷方式启动

如果桌面上已经建立了 Word 的快捷方式，双击快捷方式的图标即可启动 Word。

### 3. 通过创建 Word 文档启动

在 Windows 桌面的空白处右击，或者在资源管理器窗口中右击，然后在弹出的快捷菜单中选择"新建"→"Microsoft Office Word 文档"命令，这时屏幕上会出现一个"新建 Microsoft Office Word 文档"图标。双击该图标，就会启动 Word 并创建一篇新文档。

## 3.2.2　Word 的退出

可以选择下面任意一种方法退出 Word。

（1）单击标题栏最右端的"关闭"按钮。

（2）选择"文件"菜单中的"退出"命令。

（3）双击标题栏最左端的控制图标。

（4）按下【Alt+F4】组合键。

## 3.2.3　Word 的窗口组成

成功启动 Word 后，其窗口如图 3-2 所示。在 Word 的工作界面中有两种窗口：Word 的应用程序窗口和文档窗口。标题栏右边的"关闭"按钮用于关闭应用程序窗口，菜单栏右边的"关闭"按钮用于关闭文档窗口。从图中可以看出，Word 的工作窗口由标题栏、菜单栏、工具栏、文档工作区、状态栏等组成，下面分别介绍各部分的功能。

### 1. 标题栏

Word 的标题栏用于指明当前的工作环境、文档的名称及控制窗口的变化。图 3-2 所示的标题栏标明了当前应用程序的名称是 Microsoft Word，"文档 1"是正在编辑的系统默认的文件名，Word 文件的扩展名是.doc。

### 2. 菜单栏

菜单栏位于标题栏的下方，其中包含了用户在 Word 中可以使用的所有命令。当用户打开某个菜单时，菜单中只包含经常使用的命令。若要使用不常用的命令，只需将鼠标指针在菜单底部的扩展菜单按钮上停留片刻，菜单即自动展开。此外，菜单中的命令还能够根据用户访问的次数自动改变位置，将用户经常使用的命令提升到最上面。

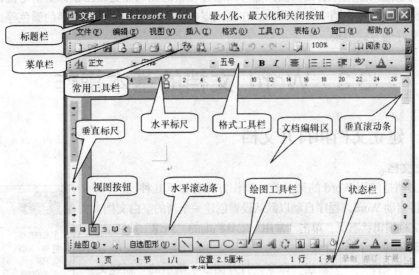

图 3-2　Word 的窗口

 说明　　在下拉菜单中，命令选项后面所跟的组合键是该命令的快捷键，如"文件"菜单中的"新建（N）Ctrl+N"命令，Ctrl+N 就是"新建"命令的快捷键。使用快捷键不必打开菜单，只需直接键入该命令。

### 3. 工具栏

工具栏是由图标组成的快捷方式的集合。在 Word 中，系统默认打开的工具栏是"常用"工具栏和"格式"工具栏。单击"视图"菜单，将鼠标指针置于"工具栏"命令，通过"工具栏"的次级菜单，可以对 19 个选项进行任意选择，选中的工具栏将出现在屏幕上。若将鼠标指针置于工具栏的某一工具按钮上时，系统将显示该工具按钮的功能。当在工具栏的空白位置单击鼠标右键时，会弹出工具栏选项，以使用户方便地进行选择。"常用"工具栏如图 3-3 所示。

图 3-3　"常用"工具栏

### 4. 状态栏

窗口底部的状态栏用于显示当前文档的总页数，当前插入点所在的页、节和在当前页的第几行第几列等信息。

在状态栏的右侧有一个"改写"按钮，表示当前是处于插入还是改写状态，只要双击该按钮，即可在插入与改写之间进行转换。

### 5. 标尺栏

Word 提供了水平标尺和垂直标尺。利用水平标尺可以设置制表位，改变段落缩进，调整版面边界及调整表格栏宽等。在页面视图中，可以利用垂直标尺调整页的上、下边界，表格的行高及页眉和页脚。

### 6. 文档编辑区

文档编辑区位于窗口中心位置，以白色显示，文档的输入、编辑和图片的插入等操作均在此窗口中完成。在该区域中有一个不断闪烁的竖线，称为插入点光标（当前光标），输入的文字或插入的对象出现在插入点光标后面。插入点可以通过在新的插入点处单击鼠标重新定位，也可以用键盘上的光标移动键在文档中任意移动。在插入点处定义了字体、字号、字的颜色等，输入的文字就会以定义好的方式出现。

# 3.3 Word 文档的基本操作

## 3.3.1 建立文档和打开文档

### 1. 建立文档

创建新文档是使用 Word 的第一步，操作方式有如下几种。

（1）直接启动 Word，程序自动以默认设置创建一个新的空白文档。

（2）在文档编辑状态下，单击"常用"工具栏上的"新建"按钮，系统也会自动创建一个新文档。

（3）选择"文件"→"新建"命令，打开图 3-4 所示的"新建文档"任务窗格，选择"空白文档"。

### 2. 打开文档

对于磁盘上已有的 Word 文档，可用"文件"菜单中的"打开"命令，或者单击"常用"工具栏中的"打开"按钮打开这个 Word 文档。另外，在 Word 的"文件"菜单中列出了最近编辑过的 4 个文件名，打开这些文件只需单击文件名。

图 3-4 "新建文档"任务窗格

## 3.3.2 保存文件

文档输入或编辑结束后，需要将输入的内容保存在指定磁盘中，以便以后使用。保存文件有以下几种方法。

（1）用"保存"命令或"保存"按钮保存文档。其方法是：选择"文件"→"保存"命令或单击"常用"工具栏中的"保存"按钮，可以保存输入的文本。

（2）用"另存为"命令保存文档。其方法是：选择"文件"→"另存为"命令，屏幕上会弹出"另存为"对话框，按照其中的要求，可以将正在编辑或输入的文件以指定文件名和指定文件格式保存在指定磁盘的指定位置。使用"另存为"命令将产生一个新文件。

（3）退出 Word 或关闭窗口时保存文档。其方法是：当选择"文件"→"退出"命令或单击 Word 应用程序窗口或文档窗口的关闭按钮时，Word 都会询问用户是否保存对当前编辑文件的修改，单击

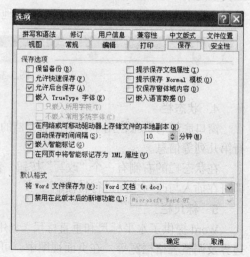

图 3-5 "选项"对话框

"是"按钮便可保存被编辑的文件。

（4）文件的自动保存。Word 允许用户设定文件的自动保存。选择"工具"→"选项"命令，弹出"选项"对话框，单击"保存"选项卡，如图 3-5 所示。在对话框中用户可以设置"自动保存时间间隔"，这样 Word 就会定时自动保存正在编辑的文件。

在编辑文档过程中，应随时进行文件的保存，以免因停电或误操作使所输入的文件遭受损失。

### 3.3.3　将 Word 文档保存为网页

Word 文档可以保存为网页，其方法如下。

（1）选择"文档"→"另存为网页"命令。如果要将文档保存在其他文件夹中，可查找并打开该文件夹。

（2）在"文件名"文本框中输入文档的名字，可以根据需要使用描述性的长文件名（255 个字符）。

（3）单击"保存"按钮。

### 3.3.4　Word 的视图

使用 Word 时，"页面"视图是用户看到的第一种视图方式，这种视图方式代表了文档打印时的外观。在此视图方式下工作，将看到添加到页面中的所有元素，包括文本格式、图形、标尺、边框和底纹。

Word 提供了各种视图，使用户可以从不同的角度观察所创建的文档。单击视图菜单，可以选择所需的视图方式，如普通、Web 版式、页面、阅读版式、大纲。也可以单击文档窗口左下方的视图显示按钮进行快速切换，从左到右的按钮分别为普通视图、Web 版式视图、页面视图、大纲视图、阅读版式视图。

#### 1．普通视图

普通视图是默认的文档视图，主要用于文字的输入、编辑及格式排版工作。在这种视图方式下不显示页眉、页脚、页号、页边距等信息，只显示字符的格式和图文的内容，页与页之间用一条虚线作为分页符，如图 3-6 所示。这种方式具有占用的计算机内存少、处理速度快等特点。

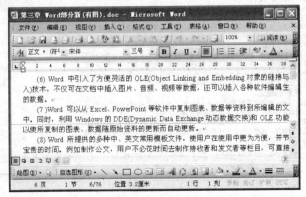

图 3-6　普通视图

#### 2．页面视图

利用页面视图可以处理图文框和报版栏以及检查文稿的最后外观，并可对文本、格式及版面进行最后修改，查看页眉、页脚以及脚注和尾注。编辑时，可以用鼠标进行拖曳来移动页面上的图文框项目。这种模式使所显示文档的每一页都与实际的打印效果相同，即具有"所见即所得"的效果，如图 3-7 所示。

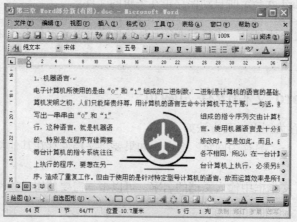

图 3-7　页面视图

### 3. 大纲视图

大纲视图用来查看标题，建立或修改大纲。在建立一个较长的文档时，可以在大纲视图模式下先建立文档的大纲或标题，然后再在每个标题下插入详细内容。在大纲视图中，可以折叠文档，只显示大标题，暂时隐藏标题下面的文本。也可以展开文档，以便查看整个文档。既可以只显示到某一层的标题，也可以显示出各层的标题。利用大纲视图移动、复制文本，重组长文档都很容易。当进入大纲视图之后，在工具栏中会出现一行新的工具，利用鼠标指针在相应按钮上可进行有关的操作，包括标题的升级或降级，降为正文文字，移动大纲的标题，显示或隐藏标题下层文字，显示各级标题，显示全部标题及文本，显示文本每段的第一行以及显示字符的格式等内容，如图 3-8 所示。

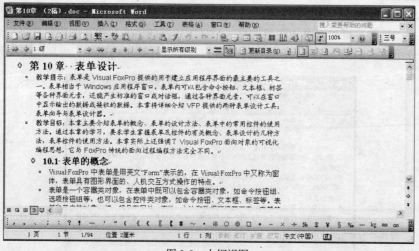

图 3-8　大纲视图

### 4. Web 版式视图

为使用户更方便地浏览联机文档和制作 Web 页，Word 提供了 Web 版式视图方式。在 Web 版式视图中，可以像浏览器一样显示页面，可以看到页面的背景、自选图片或其他在 Web 文档及屏幕上查看文档时常用的效果。当打开一个 Web 文档时，系统会自动切换到该视图方式。

#### 5. 阅读版式视图

在阅读版式中，文档可以在两个并排的屏幕中显示，就像一本打开的书。在该视图方式下，可进行文本的输入、编辑等操作，并显示文档的背景、页边距，但不显示文档的页眉和页脚。

### 3.3.5　Word 文档的输入

#### 1. 输入法的选择

常用的汉字输入法有智能 ABC、五笔字型、全拼、微软拼音输入法等。用【Ctrl+Shift】组合键可在不同的输入法之间切换，可按【Ctrl】+空格键进行中文和西文输入法的切换。

#### 2. 插入和改写状态

当确定了插入点的位置后，选择一种输入法，就可以输入文本内容了。在 Word 中文本的输入可以分为两种模式：插入模式和改写模式。系统默认的文本输入模式为插入模式，即用户输入的文本将在插入点的左侧出现，而插入点右侧的文本将依次向后顺延；而在改写模式下，用户输入的文本将依次替换插入点右侧的文本。

插入和改写状态的转换方法有两种。

* 按一下【Insert】键，进入"改写"模式；再按一下该键，回到"插入"模式。
* 双击状态栏中呈灰色状的"改写"图标，"改写"两字变黑，此时为"改写"模式，这时键入的文本就会覆盖原有的文本；再次双击该图标，则回到"插入"模式。

#### 3. 开始新段落

Word 具有字环绕功能，当文本输入到达右边界时，Word 会自动换行。因此，只有在一个段落结束时，才需要按【Enter】(回车)键开始新段。这时，Word 将插入一个"段落标记"符号"↵"，并将插入点移到新段落的行首。"段落标记"符号为控制符号，在打印时不实际输出。如果在一个段落中的输入还没有到达行尾就想另起一行，可以按【Shift+Enter】组合键实现。此时 Word 插入一个换行标记"↓"。

#### 4. 插入符号

Word 提供了一些特殊符号，可以像普通文字一样插入到文档中。

先设定插入点，然后选择"插入"→"符号"命令，打开图 3-9 所示的"符号"对话框，选择"符号"选项卡，双击所需要的符号，或单击符号字符后，再单击"插入"按钮即可。也可利用"插入"→"特殊符号"命令，在弹出的对话框中选择特殊字符，如图 3-10 所示。

图 3-9　"符号"对话框

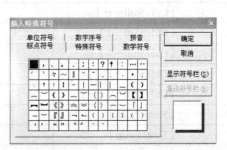

图 3-10　"插入特殊符号"对话框

### 3.3.6　Word 文档的编辑

编辑 Word 文档包括对文档进行修改、删除、复制、移动、查找和替换等操作。

**1. 选定文本**

Word 可以对单个对象（如一个文字或一个图形）进行操作（如移动、复制、删除等），也可以选定一组对象进行统一操作，此时，需要先选定被操作的对象。

（1）使用鼠标选定文本 。用鼠标可以选定从单个字符直到整个文档的文字与图形，见表 3-1。

表 3-1　　　　　　　　　　　　　　　使用鼠标选定文本

| 选定内容 | 操　作 |
|---|---|
| 单词/汉字 | 双击 |
| 图形 | 单击 |
| 一行文本 | 单击该行左边的选定区 |
| 多行文本 | 在行左边的选定区中拖曳鼠标指针 |
| 句子 | 按住【Ctrl】键，并单击该句中的任意位置 |
| 一个段落 | 双击该段落左边的选定区，或三击段落中的任意位置 |
| 多个段落 | 在选定区中双击并向上或向下拖动鼠标 |
| 整个文档 | 三击选定区 |

提示

- 选定区为文档编辑区左侧的空白处，当鼠标移到此处时，鼠标指针变为指向右边的箭头。
- 在鼠标的使用中，还可以单击鼠标右键，弹出和当前对象有关的快捷菜单来实现其相应的操作。

（2）使用键盘选定文本。先确定插入点位置，然后在按住【Shift】键的同时按表 3-2 中所示的组合键选定文本。

表 3-2　　　　　　　　　　　　　　　使用键盘选定文本

| 组　合　键 | 选定内容 |
|---|---|
| 【Shift + →】 | 插入点右边的一个字符（或一个汉字） |
| 【Shift + ←】 | 插入点左边的一个字符（或一个汉字） |
| 【Shift + ↓】 | 向下一行 |
| 【Shift + ↑】 | 向上一行 |
| 【Shift + End】 | 从插入点到行尾的内容 |
| 【Shift + Home】 | 从插入点到行首的内容 |
| 【Ctrl+Shift + →】 | 单词的结尾 |
| 【Ctrl+Shift + ←】 | 单词的开头 |
| 【Ctrl+Shift + ↑】 | 段落的开头 |
| 【Ctrl+Shift + ↓】 | 段落的结尾 |
| 【Ctrl+Shift + End】 | 从插入点到文档结尾的内容 |
| 【Ctrl+Shift+ Home】 | 从插入点到文档开头的内容 |
| 【Shift+PgDn】 | 向下一屏 |
| 【Shift+PgUp】 | 向上一屏 |
| 【Ctrl+A】 | 整个文档 |

**2．删除和恢复操作**

（1）删除文本。既可以对插入点前后的对象进行删除操作，也可以对选定的内容进行删除操作，见表 3-3。

表 3-3　　　　　　　　　　　　　　　删除文本

| 删除内容 | 操　　作 |
| --- | --- |
| 选定的内容 | 单击"剪切"按钮，或按【Backspace】键或【Delete】键 |
| 插入点前面的字符 | 按【Backspace】键 |
| 插入点后面的字符 | 按【Delete】键 |
| 插入点前面的单词 | 按【Ctrl+Backspace】组合键 |
| 插入点后面的单词 | 按【Ctrl+Delete】组合键 |

（2）恢复删除。如果发生误删除，可以通过"撤销"操作将删除的内容找回。撤销的方法是：选择"编辑"菜单中的"撤销"命令，或单击"常用"工具栏上的"撤销"按钮 。在撤销了该命令后，还可以使用"编辑"菜单中的"恢复"命令或"常用"工具栏上的"恢复"按钮 恢复删除的操作。

**3．移动和复制文本**

移动或复制文本之前，首先应将内容选定，然后再进行其他操作。

（1）拖放方式。如果在短距离内移动或复制选定的文本，最简便快捷的方法是用鼠标拖放。

·　若要移动文本，先选定要移动的文本后，将鼠标指向它，然后按下鼠标左键不放，此时会出现一个带虚框的对象指针，且插入点标志也呈虚竖线形状。移动鼠标，将虚竖线开头的插入点拖到适当位置，松开鼠标左键即可。

·　若要复制文本，应先按住【Ctrl】键，然后将鼠标指针指向选定的内容并拖曳，则可将选定的文本复制到新的位置。

需要注意的是，使用此方式只能在同一个文档中进行操作。

（2）使用剪贴板。剪贴板是文档进行信息传输的中间媒介，是将信息传送到其他文档或其他程序的一个通道。使用剪贴板对文本进行复制或移动操作时，首先是将文本内容复制或剪切到剪贴板上，在需要时再将暂时存放在剪贴板上的信息"粘贴"到当前文档、其他 Office 文件或 Windows 环境下其他程序所建立的文档中的指定位置。Word 提供了 24 个子剪贴板，用户可同时复制与粘贴多项内容到剪贴板，如果存放在剪贴板中的内容已达 24 项，要继续添加新内容时，它会将复制内容添至最后一项，并清除第一项，用户可以选择是否继续复制。使用剪贴板复制或移动文本的步骤如下。

① 选定要复制或移动的文本后，选择下列某一项操作。

·　若要移动选定的内容，可以单击"常用"工具栏上的"剪贴"按钮或按【Ctrl+X】组合键。

·　若要复制选定的内容，可以单击"常用"工具栏上的"复制"按钮或按【Ctrl+C】组合键。

② 将插入点移到新的位置（如果新位置是在另一个文档或其他应用程序中，则可以打开这个文档或切换到这个应用程序；如果新位置是在已打开的其他 Word 文档中，那么可以从"窗口"菜单中选择这个文档。

③ 单击"常用"工具栏上的"粘贴"按钮或按【Ctrl+V】组合键。

上述操作也可以通过"编辑"菜单中的命令完成。

**4．查找和替换**

在编辑文档时，如果要查看或修改文档中的文本、图片、脚注及其他元素，可以快速查找并替换它们。Word 还允许将文本内容与格式分开或作为一个整体来处理。

（1）查找文本和格式。Word 可以查找文字出现的每一个位置，包括大小写字母、整个单词或单词的一部分，还可以查找任何格式的文本，特定的格式、样式或语种。例如，可查找带粗体格式的单词。搜索文本时，也可以排除指定的格式，如指定"粗体"以查找粗体文字，或者指定"非粗体"来查找非粗体的任何文本。

查找文本和格式的操作步骤如下。

① 选择"编辑"菜单中的"查找"命令，弹出图 3-11 所示的对话框。

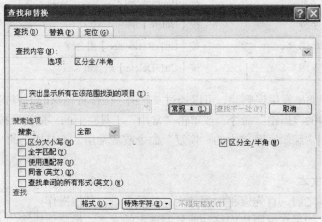

图 3-11 "查找"选项卡

② 把光标定位在"查找内容"文本框中，键入要查找的内容，如果近期曾经查找过相同内容，则可单击"查找内容"框右边的下拉箭头显示近期查找过的内容列表，从中选择查找内容。如果要查找的内容是文字与格式的组合，则还需选择"格式"按钮，在打开的格式列表中选择"字体"、"段落"或"样式"等，然后选择需要的格式，最后单击"确定"按钮。

③ 如果只查找文字格式而不包括文字信息，如段落标记、制表符等，则删除"查找内容"文本框中的文本。将插入点置于"查找内容"文本框中，选择"格式"按钮，再选择需要查找的格式信息，最后单击"确定"按钮。图 3-11 中各选项的意义如下。

- "查找内容"文本框用于键入要查找的内容。
- "格式"按钮用于指定在"查找内容"中键入查找的文本格式。
- "搜索范围"下拉列表用于设置搜索的方向。选择全部：则从插入点位置开始搜索整个文档；选择向上：则从插入点位置或选定内容末尾向文档开头或选定内容开头进行搜索；选择向下：则从插入点位置或选定内容开头向文档末尾或选定内容末尾进行搜索。
- 区分大小写：选中该复选框，将只查找在"查找内容"文本框中指定的大小写字母组合的那些单词。
- 全字匹配：选中该复选框，将查找完整的单词，而不是较长词的一部分。
- 使用通配符：选中该复选框，将搜索添加到"查找内容"文本框中的通配符、特殊字符或特殊搜索操作符。
- 同音（英文）：选中该复选框，将查找与"查找内容"文本框中的文字发音相同但拼写不同的单词。
- 区分全/半角：选中该复选框，查找时将区分全角和半角的数字和英文字符。
- 查找单词的各种形式：选中该复选框，则用"替换为"文本框中单词的适当形式替换"查找内容"文本框中单词的所有形式。"查找内容"文本框和"替换为"文本框中的单词应为同一词类，如均为名词或动词。

- "特殊字符"按钮用于选定要搜索的特殊字符。
- "查找下一处"按钮用于查找下一个在"查找内容"文本框中指定的文本和格式。

（2）替换查找到的内容。单击图 3-11 中的"替换"选项卡，出现如图 3-12 所示的对话框。在"查找内容"文本框中键入要查找的内容，在"替换为"文本框中键入要替换的内容，单击"替换"按钮可以替换已查找到的文字，然后继续查找下一个；不替换时单击"查找下一处"按钮继续查找；单击"全部替换"按钮，可以不经确认替换所有找到的与查找内容相符的文字。

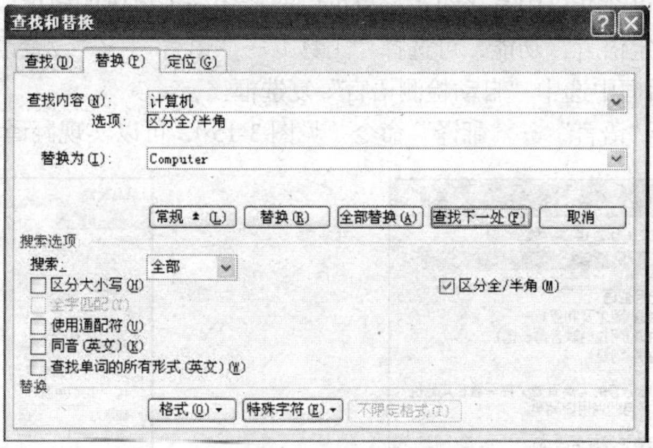

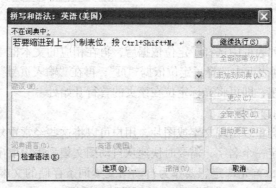

图 3-12　"替换"选项卡

（3）查找和替换特殊字符。Word 允许用户进行特殊字符的搜索和替换。该功能可以查找及替换许多特殊字符，如段落标记、制表符、分栏符等。在图 3-12 中，将插入点置于"查找内容"文本框中，然后单击"特殊字符"按钮，在打开的特殊字符列表中选定要查找的特殊字符，必要时可键入要查找的其他文本。然后将插入点置于"替换为"文本框中，选定所需替换的特殊字符，单击"替换"按钮或"全部替换"按钮。

### 5. 拼写与语法检查

如果在 Word 的编辑区编辑英文文稿，可以使用 Word 提供的拼写和语法检查功能来检查拼写和语法是否正确，措辞用句是否恰当。

Word 具有对输入的英文文字作拼写检查和中、英文文字作语法检查的功能。对拼写可能有错误的单词用红色波浪线标出，对可能有错误的语法用绿色波浪线标出。其操作方法是：将光标移动到文稿开始处，单击工具栏上的"拼写和语法"按钮，或者选择"工具"→"拼写和语法"命令，弹出如图 3-13 所示的对话框。另外，在文档中按【F7】键也可以启动拼写和语法检查功能。

图 3-13　"拼写和语法"对话框

对"不在词典中"的单词，可进行如下纠正。

- 如果接受"建议"列表框中的拼写建议，从"建议"列表框中选择一个单词替换文稿中拼写错误的单词，并单击"更改"按钮。

- 如果要替换文稿中所有同样的错误，则单击"全部更改"按钮。

- 如果要保留该单词不作修改，则单击"忽略"按钮。

- 如果要保留文稿中所有该单词，直到重新启动 Word，则单击"全部忽略"按钮。

选中"检查语法"复选框，则当 Word 检查出某个句子有语法错误时，它将显示这个句子并提出更正建议。用户可在文稿中直接纠正，也可以选择 Word 提供的建议，并且单击"更改"按钮。要启动"自动测定语言"功能，可选择"工具"→"语言"→"设置语言"命令，在弹出的如图 3-14 所示的对话框中选中"自动检测语言"复选框。

利用"工具"→"语言"→"翻译"命令（见图 3-15），可以实现翻译功能。

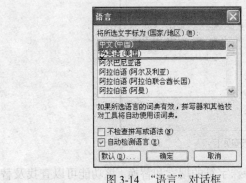

图 3-14 "语言"对话框

图 3-15 "翻译"任务窗格

在 Word 中，允许在一篇文章中同时输入中文、英文或其他语言的文字，Word 具有自动检测所使用的语言，并启动不同语言的拼写检查功能。

### 6．文本的定位

选择"编辑"→"定位"命令，弹出图 3-16 所示的对话框。通过其中的"定位目标"选项，可指定定位的内容，如页、节、行等，可以对文本中的指定内容进行快速定位。

图 3-16 "定位"选项卡

当在"定位目标"列表框中选择了定位依据后，再在相应的文本框中输入具体查找的信息。例如，在"定位目标"列表框中选择了定位依据"页"，再在"输入页号"文本框中输入要定位的页码，单击"定位"按钮，即可将光标定位在该页的首行开始处。

### 7．自动图文集的创建和插入

在一个文档中经常会重复出现文字或图片，用户可以将这些经常重复使用的文字和图片存储在自动图文集中，并指定一个名字，需要时快速从自动图文集列表中取出。

创建自动图文集时，首先选定想要作为自动图文集词条存储的文本或图片，然后选择"工具"→"自动更正选项"命令，弹出如图 3-17 所示的对话框。

　　选中"键入时自动替换"复选框，然后在"替换"文本框中输入自动更正词条的名称。如果保存的词条不带格式，则单击"纯文本"选项按钮；如果保存的词条要带原有格式，则单击"带格式文本"选项按钮，最后单击"添加"按钮。

　　自动图文集创建好后，用户可以随时将自动图文集词条插入文档所需的位置上。具体方法是：首先在要插入自动图文集词条的位置单击鼠标，然后选择"插入"→"自动图文集"命令，在弹出的图 3-18 所示的对话框中单击所需的自动图文集词条名称。

　　图 3-17　"自动更正"对话框　　　　　　　　图 3-18　"自动图文集"选项卡

## 3.3.7　文档的打印及发送

### 1. 打印预览

　　为了保证输出文档达到满意的效果，有必要在打印前进行打印预览来查看文档页面的整体效果。

　　打印预览是模拟显示将要打印的文档。打印预览可以显示缩小的整个页面，能查看到一页或多页，检查分页符以及对文本格式的修改。

　　单击"常用"工具栏中的"打印预览"按钮或选择"文件"→"打印预览"命令，即可切换到打印预览。这时，可以显示或隐藏标尺或其他屏幕元素，在窗口的顶部会出现一排功能不同的按钮，如图 3-19 所示。从左到右分别为打印、放大镜、单页显示、多页显示、视图比例、缩放、标尺、缩至整页、全屏显示、关闭以及帮助，可按屏幕提示进行相应的操作。

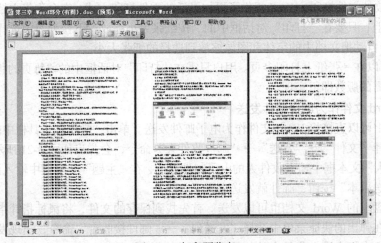

　　图 3-19　打印预览窗口

结束预览时，单击"关闭"按钮，又可回到文档编辑窗口中。

### 2. 打印文档

预览满意后的文档就可以打印输出了。打印之前，首先要将打印机与计算机正确连接。如果要打印全部文档，可直接单击"常用"工具栏中的"打印"按钮；如果只打印文档中的某一部分，或者需要进行打印的其他设置，则要在"打印"对话框中进行设置。

（1）设置打印范围。选择"文件"→"打印"命令，弹出如图3-20所示的"打印"对话框。在"页面范围"区域中可以设置打印范围。

- 全部：打印整篇文档。
- 当前页：打印当前插入点所在的页。
- 所选内容：打印已经选定的文档内容。
- 页码范围：如果想打印文档中的部分页，可以在"页码范围"文本框中指定要打印的页。连续的页码间用连字符连接，如"5-12"表示打印5，6，7，8，9，10，11，12页；不连续的页用逗号隔开，如2，5，8表示打印第2页，第5页，第8页。

（2）双面打印。如果要在纸的正反两面打印文档，可选择"人工双面打印"，打印时将会自动先打印奇数页，奇数页打印完后，系统会提示翻面继续打印偶数页。也可以在"打印"列表框中先选择"奇数页"选项，打印完奇数页后，将纸重新放在进纸口，再选择"偶数页"选项，将文档的偶数页打印在纸的另一面。

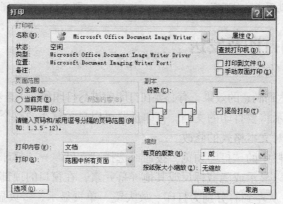

图3-20 "打印"对话框

（3）可缩放的文件打印。Word提供了更加灵活的文件打印方式，它允许将文档缩放打印到任何大小的纸张上，只要在"打印"对话框中的"按纸张大小缩放"下拉列表中选择一种纸张的规格，Word就会自动把文档中的字体和图像缩放到选择的纸张大小。

Word还可以在一张纸上打印多页。用户只需在"打印"对话框中的"每页的版数"下拉列表中选择一个所需的版数即可实现。

### 3. 将Word文件作为电子邮件发送

在Word中可以直接将Word文件作为电子邮件发送。单击"常用"工具栏中的"电子邮件"按钮，或者选择"文件"→"发送"→"邮件收件人"命令，会弹出如图3-21所示的窗口。

在"收件人"文本框中输入收件人的电子邮件地址，在"主题"文本框中输入该邮件的主题，然后单击"发送副本"按钮，邮件就发送出去了。

保存在磁盘上的Word文档也可以发送。首先找到保存的文件，将鼠标指针指向该文件，单击鼠标右键，在弹出的快捷菜单中选择"发送到"→"邮件接收者"命令，出现发送邮件窗口，在"收件人"文本框中键入收件人的邮件地址就可以发送邮件了。

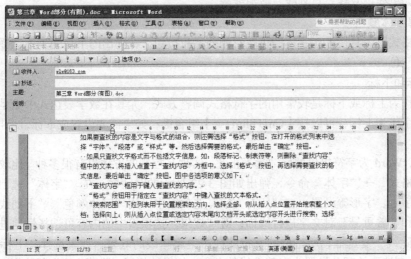

图 3-21　电子邮件窗口

# 3.4　Word 文档的排版

Word 文档的排版就是对字符、段落、文档的格式进行处理，包括对文字应用不同的字形或字体，改变字的大小，调整字符间距，对段落的编排，页面设置等操作。

## 3.4.1　字符格式的设置

字符是指字母、空格、标点符号、数字、汉字和其他符号（如@，&等）。在开始一个新文档并输入字符时，汉字默认的字体为宋体，其他字符的预设字体为 Times New Roman（根据选取的文档模式不同而异）。可以对任何数量的文字应用不同的字形、字体和字号，还可以将常用的字体格式设置成默认的格式。

字符格式的设置包括选择字体和字号、粗体、斜体、下划线、字体颜色等。

### 1. 设置字体

字体是指文字的形体。单击"格式"工具栏中的字体图标或选择"格式"→"字体"命令，将出现列有不同字体的下拉菜单选项，如宋体、楷体、黑体等，它们是系统中已经安装了的字体。

如果要对已输入的文字设置字体，则需首先选定要设置字体的文字，再选定所需字体；如果在输入文字前设置了字体，则以后输入文字的字体与设置的字体相同。

### 2. 选定字号

字号是指文字的大小。单击"格式"工具栏中的字号图标或选择"格式"→"字体"命令，将出现列有不同字号的列表框，在其中选定所需的字号。字号的单位如用数字表示为磅，72 磅等于 1 英寸，磅数越大，字号也就越大；如用中文表示，则数字越大，字号越小，如"五号"字的尺寸小于"四号"字。

### 3. 选择字形及其他字符修饰格式

选定文字后，可以单击"格式"工具栏中的"粗体"、"倾斜"、"下划线"、"字符边框"和"字符底纹"按钮来应用或删除粗体、斜体、下划线、字符边框和字符底纹格式。也可以在"字形"列表框中选择所需的字形，如常规、斜体或粗体等；在"下划线线型"下拉列表中选择所需的下划线类型，如单线、双线、点划线、波浪线等。

### 4. 选择字体颜色

单击"格式"工具栏上"字体颜色"右侧的下拉按钮，在弹出的下拉列表中选择一种颜色，即为字符的颜色。

### 5. 上标和下标

将字符作为上标或下标是较常用的字符格式调整方式，尤其在数学表达式中更是常见。如果想将选定的字作为上标，可以按【Ctrl+Shift+=】组合键；如果需要设置成下标，可按【Ctrl+=】组合键。

事实上，Word为字符提供的修饰远不止此，实现其控制的方法也有很多种。比较完整的方法是：选择"格式"→"字体"命令，弹出如图3-22所示的对话框，在"字体"选项卡中，可以进行字体、字号、字形等设置；在"所有文字"选项组中可用"字体颜色"、"下划线线型"、"下划线颜色"和"着重号"对文字进行修饰；对"效果"选项组中的内容可选择性地进行设置。当选择了"删除线"复选框，所选取的字符就会产生删除线的效果；如果选择"上标"复选框，Word会把所有选取的部分设置为在基准线的上方；如果选择了"隐藏文字"复选框，则可将文件中有关的文字或附注隐藏起来；假如想把隐藏的文字或附注再度显示出来，可以单击工具栏上的"显示/隐藏编辑标记"图标，则可重现被隐藏的文字或附注。

字母的大小写转换功能是针对英文而言的，当选择此复选框后，被选取的英文小写会转变成大写，但字体和字号不会改变。选择"全部大写字母"复选框后，被选择的文字才全部转换成大写。

### 6. 字符间距（水平间距）和字符位置（垂直位置）的设置

设置"字符间距"可对字符的水平间距进行改变，当对Word的默认状态不满意时，可对文档的字符间距进行设置。其方法如下。

单击"字体"对话框中的"字符间距"选项卡，打开如图3-23所示的对话框。

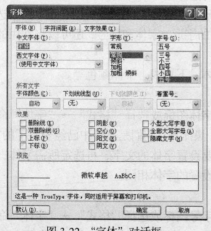

图3-22 "字体"对话框

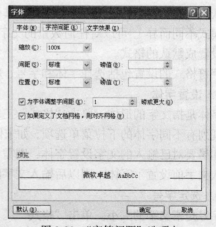

图3-23 "字符间距"选项卡

Word提供了3种字符间距：标准、加宽和紧缩。默认情况下字符间距为"标准"，如果想加大字符间距，可在"间距"的下拉列表中选择"加宽"，再单击"磅值"数值框右边的上下箭头调整磅值，磅值越大，字符间距就越大。如果要压缩字符间距，则在"间距"的下拉列表中选择"紧缩"，再单击"磅值"数值框右边的上下箭头调整磅值，磅值越小，字符间距就越小，即字符越紧缩。

Word还为字符在垂直方向上提供了3种位置：标准、提升和降低。默认情况下字符位置为

"标准"。如果要相对于标准位置提升或降低字符的位置，可在"位置"下拉列表中选择"提升"或"降低"，然后单击"磅值"数值框右边的上下箭头调整磅值，磅值越大，字符提升或降低的位置距离标准位置就越远。

### 7. 字符缩放（长体字或扁体字）

通常情况下，Word 显示的文字是标准型的，如果要把一些文字"拉长"成长体字或"压扁"成扁体字，会产生特殊效果。要把文字设置为长体字或扁体字，其操作为：首先选定要进行字符缩放的文字，再单击"格式"工具栏中的"字符缩放"按钮或选择"格式"→"字体"命令，单击"字符间距"选项卡，在"缩放"下拉列表中选择所需的缩放比例，如图 3-24 所示。

图 3-24　字符缩放

### 8. 格式的复制

当输入了一段文字，并对这段文字的格式进行了精心的设置，希望以后输入的文字段也采用同样的格式时，字符格式的复制会给用户的工作带来很大的方便。使用"常用"工具栏中的"格式刷"按钮可以非常方便地解决这一问题。实现方法如下。

首先选定一段具有统一格式（如字体、字形等）的文字，然后单击或双击"常用"工具栏上的"格式刷"按钮，这时鼠标指针变为一个小刷子形状，它代表了一段字符的格式设置。然后用小刷子形状的鼠标指针刷过要采用同样格式段的文字，被刷过文字的格式就变为想要的格式了。

使用格式刷时，单击格式刷，格式刷只能使用一次，还要使用时需再次单击格式刷。双击格式刷，则格式刷可以连续使用多次，即可把一段文字的指定格式复制到多处。要想取消格式刷，再次单击格式刷即可。

## 3.4.2　段落格式的设置

段落是文字、图片或图像及其他内容的集合，以回车符作为段落结束的标记。段落标记不仅标识一个段落的结束，还具有对每段应用格式的编排。如果删除了一个段落标记，那么也就删除了相应的段落格式，段中的文字将使用该文档中下一段的格式。可以通过选择"视图"→"显示段落标记"命令来显示或隐藏文档中的段落标记。

段落格式的设置主要包括段落缩进、对齐方式及行间距、段间距等。对段落设置时，只要把光标定位在本段落中即可，不需要选定本段落。

### 1. 段落的缩进

段落的缩进用于控制文档正文与页边距之间的距离，包括左缩进、右缩进、悬挂缩进及首行缩进 4 种。其中，左缩进、右缩进指的是段落的左右相对于左右页边距的缩进；首行缩进指的是段落的第一行相对于段落的左边界缩进；悬挂缩进指的是段落首行不缩进，其他各行相对于首行缩进。

（1）使用标尺缩进。如果使用标尺，先选择想要缩进的段落，然后在水平标尺上，把缩进标记拖到所希望的位置，如图 3-25 所示。

• 首行缩进：单击或选择段落，用鼠标左键按住首行缩进标记，这时从首行缩进标记向下出现一条虚线，向右拖到所需的位置时释放鼠标左键，首行缩进完成。

• 悬挂式缩进：单击或选择段落，用鼠标左键按住悬挂式缩进标记，拖到所需的位置时释放鼠标左键，这时本段落中除首行外的所有行向里缩进到游标所定的位置。

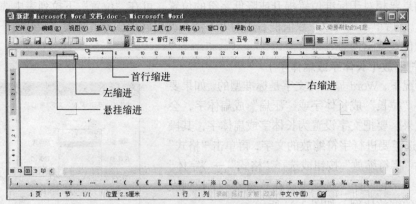

图 3-25　使用标尺缩进示意图

- 左缩进：单击或选择段落，用鼠标左键按住左缩进标记向右拖曳，拖曳时水平标尺左端的游标都跟着移动，拖到所需的位置时释放鼠标左键，该段左边所有行（包括首行）都缩进到新的位置。
- 右缩进：单击或选择段落，用鼠标将右缩进标记拖到所需位置，这样各行的右边向左缩进到新位置。

（2）使用菜单精确设置段落缩进。若要精确地设置段落的缩进距离，可以使用"格式"菜单中的"段落"命令，具体操作步骤如下。

① 选定要设置缩进的段落。

② 选择"格式"→"段落"命令，在弹出的如图 3-26 所示的"段落"对话框中选择"缩进和间距"选项卡。

③ 在"缩进"选项组的"左"或"右"数值框中分别输入需要的缩进值；如果要设置首行缩进或悬挂缩进，在"特殊格式"下拉列表中选择缩进的类型，在"度量值"数值框中输入具体的缩进值即可。

④ 设置完成后，单击"确定"按钮。

（3）利用"格式"工具栏设置缩进。单击"格式"

图 3-26　"段落"对话框

工具栏中的"减少缩进量"按钮或"增加缩进量"按钮，每单击一次，当前的段落或选定的段落向指定方向移动一个字符位置。

### 2. 段落的对齐

Word 提供了 5 种段落对齐的方式。

- 两端对齐：是指段落每行的首尾对齐。如果行中字符的字体和大小不一致，它将使字符间距自动调整，以维持段落的两端对齐，但对未输满的行则保持左对齐。
- 居中对齐：使文字居中，左、右两端留出相同的空白区域。
- 右对齐：文字向右对齐。
- 分散对齐：与两端对齐方式相似，区别在于采用两端对齐方式时，当一行文本未输满时是左对齐，而分散对齐方式则将未输满的行的首尾仍与前一行对齐，平均分配字符间距。
- 左对齐：文字向左对齐。

对齐的方法是：首先选择想要进行居中或对齐的段落，然后单击"格式"工具栏上的对齐按钮，或选择"格式"→"段落"命令，在弹出的"段落"对话框中选择"缩进和间距"选项卡，即可进行对齐方式的选择，利用此选项卡可为段落缩进设置精确的量值。系统默认为两端对齐。

### 3. 设置行间距和段间距

在默认情况下，段落的行距是一行（单倍行距），行高会根据不同的字体大小自动调整一行或全部，也可以自己修改行距。更改行距将影响到选定段落或包括插入点的段落中的所有文本行。

设置行间距的操作步骤如下。

（1）首先选择想要更改行距的段落，然后选择"格式"→"段落"命令。

（2）在弹出的对话框中选择"缩进和间距"选项卡，在"缩进和间距"选项卡中的"行距"下拉列表框内选择行距。

（3）单击"确定"按钮。

其中的"最小值"和"固定值"都以磅（即点）值为单位。在设置行间距时需要注意最小值与固定值的区别。这两种行距都要求用户输入设置值。当行距设置为"最小值"时，Word 会自动将行距调整为能容纳该段中最大字体或图形的最小距离。若用户设置的值小于该值，则用户设置的值不起作用。当行距设置为"固定值"时，用户设置的值在任何时候都起作用。若该值小于能容纳该段中最大字体或图形的最小距离时，超出部分不再显示。

段落间距指段落前后的空白位置大小。调整段落间距的方法如下。

（1）首先选择要调整间距的段落，然后选择"格式"→"段落"命令。

（2）单击"缩进和间距"选项卡，在"间距"区域中的"段前"或"段后"框内输入所希望的量值。

（3）单击"确定"按钮。

### 4. 设置制表位

制表位用来设置在页面上放置和对齐文字的位置。一般情况下，不要使用【Space】（空格）键来对齐文本，而要使用【Tab】键。因为使用空格时，由于字号选择的不同，同样的空格可能占据不同的空间。而使用【Tab】键，每按一次【Tab】键，光标就会从当前位置移动到下一制表位。通常在默认状态下，每 0.75 厘米就有一个制表位。

用户对制表位的默认设置不满意时，可以自己设置制表位的位置和类型。

- 左对齐式制表位：使文本在制表位处左对齐。
- 居中式制表位：使每个词的中间都位于制表位指定的直线上。
- 右对齐式制表位：使文本在制表位处右对齐。
- 小数点对方式制表位：主要用于数字输入，使数字的小数点对齐在制表位指定的直线上。
- 竖线对齐式制表位：可以在制表位处产生一条竖线。
- 首行缩进：使用此制表位可以使当前行首行缩进一定的距离。
- 悬挂缩进：使用此制表位可以使当前行悬挂缩进一定的距离。

设置制表位有两种不同操作方法，即使用标尺设置制表位和使用对话框设置制表位。

首先介绍使用标尺设置制表位。下面用一个例子来介绍使用标尺设置制表位，其操作步骤如下。

（1）新建一个文档，如图 3-27 所示，输入文字"第 1 章"。

（2）单击水平标尺左边的制表位 L，使之由左对齐式制表位 L 变为右对齐式制表位 ⌐。

如果要选择其他类型的制表位，可以连续单击标尺左边的小方块，使制表位在 7 种类型之间切换，用户可以根据自己的需要选择制表位的类型。

（3）移动鼠标指针到标尺右侧位置单击，就可以产生一个右对齐式制表位，如图 3-27 所示。

计算机应用基础（第2版）

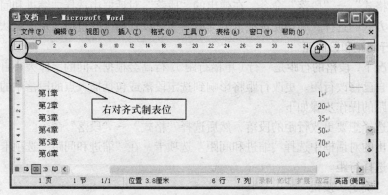

图 3-27　文档中的制表位

（4）按【Tab】键，然后输入页码，如 "1"，并按【Enter】键换行输入。

（5）重复步骤（1）至步骤（4）的操作输入其他内容，就可发现已经制作了一份目录，其页码是右对齐的效果。

除了可以用标尺来设置制表位，也可以用对话框来设置制表位，其操作步骤如下。

（1）打开"段落"对话框，单击对话框左下角的"制表位"按钮，打开"制表位"对话框，如图 3-28 所示。

（2）在"制表位位置"文本框中输入精确的制表位位置，如输入"37.8 字符"

图 3-28　"制表位"对话框

"制表位位置"文本框中的单位是由标尺的单位来决定的。

（3）在"默认制表位"数值框中设置默认制表位的位置。

（4）在"对齐方式"选项组中设置文本对齐方式。

（5）在"前导符"选项组中设置文本至前一制表位之间的填充符号。

（6）单击"设置"按钮，就可以设置一个制表位。设置好的制表位会显示在"制表位位置"文本框中，接着可以不用关闭对话框，而继续设置下一个制表位。如果不继续设置制表位，那么可单击"确定"按钮完成设置操作。

单击"清除"按钮可以清除光标所在处文本的制表位；单击"全部清除"按钮可以清除光标所在行的所有制表位。

如果要给制表位设置前导符，应先选定所有要更改制表位的文本，然后打开"段落"对话框，单击对话框左下角的"制表位"按钮，打开"制表位"对话框，在其中设置制表位前导符，完成后单击"确定"按钮。图 3-29 所示为设置了前导符后的效果。

删除制表位的操作很简单，用鼠标将制表位拖曳出标尺即可。同样，用鼠标将制表位在标尺上拖曳可移动制表位。制表位的删除或移动只对光标所在行或选定的段落有效。

96

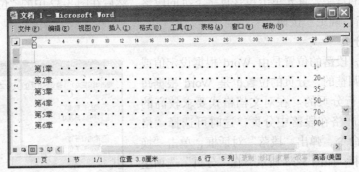

图 3-29  设置了前导符后的效果

### 5. 段落边框和底纹的设置

为了使段落更加醒目和美观，可以为段落或页面设置边框和底纹，其方法如下。

（1）首先选定页面或段落，然后选择"格式"→"边框和底纹"命令，弹出如图 3-30 所示的对话框，在其中可以为选定的段落或页面设置边框。

（2）单击"底纹"选项卡，如图 3-31 所示，可以为选定的段落或页面设置底纹。

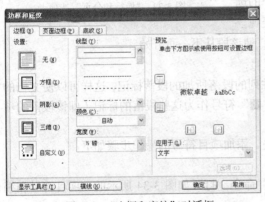

图 3-30  "边框和底纹"对话框

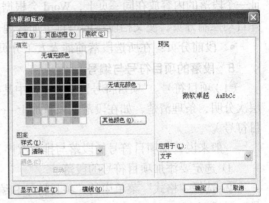

图 3-31  "底纹"选项卡

### 6. 创建和删除首字下沉

为了增强文章的感染力,有时把文章开头的第一个字放大数倍，这就是首字下沉。在 Word 中可以很轻松地实现首字下沉。习惯上首字下沉是一个段落的第一个字母或汉字，但也可以把首字下沉格式应用于第一个单词或一个单词中的前几个字母。

创建首字下沉的方法如下。

（1）将插入点置于需要首字下沉的段落中。选定下沉的内容，选择"格式"→"首字下沉"命令，弹出"首字下沉"对话框，如图 3-32 所示。

（2）在"位置"选项组中选择"下沉"或"悬挂"。

（3）在"字体"下拉列表框中输入或选择首字下沉字母或汉字

图 3-32  "首字下沉"对话框

的字体。在"下沉行数"数值框中输入或选择下沉的行数，在"距正文"数值框中输入或选择该段落下沉字母与后面文字之间的间距大小，再单击"确定"按钮。

如果是在"普通视图"方式下，Word 会询问是否要切换到"页面视图"中查看首字下沉在文档中产生的效果。

要删除下沉的首字，首先单击包含首字下沉的段落，然后在图 3-32 中的"位置"选项组中选择"无"，再单击"确定"按钮。

**7．段落与分页**

通常情况下，段落的位置是由 Word 根据设定值或默认值自动进行调整的，分页的位置也是 Word 根据每页的行数自动进行分页的。在对文档格式要求较高的时候，有时要求严格在段落中分页，这时可选择"格式"→"段落"命令，弹出"段落"对话框，单击"换行和分页"选项卡，如图 3-33 所示，在"分页"选项组中进行以下选择。

图 3-33　"换行和分页"选项卡

• 孤行控制：防止 Word 在页面端出现段落末行或在页面底端出现段落首行。

• 与下段同页：防止在所选段落与后面一段之间出现分页符，以便保证当前段落与下一段落在同一页中。

• 段中不分页：防止在段落中出现分页符，以便保证一个段落的内容放在同一页上，Word 会根据用户的选择自动控制分页，使文档段落的编排更加合理、美观。

• 段前分页：在所选段落前插入人工分页符，使该段从下一页开始。

**8．段落的项目符号与编号**

（1）项目符号。"项目符号"是为文档中某些并列的段落所加的段落标记，这样可以使文档的层次分明，条理清楚，如在段落的段首加上一个"■"符号作为这些段落的标记（即该段落的项目符号）。

一般来说，加项目符号的段落与排列次序无关。添加项目符号的操作步骤如下。

① 选定要添加项目符号的段落。

② 选择"格式"菜单中的"项目符号和编号"命令，打开如图 3-34 所示的"项目符号和编号"对话框。

③ 单击"项目符号"选项卡中的某一项目符号样式。

④ 单击"确定"按钮，关闭对话框，这时选定的所有段落都加上了选定的项目符号。

如果用户对预设的项目符号都不满意，可以自己定义项目符号。方法是：单击"自定义"按钮，打开如图 3-35 所示的"自定义项目符号列表"对话框，在其中重新选择项目符号。在这里还可以设置项目符号的字体、位置以及文字的位置（以厘米为单位）。

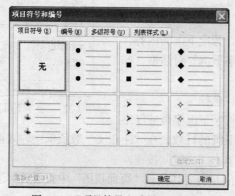

图 3-34　"项目符号和编号"对话框

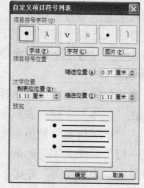

图 3-35　"自定义项目符号列表"对话框

在该选项卡上有一个"图片"按钮，单击此按钮可以打开图片剪辑库，从中选择一个小图片作为项目符号。

（2）编号。对于与排列次序有关的段落，一般用加编号的方法对选定的段落以数字、字母或有序的汉字等来标记段落。添加编号的操作步骤如下。

① 选定要添加编号的段落，选择"格式"→"项目符号和编号"命令，弹出"项目符号和编号"对话框。单击"编号"选项卡，出现如图 3-36 所示的对话框。

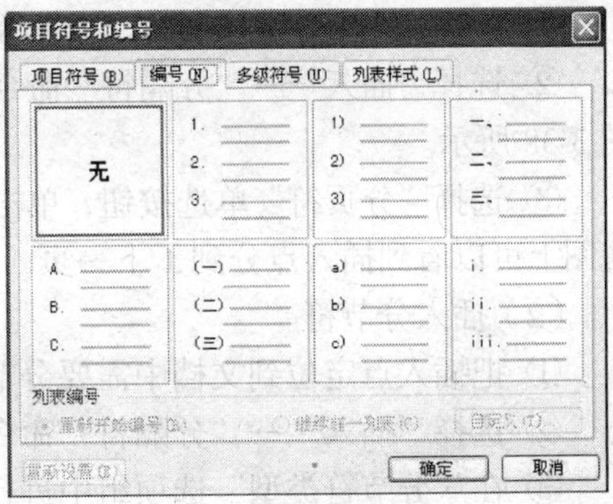

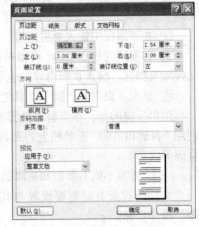

图 3-36　"编号"选项卡

② 单击该选项卡上的某一编号样式。

③ 单击"确定"按钮，关闭对话框，这时选定的所有段落都加上了选定的编号。

如果对预设的编号都不满意，用户也可以进行自定义。

如果在已选定的段落前面已经有段落加了编号，这时选项卡的两个单选按钮将被激活，从而可以确定是重新开始编号还是继续前一列表，如图 3-36 所示。

用"格式"工具栏上的"项目符号"和"编号"按钮可以为所选段落加上 Word 默认的项目符号或编号。

### 3.4.3　页面的编排

文档最终是以页打印输出的，因此，页面的美观显得尤为重要，输出文档之前首先要进行页面的设置和编排。

#### 1．页面设置

页面设置可以在创建文档之前或文档输入结束后进行。选择"文件"→"页面设置"命令，弹出如图 3-37 所示的对话框。

在"页边距"选项卡中设置上、下、左、右的页边距，即页面文字四周距页边的距离，装订线的位置，是否对称页面，是否拼页打印等，在预览区域中可以看到调整页边距的结果。

在"纸张"选项卡中选择纸张的大小或自定义纸张的宽度和高度、打印方向等。

在"版式"选项卡中可进行奇偶页面设置、首页不同设置以及页面对齐方式的设置等。

在"文档网络"选项卡中可设置每一页的行数和每一行的字符个数。

图 3-37　"页面设置"对话框

#### 2．插入分隔符

在 Word 中有两种常用的分隔符：分页符和分节符。前者用来进行文档的强制分页，后者用以把文档分成不同的节。例如，编排一本书稿时，当一章内容编排完了，而本章的最后一页还不满一页，即还不到自动分页的位置，下一章需要另起一页时，必须进行强行分页，即在本章的末尾插入分页符。如果每一章都采用各自的页面设置，如不同的页眉和页脚、页码格式等，这时就要用到分节符。插入分页符和分节符的方法如下。

（1）插入分页符。

① 把插入点定位到文档中强制分页的位置。

② 选择"插入"→"分隔符"命令，弹出"分隔符"对话框，如图 3-38 所示。

③ 选择"分页符"单选按钮，单击"确定"按钮。这时，在页面视图上可以看到插入点分到了下一页。

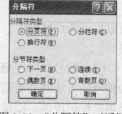

图 3-38 "分隔符"对话框

（2）插入分节符。

① 把插入点定位到文档中需要分节的位置。

② 选择"插入"→"分隔符"命令，弹出"分隔符"对话框，如图 3-38 所示。

③ 在"分节符类型"选项组中进行如下选择。

- 下一页：分节符开始的新节从下一页开始，分节同时分页。
- 连续：分节符开始的新节与前一节连续排版，即分节而不分页。
- 偶数页：分节后的新节从一个偶数页开始。
- 奇数页：分节后的新节从一个奇数页开始。

④ 单击"确定"按钮。

### 3. 插入页眉和页脚

在很多书籍和文档中，经常在每一页的顶部出现相同的信息，如书名或每章的章名，在每一页的底端出现页码或日期时间等信息，这可以用添加页眉和页脚的方法来实现。添加的页眉和页脚可以打印出来，但只有在页面视图下才能看到。

在 Word 中，默认的文档格式没有页眉和页脚，用户可以根据需要添加统一的页眉和页脚，或者奇偶页不同的页眉和页脚。

（1）设置统一的页眉和页脚的方法。

① 选择"视图"→"页眉和页脚"命令，屏幕上将显示"页眉和页脚"工具栏和被虚线框起来的页眉区。

② 在页眉区中输入页眉内容，并可以为页眉内容设置字体、字号等字符格式。

③ 若要同时建立页脚，可以单击"页眉和页脚"工具栏上的"在页眉和页脚间切换"按钮，切换到页脚区，输入页脚内容。也可通过键盘上的上下箭头在页眉和页脚间切换。

④ 单击"页眉和页脚"工具栏上的"关闭"按钮，结束页眉和页脚的编辑。

值得一提的是，在页眉和页脚的编辑过程中，用户不但可以输入页眉、页脚的内容，还可以利用"页眉和页脚"工具栏上的工具按钮插入日期、时间、页码等内容。

（2）"首页不同"页眉和页脚的设置方法。

文档的首页有时需要设置与其他页不同的页眉和页脚，操作步骤如下。

① 选择"视图"→"页眉和页脚"命令，进入页眉的编辑状态。

② 单击"页眉和页脚"工具栏上的"页面设置"按钮，打开"页面设置"对话框，选择"版式"选项卡，如图 3-39 所示。

③ 在"版式"选项卡中选择"首页不同"复选框，再单击"确定"按钮，返回页眉的编辑状态。

④ 单击"页眉和页脚"工具栏上的"显示前一项"按

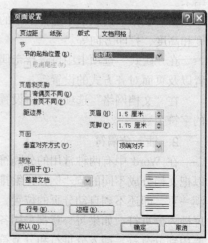

图 3-39 "版式"选项卡

钮，输入首页的页眉。若首页没有页眉，则使页眉区为空。

⑤ 单击"页眉和页脚"工具栏上的"显示下一项"按钮，输入后继页的页眉。

⑥ 用同样的方法设置页脚。

⑦ 单击"关闭"按钮，结束页眉和页脚的设置。

 还可通过选择"文件"→"页面设置"命令打开"页面设置"对话框，在其中进行版式设置。

（3）"奇偶页不同"页眉和页脚的设置方法。

设置"奇偶页不同"的页眉和页脚的步骤与设置"首页不同"的页眉和页脚相似，不同之处在于：在"版式"选项卡中需选择"奇偶页不同"复选框。

#### 4. 插入脚注尾注

脚注和尾注一般用于文档的注释。脚注通常出现在页面的底部，作为当前页中某一项内容的注释，如对某个名词的解释；尾注出现在文档的最后，通常用于列出参考文献等。

在文档中插入脚注和尾注的方法是：把插入点定位在插入注释标记的位置，然后选择"插入"菜单中"引用"命令下的"脚注和尾注"命令，打开如图 3-40 所示的"脚注和尾注"对话框。

在图 3-40 所示的对话框中，首先确定是插入脚注还是插入尾注，然后确定编号方式，即自动编号或自定义标记。

单击"插入"按钮，在插入点位置以一个上标的形式插入脚注（或尾注）标记。

图 3-40 "脚注和尾注"对话框

脚注在页面上会占用版心区域，脚注和正文之间用一短线分隔。在输入脚注内容时，如果内容太多，当前页放不下，系统会自动将剩下的内容放到下一页脚注区的开始位置，下一页的脚注分隔将采用长线条，以示区别。

在普通视图下插入脚注和尾注，是在窗口下部打开脚注（或尾注）的视图窗口，进入脚注（或尾注）内容的编辑状态；在页面视图下插入脚注和尾注，则在页面的底部（或文档的末尾）进入脚注（或尾注）内容的编辑状态。

#### 5. 插入页码

页码是一本书稿中不可缺少的，它既可以出现在页眉上，也可以出现在页脚中。插入页码的操作步骤如下。

（1）选择"插入"菜单中的"页码"命令，打开如图 3-41 所示的对话框。

（2）在该对话框中进行"位置"、"对齐方式"的选择。

位置：系统提供了 5 种可供选择的位置。

对齐方式：如果奇、偶页相同，可以选择"左侧"、"居中"、"右侧"；如果奇、偶页不相同，还可以选择"内侧"和"外侧"。

如果首页不加页码，去掉对"首页显示页码"复选框的勾选。

（3）单击"确定"按钮。

如果要设置页码的格式，可单击图 3-41 中的"格式"按钮，弹出 "页码格式"对话框，如图 3-42 所示，在其中进行如下设置。

• 在"数字格式"下拉列表中，列出了阿位伯数字、罗马数字、字母、中文数字等 10 种格式的页码，从中任选一种。

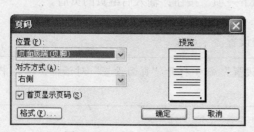

图 3-41　"页码"对话框　　　　　　　　　图 3-42　"页码格式"对话框

- 如果要在页码中包含文章节号，则选择"包含章节号"复选框，在"章节起始样式"下拉列表中选择用哪一级标题的章节号。
- 在"使用分隔符"下拉列表中选择章节编号和页号之间的连接符（连接符共有 5 种）。
- 在"页码编排"选项组中，如果文档已经分开，选择"续前节"，则本节将是上一节的继续，否则本节从头开始编排页码，在"起始页码"数值框中可以规定起始页码。

**6. 分栏**

在书籍和报纸中常常用到分栏技术，以使页面更加美观和实用，如图 3-43 所示。分栏可以应用于一页中的全部文字，也可以应用于一页中的某一段文字。

选择"格式"→"分栏"命令，弹出"分栏"对话框，如图 3-44 所示。在"预设"选项组中选择希望的分栏样式，也可以在"栏数"数值框中输入栏数；在"宽度和间距"选项组中选择栏、宽度、间距；选择"分隔线"复选框可以在栏间显示分隔线。在"预览"区域中可以看到页面分栏的情况。

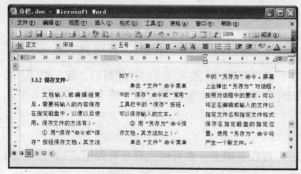

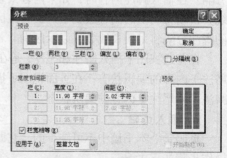

图 3-43　分栏和文本　　　　　　　　　　图 3-44　"分栏"对话框

如果在进入对话框前已选定了要分栏的文字段落，则在"应用于"下拉列表中选择"所选的文字"；当选择插入点之后，从插入点开始直到文档末尾全部分栏排版。对于已经分节的文档可以选择"本节"，即只对当前节分栏。

如果选择"开始新栏"复选框，从插入点（或从本节起始处）换页后再分栏，否则从插入点处或从本节起始处分栏。

**7. 设置竖版方式**

Word 可以将文档竖排，像古书一样，只有进入"页面视图"，才能显示出"竖排"文字的效果。设置竖排文档的操作步骤如下。

（1）进入页面视图。

（2）选择"格式"→"文字方向"命令，弹出"文字方向"对话框，如图 3-45 所示。

（3）在"方向"选项组中单击需要的排列方向，在"预览"区域中将显示选项的实际效果。

（4）单击"确定"按钮关闭对话框。

另外，用户还可以单击"常用"工具栏上的"更改文字方向"按钮，快速地在"横排"和"竖排"两种方式之间切换。

图 3-45　"文字方向"对话框

### 3.4.4　应用及创建样式

通常在编辑文档的时候，对于文档中的标题、列表和正文都要设定相应的格式，这些设定的格式实际上就构成了文档的样式，从而使一篇文档具有一个统一的风格。如果要编辑大量的相同样式的文档，每次都进行格式设置就太麻烦了，这时可以利用 Word 的模板来进行设置。

样式实质上是被命名保存的格式的集合，包括字符格式和段落格式，用户可以使用 Word 自带的段落和字符样式，也可以创建自己的样式。对所形成的样式，用一个名称保存起来，可供以后创建相同格式的文件时使用。合理地使用样式，可节省时间，并迅速创建出想要的文件。

#### 1. 应用样式

应用样式有两种方法，从"格式"工具栏的"样式"下拉列表中选择样式名，或使用"格式"菜单中的"样式"命令来应用段落和字符样式。

（1）使用"样式"命令应用样式。

- 若要对单独的段落应用段落样式，在该段中任意放置插入点，或在该段中选择任意数量的文字。

- 若要应用字符样式，选择想设定格式的文字。

- 选择"格式"→"样式和格式"命令，弹出如图 3-46 所示的任务窗格。

- 在"请选择要应用的格式"列表框中选择想要的样式。

（2）通过"格式"工具栏应用样式。

- 对单独的段落应用一种段落样式，在该段内任意位置定位插入点，或在该段中选定任意数量的文字。

- 若要应用字符样式，选择想设定的文字。

- 单击"格式"工具栏中"样式"下拉列表中想应用的段落样式或字符样式。

图 3-46　"样式和格式"任务窗格

#### 2. 修改样式

当要改变文档中文字的外观时，只要改变应用于该文字样式的格式即可。通过"格式"工具栏，可以用实例文字快速修改一个样式。用实例文字更改样式的操作步骤如下。

（1）若要修改段落样式，选择具有要改变样式的段落。

（2）若要修改字符样式，至少选择一个具有该样式的字符。确认要修改的样式名称已显示在"格式"工具栏的"样式"下拉列表中，如图 3-47 所示。

（3）用"格式"工具栏中的按钮或"格式"菜单中的命令修改格式。

（4）在"格式"工具栏上单击"样式"框，然后按【Enter】键。当 Word 询问是否想根据实例重新定义样式时，选择"确定"按钮。

#### 3. 新建样式

如果在 Word 中没有找到所需要的样式，可以创建新的样式，其方法如下。

（1）选择"格式"→"样式和格式"命令，弹出如图 3-46 所示的任务窗格。
（2）单击"新样式"按钮，出现如图 3-48 所示的对话框。

图 3-47 "格式"工具栏上的"样式"

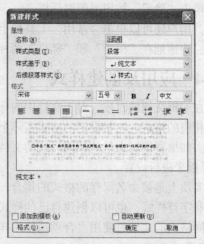

图 3-48 "新建样式"对话框

（3）在"名称"文本框中输入新样式名，在"样式类型"下拉列表中选择想创建的样式类型。默认情况下，Word 以选定段落用的样式作为新样式的基准样式。若要以另一种样式作为新样式的基准样式，则从"样式基于"下拉列表中选择要设置的样式；若要为应用新样式段落的下一段落应用一种不同的样式，则从"后续段落样式"下拉列表选择样式。
（4）单击"格式"按钮，选择新样式要用的各种格式。

### 3.4.5　应用及创建模板

模板是 Word 的另一个特色，使用模板可以快速建立具有各种格式的文档，尤其是 Word 提供的一些常用模板，可以使编辑操作方便而快捷。模板实际上就是某种文档的样式和模型，利用模板可以生成一个具体的文档。因此，模板就是一种文档的模型。

#### 1．选择使用的模板

Word 准备了各式各样的模板，用户在建立新文档时，可以根据文档的内容选择自己喜欢的模板。选择模板的操作步骤如下。

（1）选择"文件"→"新建"命令，弹出如图 3-49 所示的"新建文档"任务窗格。选择"本机上的模板"，将打开"模板"对话框，如图 3-50 所示。Word 的默认选项卡是"常用"选项卡，并默认选定"空白文档"图标，这个图标代表 Normal 模板。

图 3-49 "新建文档"任务窗格

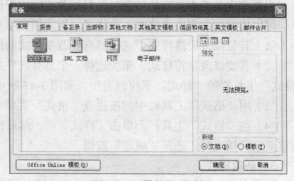

图 3-50 "模板"对话框

（2）选择一个选项卡，然后单击自己喜欢的模板图标，多数模板都可以在"预览"框中显示文档的样式。

（3）在"模板"列表框中选择某个要使用的模板文档名。

（4）单击对话框的"确定"按钮。

**2. 建立模板**

为操作方便，用户可以将自己需要反复使用的文档格式创建为模板。例如，单位的介绍信、会议通知、商务传真等。创建模板的方法与创建文档很相似，下面以名片模板（见图 3-51）为例介绍其操作步骤。

（1）选择"文件"菜单中的"新建"命令，从弹出的对话框中选择"本机上的模板"，将出现"模板"对话框，如图 3-52 所示。

图 3-51　名片模板例子

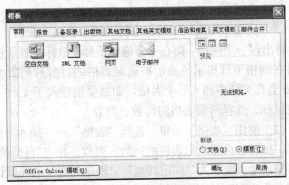

图 3-52　"模板"对话框

（2）在对话框中选择"模板"单选按钮，然后单击"确定"按钮。此时，会打开模板文档窗口，对模板文档的编辑操作和其他普通文档的操作很相似。按照图 3-51 所示设计一个名片模板。

（3）名片模板内容设置完成后，选择"文件"菜单中的"另存为"命令，弹出"另存为"对话框。

（4）从"文件类型"下拉列表中选择"文档模板"选项，然后在"文件名"文本框中输入"名片"，模板文档的扩展名为.dot。此时，保存位置自动设为"C:\Windows\Application Data\Microsoft\Templates"文件夹。

（5）单击对话框中的"确定"按钮，一个新的模板就创建好了。

这样，再通过模板新建文件时，该模板将自动出现在常用模板中，如图 3-53 所示。

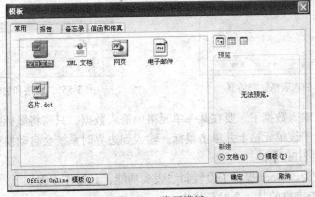

图 3-53　常用模板

# 3.5 表 格 处 理

在 Word 文档中常常需要插入一些表格，使数据看上去一目了然，Word 提供了很强的表格处理能力。

## 3.5.1 表格的创建

表格是由纵横交错的直线构成的网格，一个方格称为一个单元格。按【Tab】键可以将插入点光标从一个单元格移到下一个单元格中。在单元格中可以插入数字、文字或图片。

创建表格有以下 3 种方法。

（1）使用"常用"工具栏中的"插入表格"按钮。单击"常用"工具栏中的"插入表格"按钮，将出现一个网格。向右下方拖曳鼠标，鼠标指针所掠过的单元格将全部选中，并以蓝色显示，同时在网格下部提示栏显示被选定表格的行数和列数。当达到预定所需的行数和列数后单击，Word 会在文档中插入一个表格。如果要创建大于 4×5 的表格，可按下鼠标左键并继续向右下方拖曳鼠标，选择所需表格的行数、列数。

（2）使用"表格"菜单。选择"表格"→"插入"→"表格"命令，弹出如图 3-54 所示的对话框，在其中设置所需表格的行数、列数。在"'自动调整'操作"选项组中，可以选择选项以调整表格尺寸，默认为"固定列宽"，"固定列宽"选项默认值为"自动"，是指以文本区的总宽度除以列数作为每列的宽度。设置后单击"确定"按钮。

（3）使用"表格和边框"工具栏。此方法最大的优点就是如同使用笔一样可以随心所欲地进行绘制，可以在任何地方绘制出不同行高和列宽的各种复杂表格。

先在要创建表格的位置单击，将光标放置于此；然后单击"常用"工具栏中的"表格和边框"按钮，出现"表格和边框"工具栏，如图 3-55 所示。利用"表格和边框"工具栏中的"绘制表格"按钮可以绘制出各种复杂的表格。首先要定义表格的外边界，即先绘制一个矩形，然后在该矩形内绘制列线和行线。

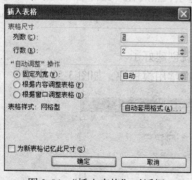

图 3-54 "插入表格"对话框

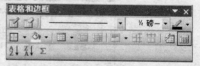

图 3-55 "表格和边框"工具栏

表格建好后便可输入数据了。要在某一单元格中输入数据，只需将鼠标指针定位在该单元格中，即将鼠标指针置于该单元格上并单击鼠标。输入到边界时系统会自动换行，要从一个单元格到另一个单元格可按【Tab】键。

（4）设置斜线表头。Word 提供了设置斜线表头功能，其操作步骤如下。

① 把插入点置于表格的某一个单元格中。

② 选择"表格"菜单中的"绘制斜线表头"命令，在弹出的对话框（见图 3-56）中选择表头样式，输入各类标题。

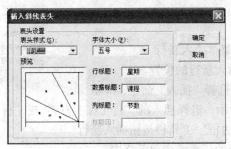

图 3-56 "绘制斜线表头"对话框

③ 单击"确定"按钮，形成如表 3-4 所示的表格。

表 3-4 课程表

| 课 星 程 期 节 数 | 星期一 | 星期二 | 星期三 | 星期四 | 星期五 |
|---|---|---|---|---|---|
| 1～2 节 | | | | | |
| 3～4 节 | | | | | |
| 5～6 节 | | | | | |
| 7～8 节 | | | | | |

## 3.5.2 表格的处理

表格创建好以后，常常需要对其进行一些处理。其中包括：对已有的表格进行插入行、列和删除行、列，改变表格的行高和列宽，利用公式进行表格计算，表格的修饰等。

对表格的单元格、行或列操作，首先要选定单元格、行或列，即选定表格对象。对表格经常要做的操作主要有以下几种。

### 1. 选定表格

选定表格有两种方法：用鼠标选定表格和用"表格"菜单选定表格。

（1）用鼠标选定表格。

* 选定单元格或一行。当鼠标指针在每个单元格的最左边并变成向右上的箭头时，可以选定单元格；当鼠标指针在一行的最左边并变成向右上的箭头时，可以选定表格的一行。

* 选定一列或多列。当鼠标指针移到表格的上方，指针就变成了向下的黑色箭头，这时，按下鼠标左键，并左右拖曳就可以选定表格的一列、多列乃至整个表格。

* 选定整个表格。当鼠标指针指向表格线的任意地方，表的左上角出现一个十字花的方框标记，用鼠标单击它，可以选定整个表格；同时右下角出现小方框标记时，用鼠标单击它，沿着对角线方向拖曳，可以均匀缩小或扩大表格的行宽或列宽。

（2）用"表格"菜单选定表格。

* 将插入点移到选定表格的位置上。

● 打开"表格"菜单，选择"选择"命令，出现"选择"子菜单，如图 3-57 所示，根据需要进行选择。

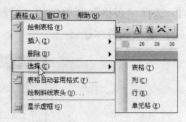

图 3-57 "选择"子菜单

**2. 插入操作**

（1）插入行。

方法一：使用"表格"菜单插入新行

● 将插入点移动到要插入新行的位置。

● 打开"表格"菜单，选择"插入"命令，屏幕上出现子菜单，如图 3-58 所示，选择插入的"行（在上方）"或"行（在下方）"命令。

方法二：使用"表格和边框"工具栏按钮插入新行

● 将光标移到要插入行的任意一个单元格中。

● 单击"表格和边框"工具栏上的"插入表格"按钮右侧的下拉列表按钮，屏幕上出现如图 3-59 所示的"插入表格"子菜单，选择"在上方插入行"或"在下方插入行"命令，这时可以在插入点的上方或下方插入一新行，并且"插入表格"按钮已经变成了"插入行"，多次单击此按钮，可以在插入点连续插入行。

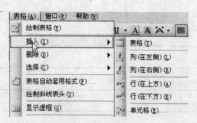

图 3-58 "表格"的"插入"子菜单

图 3-59 "插入表格"子菜单

方法三：使用【Tab】键在行末插入新行

● 将光标移到表格的最后一行、最后一列的单元格中。

● 按【Tab】键，即可在表格的末尾插入一个新行。

（2）在表格中插入列。

方法一：使用菜单

● 将插入点移动到要插入新列的位置（或选定一列或若干列），要插入列的个数应与选取的个数相等。

● 打开"表格"菜单，选择"插入"命令，屏幕上出现"插入"子菜单，如图 3-58 所示，选择插入"列（在左侧）"或"列（在右侧）"命令，就可以在选择列的左侧或右侧插入新列。

方法二：使用"表格和边框"工具栏按钮插入新列

● 选定表格中的一列或若干列，要插入列的个数应与选取列的个数相等。如果不选定列，将插入点移到表格的某一列中，一次只能插入一列。

● 单击"表格和边框"工具栏上的"插入表格"按钮右侧的下拉列表框按钮，屏幕上出现"插入表格"子菜单，如图 3-59 所示，选择"在左侧插入列"或"在右侧插入列"命令，这时，就在所选列的左边或右边插入了新的列。

（3）插入单元格。插入单元格也有两种方法：一是用"表格"菜单；二是用"表格和边框"工具栏。

● 将插入点移动到要插入新单元格的位置，选定一个或多个单元格。

● 打开"表格"菜单，选择"插入"命令，屏幕上出现子菜单，如图 3-58 所示，选择"单元格"。或单击"表格和边框"工具栏上的"插入表格"按钮右侧的下拉列表框按钮，屏幕上出现"插入表格"子菜单，如图 3-59 所示，选择"插入单元格"命令，这时屏幕上将出现"插入单元格"对话框，如图 3-60 所示。

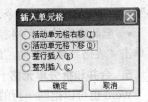

图 3-60　"插入单元格"对话框

● 在对话框中有 4 个选项，系统默认状态为选中"活动单元格下移"。

活动单元格右移：可在选定单元格的左边插入单元格，选定的单元格和其右的单元格向右移动相应的列数。

活动单元格下移：可在选定单元格的上边插入单元格，选定的单元格和其下的单元格向下移动相应的行数。

整行插入：可在选定单元格的上边插入空行。

整列插入：可在选定单元格的左边插入空列。

● 单击"确定"按钮，此时 Word 将在所选单元格的上方或左侧插入新的单元格。

### 3. 移动或复制表格中的内容

单元格中的内容可以使用拖曳、命令或快捷键的方法进行移动或复制。

（1）用拖曳的方法移动或复制单元格、行或列中的内容。

● 选定所要移动或复制的单元格、行或列，也就是选定了其中的内容。

● 将鼠标指针置于所选的内容上，然后按下鼠标左键。

● 拖曳鼠标到新的位置后松开鼠标左键。

以上操作就完成了对单元格及其中文本的移动，如果要复制单元格及文本，则在选定后按下【Ctrl】键，再将其拖曳到新的位置。

（2）用命令移动或复制单元格、行或列的内容。

● 选定所要移动或复制的单元格、行或列。

● 若要移动文本，则单击"编辑"菜单中的"剪切"命令，或单击"常用"工具栏上的"剪切"按钮；若要复制文本，则单击"编辑"菜单中的"复制"命令或"常用"工具栏上的"复制"按钮。

● 将鼠标置于所要移动或复制到的位置。

● 单击"编辑"菜单中的"粘贴"命令，如果选定的是单元格，"粘贴"命令已经变为"粘贴单元格"；如果选定的是行，"粘贴"命令已变成了"粘贴行"命令；如果选定的是列，"粘贴"命令已变成了"粘贴列"命令；或者单击"常用"工具栏上的"粘贴"按钮。这时，就完成了所选文本的移动或复制操作。

（3）用快捷键移动或复制单元格、行或列的内容。

● 选定所要移动或复制的单元格、行或列。

● 若要移动文本，则按下【Ctrl+X】组合键或【Shift+Delete】组合键；或要复制文本，则按下【Ctrl+C】组合键或【Ctrl+Insert】组合键。

● 将光标移到所要移动到或复制的位置。

● 按下【Ctrl+V】组合键或【Shift+Insert】组合键。

这时，就完成了所选文本的移动或复制操作。

### 4. 删除表格

● 删除表格内容：首先选定要删除的表格项，然后按下【Delete】键。

● 删除表格及其内容：首先选定表格，再单击"常用"工具栏中的"剪切"按钮，或单击"表格"菜单中的"删除"命令，则可以删除整个"表格"。

● 删除表格的单元格、行或列：首先选定要删除的单元格、行或列（包括行、列结束标记），再单击"表格"菜单中的"删除"命令，可以删除"行"、"列"或"单元格"。

**5. 合并和拆分单元格**

Word 也可以把同一行的若干个单元格合并，或者把一行中的一个或多个单元格拆分为更多的单元格。

（1）合并单元格。选择所要合并的单元格，选择"表格"→"合并单元格"命令。也可以单击"表格和边框"工具栏中的"合并单元格"按钮，进行合并单元格操作。

（2）拆分单元格。

① 选择所要拆分的单元格，选择"表格"→"拆分单元格"命令，或单击"表格和边框"工具栏中的"拆分单元格"按钮，弹出如图 3-61 所示的"拆分单元格"对话框。

② 在对话框的"列数"数值框中选择或直接输入拆分后的列数，默认为所选列数的 2 倍。在"行数"数值框中输入拆分后的行数，默认值与所选单元格的行数相等。

③ 单击"确定"按钮，关闭对话框。

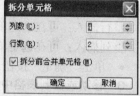

图 3-61　"拆分单元格"对话框

**6. 改变表格的行高和列宽**

使用标尺改变表格的行高和列宽是最简单的方法。建立表格时，在标尺上同时产生了与行和列数相同的行表格标记和列表格标记。将鼠标指针置于行表格标记或列表格标记上，鼠标指标变为双向（上下或左右）箭头。拖曳行表格标记或列表格标记，便可改变行高或列宽。将鼠标指针指向表格的行或列的线框上，鼠标指针变为双向箭头后，也可以通过拖曳鼠标来改变行高或列宽。

**7. 移动表格**

利用表格移动控点图标（在表格的左上角）可以很容易地移动表格。操作方法为：将鼠标光标移入表格内，出现了表格移动控点图标后，拖曳该图标到目标位置。

**8. 美化表格和表格修改**

美化表格指的是对表格的边框、底纹、字体等进行修饰，使表格更加美观，内容清晰整齐。

（1）边框处理。

① 选定所要进行边框处理的单元格或整个表格。

② 选择"格式"→"边框和底纹"命令，弹出"边框和底纹"对话框，如图 3-62 所示。

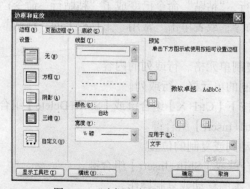

图 3-62　"边框和底纹"对话框

③ 单击"边框"选项卡，在其中的"设置"选项下，有以下几种设置。

● "无"：取消表格的边框，通常用来制作无线表格。若要查看无线表格的行与列的分界线，可以选择"表格"菜单中的"显示虚框"命令，虚框不被打印。

- "方框"：只选取表格的外部框线，取消中间的网格。
- "全部"：选取表格中的全部框线。
- "网络"：选择表格中的全部框线，并可对外围框进行设置。
- "自定义"：对表格中所要选取的框线进行自定义。选择此项后，可以单击"预览"框中所显示的表格的各条框线，以对它们进行选取。

④ 在"线型"列表框中选择表格边框的线型。

⑤ 在"颜色"下拉列表中选择表格边框的颜色。

⑥ 在"宽度"下拉列表中选择表格边框的宽度。

⑦ 在"预览"区域单击下方图标或使用按钮可以设置表格的边框。

⑧ 单击"确定"按钮，关闭对话框，即完成了对表格边框的设置操作。

（2）添加底纹。给表格添加底纹的操作步骤如下。

① 选定所要添加底纹的单元格或整个表格。

② 打开"格式"菜单，选择"边框和底纹"命令，显示"边框和底纹"对话框。

③ 在"边框和底纹"对话框中单击"底纹"选项卡，如图 3-63 所示。

④ 选择对底纹进行设置的各选项。

⑤ 单击"确定"按钮，关闭对话框。

（3）"表格和边框"工具栏。选择"表格"→"绘制表格"命令，弹出如图 3-64 所示的"表格和边框"工具栏。

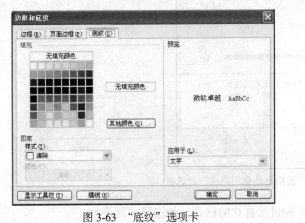

图 3-63　"底纹"选项卡

图 3-64　"表格和边框"工具栏

此工具栏中的工具可以分为以下 3 类。

① 表格修改工具：绘制表格、擦除、插入表格、合并单元格、拆分单元格。

② 表格格式化工具：线型、线粗细、边框颜色、底纹颜色、外部框线、对齐方式、平均行分布各行、平均列分布各列、自动套用表格格式、隐藏（或显示）虚框。

③ 表格计算工具：排序（升序、降序）、自动求和。

利用工具栏中的工具可以很方便地完成表格的各种修改。

- 选定要添加边框和框线的单元格或整个表格。
- 单击"表格和边框"工具栏中的"线型"下拉列表框，从中选择框线的线型。
- 单击"表格和边框"工具栏中的"线的粗细"下拉列表框，从中选择框线的宽度，单位是磅，默认线宽是 0.5 磅。
- 单击"边框颜色"按钮，出现一个调色板，从中选择线的颜色。

• 单击"外部框线"按钮下拉列表框，出现一个边框模板，从中选择要加边框的位置，如图 3-65 所示。实线表示加边框，虚线表示没有边框，可以反复操作，直到满意为止。

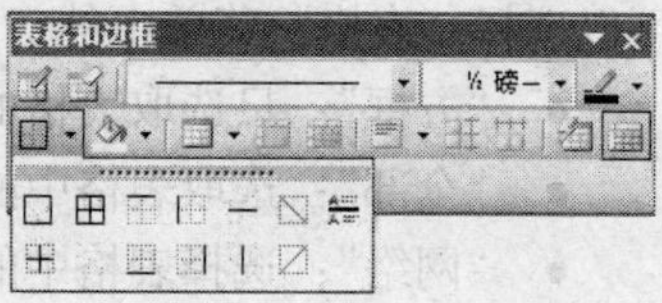

### 3.5.3 使用表格自动套用格式

图 3-65 边框的位置

#### 1. 套用边框和底纹

例如，已经建立了一个表格，见表 3-5，下面为这个表格套用边框和底纹。

表 3-5

| | | | |
|---|---|---|---|
| | | | |
| | | | |
| | | | |

操作步骤如下。

（1）将插入点置于该表格中。

（2）选择"表格"→"表格自动套用格式"命令，弹出"表格自动套用格式"对话框，如图 3-66 所示。

图 3-66 "表格自动套用格式"对话框

（3）在"表格样式"列表框中选择一种自己喜欢的格式，如选择"网页型 1"。

（4）单击"确定"按钮，关闭对话框。可以看到，此时表格已经具有"网页型 1"的格式，见表 3-6。

表 3-6 自动套用格式后的表格

| | | | |
|---|---|---|---|
| | | | |
| | | | |
| | | | |

#### 2. "表格自动套用格式"使用说明

在列表框中预定义了 42 种表格样式，选定一种样式，其下面的预览框中就会显示出这种样式的效果。每一种预定义的样式都包含有自己的边框、底纹、字体、颜色、自动调整信息的大小，并对特殊格式适用的范围有具体的规定。用户不能向表格样式列表框中加入自定义的格式，但可以只选择预定义格式的某些方面，以满足需要。

要应用的格式、边框、底纹、字体、颜色和自动调整 5 个复选框用来确定预定义的这些格式是否用在套用的表格中。选择的效果将出现在预览框中。

将特殊格式应用于：可预定格式中的特殊格式是否应用于标题行、首行、末行和末列。选择的效果出现在预览框中。

### 3.5.4　表格属性设置

Word 中的"表格"菜单中新增了"表格属性"命令。当鼠标指针指向表格，单击鼠标右键，从弹出的快捷菜单中选择"表格属性"命令，或将插入点定位在表格中，选择"表格"→"表格属性"命令，弹出如图 3-67 所示的对话框。在此对话框中可以设置表格、行、列和单元格的多种属性。

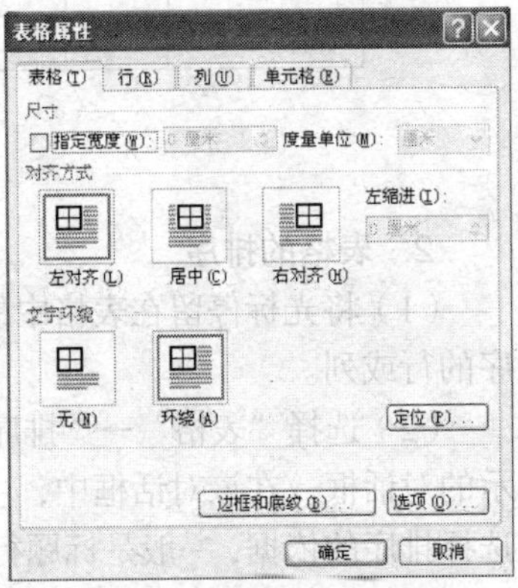

在此对话框中有 4 个选项卡，其中"行"选项卡用于设置与表的行有关的属性；"列"选项卡用于设置与表的列有关的属性；"单元格"选项卡用于设置单元格所在列的列宽和单元格中数据的垂直对齐方式。

在"表格"选项卡中可以进行如下设置。

图 3-67　"表格属性"对话框

* 在"尺寸"选项组中允许指定表格各列的宽度，并以厘米为单位或以百分比扩大或缩小列宽。
* 在"对齐方式"选项组中可以选择表格在页面上水平方向上的对齐方式。
* 在"文字环绕"选项组中可以根据需要进行表格文字环绕或不环绕的设置。
* 边框和底纹"按钮用于设置表格的边框和底纹。
* "选项"按钮用于设置表格中单元格的边距和单元格之间的间距。

### 3.5.5　表格的计算与排序

Word 可以快速地对表格中行和列的数值进行各种数值计算，如加、减、乘、除及求平均值、求百分比、最大值、最小值、排序等。

Word 中规定，表格中的行是以数字（1，2，3，4，…）来表示的，表格中的列是用英文字母（A，B，C，D，…）来表示的。例如，A1，A2，B1，D7，…表示的都是单元格的地址。

#### 1. 表格的计算

制作一个如图 3-69（a）所示的表格，求出最后的"合计"值，操作步骤如下。

（1）将光标置于放置计算结果的单元格中，即 B8 单元格中。

（2）选择"表格"→"公式"命令，弹出如图 3-68 所示的对话框。"公式"文本框用于设置计算所用的公式。在"粘贴函数"下拉列表中列出了 Word 提供的函数。"数字格式"下拉列表用于设置计算结果的数字格式。

（3）本例中，"公式"文本框中的"SUM（ABOVE）"表示对上面的各项数据求和。其中 SUM 函数可在"粘贴函数"下拉列表中选择；在"数字格式"下拉列表框中选择"0"。

（4）各选项设置完毕后，单击"确定"按钮，计算出数学课的

图 3-68　"公式"对话框

总成绩结果。最后将其他课的总成绩全部计算出来，计算结果如图 3-69（b）所示。

| 科目<br>姓名 | 数学 | 英语 | 物理 | 化学 |
|---|---|---|---|---|
| 陆路 | 70 | 82 | 61 | 79 |
| 高明 | 92 | 83 | 82 | 85 |
| 张思 | 83 | 84 | 86 | 82 |
| 马小 | 81 | 76 | 78 | 80 |
| 刘大 | 65 | 80 | 85 | 84 |
| 王三 | 90 | 95 | 88 | 82 |
| 合计 | | | | |

（a）

| 科目<br>姓名 | 数学 | 英语 | 物理 | 化学 |
|---|---|---|---|---|
| 陆路 | 70 | 82 | 61 | 79 |
| 高明 | 92 | 83 | 82 | 85 |
| 张思 | 83 | 84 | 86 | 82 |
| 马小 | 81 | 76 | 78 | 80 |
| 刘大 | 65 | 80 | 85 | 84 |
| 王三 | 90 | 95 | 88 | 82 |
| 合计 | 481 | 500 | 480 | 492 |

（b）

图 3-69　制作表格

### 2. 表格的排序

（1）将光标停留在表格中的任意位置，或者选定要排序的行或列。

（2）选择"表格"→"排序"命令，弹出如图 3-70 所示的对话框。在该对话框中，主要关键字下拉列表框用于选择排序的依据，一般是标题行中某个单元格的内容；"类型"下拉列表框则用于指定排序依据的值的类型；"升序"和"降序"两个单选按钮用于选择排序的顺序。

排序依据分为主要关键字、次要关键字和第三关键字共 3 级，用户可以根据要求选择。

（3）单击"确定"按钮完成表格排序。

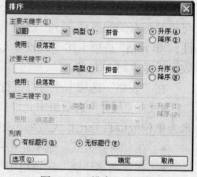

图 3-70　"排序"对话框

## 3.5.6　文本和表格间的相互转换

在 Word 中，可以把已经存在的文本转换为表格，也可以把表格转换为文本。

要进行转换的文本应该是格式化的文本，即文本中的每一行用段落标记隔开，每一列用分隔符，如逗号、空格、制表符等分开。

### 1. 将文本转换为表格

将文本转换为表格的具体操作步骤如下。

（1）给文本添加段落标记和分隔等，如下所示（用","作为分隔符）。

姓名，数学，语文，外语

王光，95，88，99

石佳，96，88，90

郑大，90，93，89

（2）选定要进行转换的文本。

（3）选择"表格"→"转换"→"将文字转换成表格"命令，弹出"将文字转换成表格"对话框，如图 3-71 所示。

（4）在"列数"数值框中选择或输入表格的列数，如输入"4"。"固定列宽"选择"自动"，在"文字分隔位置"选项组中选择"逗号"单选按钮。

（5）单击"确定"按钮，关闭对话框，即显示出如下的表格。

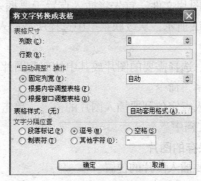

图 3-71 　"将文字转换成表格"对话框

| 姓　　名 | 数　　学 | 语　　文 | 外　　语 |
|---|---|---|---|
| 王光 | 95 | 88 | 99 |
| 石佳 | 96 | 88 | 90 |
| 郑大 | 90 | 93 | 89 |

　　把文本转换为表格更简捷的方法是，选定要转换的文本后，直接按"常用"工具栏上的"插入表格"，这时，所形成表格的行数、列数、列宽都采用"自动"设置。

#### 2．将表格转换为文字

　　当把一个表格转换为文字后，其中每一单元格的内容可以用段落标记或分隔符，如制表符、空格、逗号等分开，具体操作步骤如下。

　　（1）选定要转换为文字的表格。

　　（2）选择"表格"→"转换"→"将表格转换成文本"命令，弹出"将表格转换成文字"对话框。利用该对话框，可以决定转换后的文字采用什么符号来分隔每一行单元格的内容，如段落标记、制表符、逗号或其他字符。选择"制表符"将得到列表格式；选择"逗号"后，逗号为文本的分隔格式；选择"其他字符"则以其他符号作为分隔格式；如果选择了"段落标记"，则把每一单元格的内容转换为一个文本段。默认的设置为"制表符"。

　　（3）单击"确定"按钮，关闭对话框。

# 3.6　图片处理

　　Word 不仅可以处理文字、表格，还可以进行图片的处理，使用户方便地编排出图文并茂的文档。

## 3.6.1　插入图片

　　Word 可以导入格式为 BMP、CGM、PIC、GIF、PIF、PCX、WMF 等的图片文档。如果图片是保存在文档中的，导入图片将增加 Word 文档的大小。通过对图片文件的链接而不保存文档中的图片可以有效地控制 Word 文档的大小。

　　Word 提供了一系列的图片文件，利用它们可以增加文

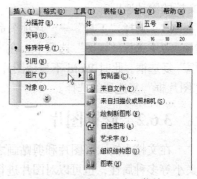

图 3-72 　"插入图片"菜单

档的视觉效果。若要插入这些图片文件，首先将插入点置于要插入图片的位置，然后选择"插入"→"图片"命令，如图 3-72 所示，从级联菜单中选择所需插入的对象。

**1. 把图片粘贴到 Word 中**

（1）打开所需图片的文件，选择需要的图片或其中的部分图片。

（2）选择"编辑"→"复制"命令。

（3）在 Word 文档中将插入点定位到要插入图片的位置，单击"常用"工具栏中的"粘贴"按钮，便可将图片插入 Word 文档中。

**2. 插入某个以文件形式保存的图片**

（1）将插入点置于文档中要插入图片的位置。

（2）选择"插入"→"图片"→"来自文件"命令，弹出如图 3-73 所示的对话框。

图 3-73　"插入图片"对话框

（3）在"文件名"组合框中输入或选择需要的文件名，单击"插入"按钮。

**3. 插入剪贴画**

（1）把插入点置于文档中要插入剪贴画的位置。

（2）选择"插入"→"图片"→"剪贴画"命令，弹出如图 3-74 所示的"剪贴画"任务窗格。

（3）选择"管理剪辑"命令，将弹出"管理剪辑"对话框，在其中选择剪贴画的类型后右击所需的某个剪贴画，在弹出的快捷菜单中选择"复制"选项，再到文档要插入图片的位置执行"粘贴"命令。

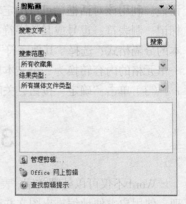

图 3-74　"剪贴画"任务窗格

**4. 插入图片框**

暂时用图片框代替图片，可以加快含有许多图片的 Word 文档的滚动速度。

（1）选择"工具"→"选项"命令。

（2）选择"视图"选项卡，在"显示"区域中选择"图片框"复选框。此时 Word 不显示图片，但可以打印出图片。要使 Word 再显示出图片，则需清除对"图片框"复选项的选择。

### 3.6.2　修饰图片

在文档中插入了图片和剪贴画之后，可以对它进行修饰，如调整图片的色调、亮度、对比度、大小等多种属性，也可以对图片进行缩放和裁剪。可以修改图片在文档中的位置、文字对图片的环绕方式等，还可以在窗口内进行编辑或给图片加边框。

**1. 设置图片或剪贴画的属性**

（1）单击要设置图像属性的剪贴画和图片，被选定的剪贴画或图片四周会出现 8 个控制点，如图 3-75 所示。如果要同时选定多个图片，可以按住【Shift】键，然后单击要选定的图片。选定图片后会同时出现了一个"图片"工具栏，如图 3-76 所示。

图 3-75　被选定的剪贴画

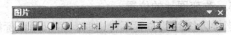

图 3-76　"图片"工具栏

（2）单击"图片"工具栏中的"图像控制"按钮，然后在下拉菜单中选择"自动"、"灰度"、"黑白"和"水印"4 种类型之一，它们可以控制剪贴画或图片的色调。

（3）单击"图片"工具栏中的"增加对比度"按钮或"降低对比度"按钮，可以调整剪贴画或图片的对比度。

（4）单击"图片"工具栏中的"增加亮度"按钮或"降低亮度"按钮，可以调整剪贴画或图片的亮度。

用户可以综合利用色调、对比度和亮度，把图片或剪贴画的色彩设置得更加清晰、醒目。

**2. 用鼠标来缩放图片**

（1）单击图片的任意一处，则在图片的四周出现 8 个控制点，将鼠标指针放置在控制点上。

（2）如果要横向或纵向缩放图片，将鼠标指针移动到图片四边的任何一个控制点上；如果要沿对角线方向缩放图片，将鼠标指针移动到图片四角的任何一个控制点上；系统会用虚框表示缩放的大小，同时鼠标指针会变成十字形。

（3）按住鼠标左键，沿对角线方向拖动 4 个角上的控制点，可以成比例地缩放图片。按住鼠标左键，沿纵向方向拖曳上下图边中间的控制点，可以改变图片的高度；按住鼠标左键，沿横向方向拖曳左右两边中间的控制点，可以改变图片的宽度。

（4）当虚框达到需要的大小时松开鼠标左键，缩放图片工作完成。

**3. 用工具栏剪裁图片**

（1）单击图片的任意一处，则在图片的四周出现 8 个控制点，将鼠标指针放置在控制点上。

（2）单击"图片"工具栏上的"剪裁"按钮，依照缩放图片的做法将鼠标指针移动到图片四周的任何一个控制点上，鼠标指针会变成一个剪裁框形状。

（3）按住鼠标左键，沿着剪裁方向（横向、纵向或对角线方向）拖曳鼠标，Word 会同样用虚框表示剪裁的大小。

（4）当剪裁的虚框达到需要的范围时，松开鼠标左键，剪裁图片工作完成。

用上面的方法进行缩放或裁剪图片时，不能精确地指定缩放和剪裁图片的大小，只能按照图片最初的长宽比例缩放和裁剪。为了弥补这些不足，可以使用"设置图片格式"对话框来缩放或者裁剪图片。

**4. 用"设置图片格式"对话框缩放或裁剪图片**

（1）单击要缩放和裁剪的图片。

（2）选择"格式"→"图片"命令或者单击"图片"工具栏上的"设置图片格式"按钮，弹出"设置图片格式"对话框，如图 3-77 所示。

（3）如果要裁剪图片，在"裁剪"选项组中设置对图片从上、下、左、右 4 个方向裁剪的具体数值。

（4）如果要缩放图片，则单击"大小"选项卡，在"缩放"区域中设置图片的"高度"和"宽度"，选择或输入图片缩放的比例。如果清除了对"锁定纵横比"复选框的选择，可以设置不相等的纵向、横向缩放比例，也可以直接在"尺寸和旋转"选项组中设置图片的精确大小。

（5）单击"确定"按钮，关闭对话框。

在"设置图片格式"对话框中，同样可以设置图片的色调、亮度、对比度等属性，而且可以设置得更精确。

### 5. 改变图片的位置

当导入图片的位置不合适时，可以用鼠标拖曳图片来改变图片的位置。也可以在导入的图片上右击，然后在弹出的快捷菜单中选择"设置图片格式"命令，弹出如图 3-77 所示的"设置图片格式"对话框。单击"版式"选项卡，然后单击"高级"按钮，在弹出的"高级版式"对话框中可以精确确定导入图片的位置，如图 3-78 所示。

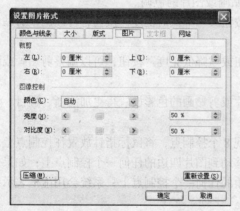

图 3-77　"设置图片格式"对话框

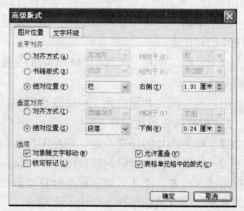

图 3-78　"高级版式"对话框

## 3.6.3　设置图片的边框

设置图片边框的操作步骤如下。

（1）将视图切换到页面方式下。

（2）单击要进行设置的图片。

（3）单击"图片"工具栏中的"线型"按钮，弹出线型列表，如图 3-79 所示，从中选择所需线条的样式。

（4）如果列表中没有合适的线型，可以单击"其他线条"，弹出"设置自选图形格式"对话框，Word 将自动选择"颜色和线条"选项卡，如图 3-80 所示。

（5）在"线条"选项组中设置边框的颜色、虚实、线型和粗细，然后单击"确定"按钮。

## 3.6.4　填充彩色图片

填充彩色图片的操作步骤如下。

（1）选定要填充的图片。

（2）设置透明色。单击“图片”工具栏中的“设置透明色”按钮，然后将鼠标指针移动到图片中，这时鼠标指针变成箭头形状，单击图片中的某种颜色，这时图片中的颜色就会变成透明色。

（3）填充颜色。单击“图片”工具栏中的“设置图片格式”按钮，弹出“设置图片格式”对话框，选择“颜色和线条”选项卡，如图 3-80 所示。在“填充”选项组中的“颜色”下拉列表中选择一种颜色，然后单击“确定”按钮。

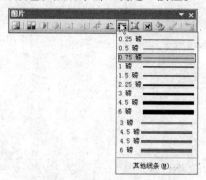

图片
0.25 磅
0.5 磅
0.75 磅
1 磅
1.5 磅
2.25 磅
3 磅
4.5 磅
6 磅
3 磅
4.5 磅
4.5 磅
6 磅
其他线条(M)...

图 3-79　选择图片边框

设置自选图形格式
颜色与线条
大小
版式
图片
文本框
网站
填充
颜色(C):
透明度(T):
0 %
线条
颜色(O):
线型(S):
虚实(D):
粗细(W):
0.75 磅
箭头
始端样式(B):
末端样式(E):
始端大小(I):
末端大小(Z):
确定
取消

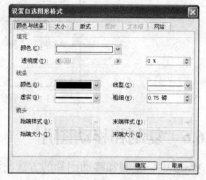

图 3-80　“设置自选图形格式”对话框

## 3.6.5　让文字环绕图片

在文档中插入图片后，在默认状态下，文字对图片的环绕方式为“上下型”，即在图片的左右两边无文字。在 Word 下，可以重新设置文字对图片的环绕方式。

**1. 使用工具栏设置“文字环绕”方式**

（1）选定要设置文字环绕的图片。

（2）单击“图片”工具栏上的“文字环绕”按钮，显示“环绕方式”菜单，如图 3-81 所示。

（3）在“环绕方式”菜单上单击需要的文字环绕方式，Word 会立即按照用户选择的文字环绕方式重新排列图片周围的文字，图 3-82 所示为四周型环绕方式。

图片
嵌入型(I)
四周型环绕(S)
紧密型环绕(T)
衬于文字下方(D)
浮于文字上方(N)
上下型环绕(O)
穿越型环绕(H)
编辑环绕顶点(E)

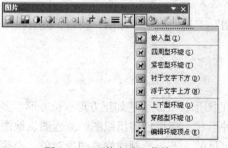

图 3-81　“环绕方式”菜单

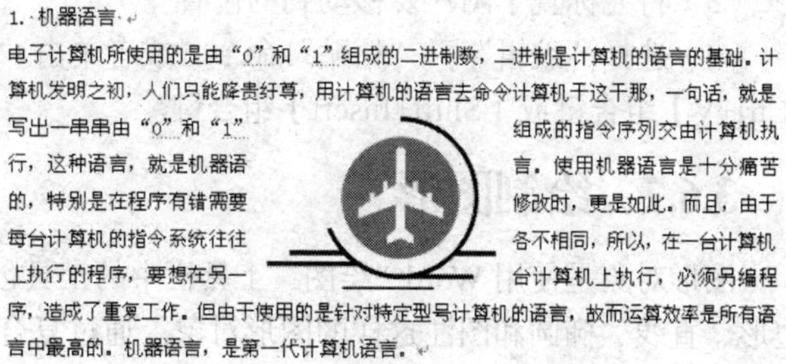

1. 机器语言
电子计算机所使用的是由“0”和“1”组成的二进制数，二进制是计算机的语言的基础。计算机发明之初，人们只能降贵纡尊，用计算机的语言去命令计算机干这干那，一句话，就是写出一串串由“0”和“1”组成的指令序列交由计算机执行，这种语言，就是机器语言。使用机器语言是十分痛苦的，特别是在程序有错需要修改时，更是如此。而且，由于每台计算机的指令系统往往各不相同，所以，在一台计算机上执行的程序，要想在另一台计算机上执行，必须另编程序，造成了重复工作。但由于使用的是针对特定型号计算机的语言，故而运算效率是所有语言中最高的。机器语言，是第一代计算机语言。

图 3-82　“四周型环绕方式”的例子

**2. 使用“设置图片格式”对话框设置“环绕方式”**

（1）选定要设置文字环绕的图片。

（2）打开“设置图片格式”对话框，选择“版式”选项卡，如图 3-83 所示。

（3）“环绕方式”选项组中有 5 种环绕方式：“嵌入型”、“四周型”、“紧密型”、“浮于文字上方”、“衬于文字下方”，用户可以选择所需的其中一种环绕方式。

（4）在“水平对齐方式”选项组中选择适当的环绕位置，如选择“居中”。

（5）单击“确定”按钮，设置效果如图 3-82 所示。

图 3-83 "设置图片格式"中的"环绕方式"

## 3.6.6 复制和移动图片

在 Word 中，复制和移动图片的方法与复制和移动文本一样。

**1. 复制图片**

（1）选定要复制的图片。

（2）选择"编辑"→"复制"命令，或者单击"常用"工具栏上的"复制"按钮，或者按下【Ctrl+C】组合键或【Ctrl+Insert】组合键。

（3）将光标置于图片要复制到的位置。

（4）选择"编辑"→"粘贴"命令，或者单击"常用"工具栏上的"粘贴"按钮，或者按下【Ctrl+V】组合键或【Shift+Insert】组合键。

**2. 移动图片**

（1）选定要移动的图片。

（2）选择"编辑"→"剪切"命令，或者单击"常用"工具栏上的"剪切"按钮，或者按下【Ctrl+X】组合键或【Shift+Delete】组合键，这时图片将从原来的位置上消失。

（3）将光标置于图片要移动到的位置。

（4）选择"编辑"→"粘贴"命令，或者单击"常用"工具栏上的"粘贴"按钮，或者按下【Ctrl+V】组合键或【Shift+Insert】组合键。

## 3.6.7 绘制图形

图形对象是使用 Word "绘图"工具栏中的工具创建的图形，可以创建如正方形、长方形、多边形、直线、椭圆和图注这样的图形对象。通过复合各种形状，还可创建组织图、流程图、地图或其他线性图。图形对象在普通视图、大纲视图中是不可见的，若要绘制或修改图形对象，必须在页面视图中进行操作。

如果要创建图形对象，首先单击"常用"工具栏上的"绘图"按钮显示"绘图"工具栏，如图 3-84 所示。

在"绘图"工具栏中，通过单击"直线"、"矩形"、"椭圆"、"自选图形"等按钮来绘制其所需的图形对象。要建立直线、矩形、椭圆时，可以通过拖曳鼠标来绘制对象。画正方形或圆时，在拖曳鼠标的同时按住【Shift】键。

如果要删除图形对象，先单击图形对象选中它，再按下【Delete】键；如果要复制图形对象，在拖动图形对象时按住【Ctrl】键。

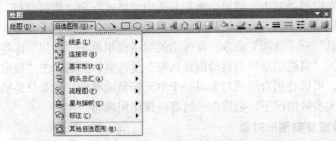

图 3-84 "绘图"工具栏和绘制线条列表

利用"绘图"工具栏，可以给图形增添其他的特殊效果，如旋转、翻转及设置填充颜色、阴影、三维效果等。利用"绘图"工具栏，还可以插入艺术字。

### 1．启动"绘图"工具栏

用以下 3 种方法可以启动"绘图"工具栏。

- 选择"视图"→"工具栏"命令，将显示出一个级联菜单，在其中选择"绘图"命令。
- 单击"常用"工具栏中的"绘图"按钮。
- 将鼠标置于工具栏上的空白处，单击鼠标右键，将弹出快捷菜单，从中选择"绘图"命令。

通过上述方法，"绘图"工具栏将出现在窗口的底部，如图 3-85 所示。

### 2．画布

默认状态下，当在 Word 中生成一个图形时，这个图形是被放在一个画布上的（见图 3-85）。画布的作用是用来帮助用户将绘图对象组合成一个单独的图形，以及在文档中控制复杂图形的显示。当然在只创建单个图形时，也可以不使用画布。

如果想显示一个新的画布，有下列 3 种方法。

- 选择"插入"→"图片"→"绘制新图形"命令。
- 在"绘图"工具栏中选中"自选图形"下拉菜单中的一个选项。

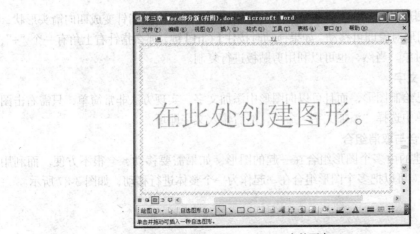

图 3-85 Word 中的画布

- 在"绘图"工具栏中单击"直线"、"箭头"、"矩形"、"椭圆"或者"文本框"按钮。

在绘图时，画布将显示出一个有边界范围的方框，这个方框界定了画布当前的工作区域，它包括黑色的实线和拐角，可以拖曳控点来调整画布的大小。在默认状态下，画布没有界限或背景格式，用户可以自定义画布。例如，可以给边框改变颜色，应用阴影效果，调整方框大小，添加三维效果等。如要设置画布格式，可以右击画布并在弹出的快捷菜单中选中"设置绘图画布格式"

命令，也可以在画布空白处双击，或单击画布并选中"格式"和"绘制画布"。

如果希望在默认状态下插入一个绘图对象时不出现画布，可以改变设置，方法如下。

（1）选择"工具"→"选项"命令，在弹出的对话框中单击"常规"标签。

（2）清除"插入'自选图形'时自动创建画布"复选框，然后单击"确定"按钮。

画布可以调整，可以将组合绘图对象以一个单元轻易地移动。除非只是插入一个对象，如一个线条或箭头，在大多数情况下，创建图形时都应该使用画布。

### 3. 创建、删除或复制图形对象

（1）创建图形对象。在"页面视图"方式下，单击"绘图"工具栏上的"自选图形"按钮，在列表中选择不同的图形样式，便可在画布上绘制出不同的图形，如图3-86所示。

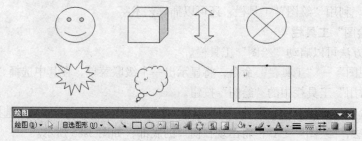

图3-86 绘制不同的图形

值得注意的是，在绘制规则图形（非手画线）时，如果先按下【Shift】键，然后绘制图形，那么此图形是"方正的"，如水平直线、垂直直线、正方形、圆等。此外，若从图形的中间向外画矩形、正方形、圆和椭圆，可在拖动时按住【Ctrl】键。

（2）选定图形对象。用鼠标单击一个图形即可将该图形对象选定，此时图形周围会出现控点。

（3）删除图形对象。单击图形对象，再按【Delete】键或单击"常用"工具栏上的"剪切"按钮。

（4）移动和复制图形对象。当鼠标指针移到一个图形对象上时，其指针变成四向箭头形状，按住鼠标左键，拖动图形对象即可移动。如果拖动时按住【Ctrl】键，那么指针右上角有一个"+"，此时是复制一个图形对象。当然，也可以利用剪贴板进行复制。

### 4. 向图形中添加文字

用户不但可以自己绘制图形，而且可以向图形中添加文字。实现方法非常简单，只需右击图形，在弹出的快捷菜单中选择"添加文字"命令，然后输入文字即可。

### 5. 图形对象的组合与取消组合

对于在画布外创建的由多个图形组合在一起的图形，如果需要移动，会很不方便。而利用Word提供的组合命令，可以把多个图形组合在一起作为一个整体进行移动，如图3-87所示。

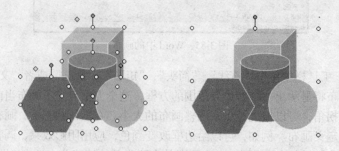

图3-87 图形组合前后的效果

操作的具体步骤如下。

（1）选定要组合的各图形对象。方法是：首先单击第一个图形，将其选中；然后按住【Shift】键，再单击每一个要选中的图形。

（2）在图形对象上右击，在弹出的快捷菜单中选择"组合"→"组合"命令。

（3）若要在一个已经组合的图形对象中添加新的图形，可以在选定要组合的图形后右击，在弹出的快捷菜单中选择"组合"→"重新组合"命令。

（4）若要取消已有的组合，可以在选定组合对象后右击，在弹出的快捷菜单中选择"组合"→"取消组合"命令。

#### 6. 叠放次序

当绘制的多个图形位置相同时，它们会层层重叠起来，如图 3-88 所示。此时，可以调整各图形的叠放次序，其操作步骤如下。

（1）选定需要调整叠放次序的图形（如选定六边形）。

（2）单击鼠标右键，在弹出的快捷菜单中选择"叠放次序"→"置于底层"命令，出现如图 3-89 所示的效果。

图 3-88　层层重叠起来的图形　　　　图 3-89　六边形置于底层后的效果

# 3.7　美 化 文 档

Word 提供了美化文档的一些功能，在文档中使用艺术字、创建水印字等美化文档的方法，会使广告、报刊、杂志等文档更具有特色。

## 3.7.1　艺术字

在编辑文档过程中，有时为了表达特殊的效果，需要对文字进行一些修饰处理，如弯曲、倾斜、旋转、扭曲等，经过这些处理之后的字体称为"艺术字"。

艺术字不同于普通的文字，它具有很多的特殊效果。因此，为了使 Word 文档的页面更加美观，常常在文档的页面上插入艺术字。Word 中将艺术字对象作为图形对象，因此可以用"绘图"工具栏上的工具对艺术字进行格式处理。

#### 1. 启动"艺术字"工具栏

利用"艺术字"工具栏上的工具可以创建艺术字，并可对艺术字进行各种编辑。下面介绍 3 种启动"艺术字"工具栏的方法。

方法一：使用"绘图"工具栏上的按钮

- 单击"绘图"工具栏上的"插入艺术字"按钮。
- 打开"艺术字库"对话框，选择一种艺术字后单击"确定"按钮，即可进入"编辑 '艺术字'文字"对话框。

方法二：使用菜单命令

- 单击"视图"菜单中的"工具栏"命令，弹出子菜单。
- 从子菜单中选择"艺术字"命令。

方法三：使用工具栏快捷菜单

- 将鼠标置于工具栏的空白处，单击鼠标右键，弹出快捷菜单。
- 从快捷菜单中选择"艺术字"命令。

"艺术字"工具栏如图 3-90 所示。

图 3-90 "艺术字"工具栏

### 2．使用艺术字

在 Word 的艺术字库中有多种艺术字效果。可用"艺术字"工具栏或选择"插入"→"图片"→"艺术字"命令创建艺术字。

- 单击"艺术字工具栏"中的"插入艺术字"命令。
- 从"艺术字库"中选择所需样式，如图 3-91 所示。
- 在"艺术字库"对话框中单击"确定"按钮，此时显示出"编辑'艺术字'文字"对话框，如图 3-92 所示。

图 3-91 "艺术字库"对话框

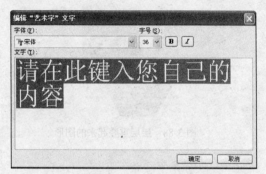

图 3-92 "编辑'艺术字'文字"对话框

- 在"文字"文本框中输入需要的文字，如输入"水木清华"。
- 在"字体"下拉列表中选择艺术字的字体，如楷体。
- 在"字号"下拉列表中选择或输入艺术字的字号，如 36 号。
- 如果要将艺术字设置成粗体，则单击"加粗"按钮；如果要将艺术字设置成斜体，则单击"倾斜"按钮。
- 单击"确定"按钮，结果如图 3-93 所示。

### 3．编辑艺术字

艺术字创建好之后，还可以对它进行各种修饰。对艺术字进行修饰之前必须先选定艺术字。

（1）将鼠标指针置于艺术字上，使指针形状变为十字箭头形。

（2）单击鼠标左键，这时，在艺术字的四周出现 8 个控制点。

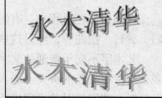

图 3-93 艺术字效果

（3）单击"艺术字"工具栏上的"艺术字库"按钮，将显示出"艺术字库"对话框，要改变艺术字的样式，从中选择一种样式。

（4）单击"确定"按钮，弹出"编辑'艺术字'文字"对话框，如图 3-92 所示。

（5）改变艺术字的字体。单击"字体"右侧的下拉箭头，从下拉列表中选择所需的字体。

（6）改变艺术字号的大小。

- 单击"字号"右边的下拉箭头，从下拉列表中选择所需的字号。

● 单击"艺术字"工具栏中的"设置艺术字格式"按钮，弹出如图 3-94 所示的对话框。在"尺寸和旋转"选项组中选择或输入"高度"和"宽度"的量值，然后单击 "确定"按钮。

● 使用鼠标改变艺术字号的大小。将鼠标指针指向控制点，当鼠标指针变为箭头形状时，按下鼠标左键；在不同方向上拖曳鼠标，即可将艺术字在不同方向上缩放；当艺术字改变到适当的大小时，松开鼠标左键。

（7）改变艺术字的形状。单击"艺术字"工具栏中的"艺术字形状"按钮，将显示出"艺术字形状"列表，如图 3-95 所示，从列表中选择所需的形状。

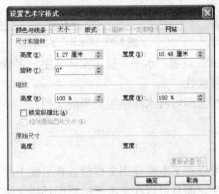

图 3-94 "设置艺术字格式"对话框

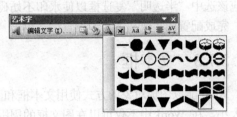

图 3-95 "艺术字形状"列表

（8）艺术字自由旋转。单击"艺术字"工具栏中的"自由旋转"按钮，这时鼠标指针的形状改变为旋转式，在艺术字的 4 个角上各出现圆形控制点。用鼠标拖曳圆形控制点转动，即可使艺术字产生旋转的效果。

（9）艺术字竖排。单击"艺术字"工具栏中的"艺术字竖排文字"按钮。

（10）改变艺术字间距。单击"艺术字"工具栏中的"艺术字字符间距"按钮，显示出如图 3-96 所示的下拉列表。从下拉列表中选择所需的间距，也可以在"自定义"右边的文本框中输入所需的量值。

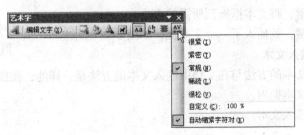

图 3-96 "艺术字字符间距"下拉列表

（11）设置艺术字阴影。单击"绘图"工具栏中的"阴影"按钮，将显示出阴影样式列表，从列表中选择所需的阴影样式。

（12）设置艺术字的三维效果。单击"绘图"工具栏中的"三维效果"按钮，将显示出三维效果样式列表，从列表中选择所需的三维效果样式。

## 3.7.2 创建水印

若要给打印文档添加水印，则应在页面视图或者普通视图下显示文档，然后选择"格式"→"背景"→"水印"命令，打开"水印"对话框，如图 3-97 所示。

用户可以通过在"水印"对话框中进行设置来插入图片水印或者文字水印。

（1）图片水印。如果需要插入图片水印，选中"图片水印"单选按钮，然后单击"选择图片"按钮来选择水印图片。水印可以使用彩色图片或者黑白图片。"缩放"选项可指定水印图片的大小。通常情况下，应该选中"冲蚀"复选框，使水印不妨碍文档的可读性。

（2）文字水印。如果要插入文字水印，选中"文字水印"单选按钮，在"文字"框中输入自定义文字或者从"文字"下拉列表中选择文字。然后设置"文字"、"字

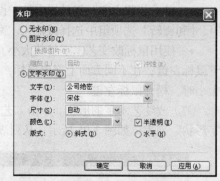

图 3-97  "水印"对话框

体"、"尺寸"、"颜色"和"版式"。用户可以选择"斜式"或者"水平"显示水印文字。多数情况下应该选中"半透明"复选框以使水印不妨碍文档的可读性。

完成配置图片或文字水印设置后，单击"确定"按钮即可将水印应用到当前文档。

### 3.7.3  文本框

Word 能以图形对象的方式使用文本框和图文框，可以将文本框或图文框放置在页面上并调整其大小。在 Word 中不仅可以在图文框的周围环绕文字，而且可以在文本框的周围环绕文字，甚至可以在任意大小形状的图形周围环绕文字。

文本框可以旋转或翻转，文本框中的文字可以横排，也可以竖排。

#### 1．插入文本框

切换到"页面视图"方式下。

（1）单击"常用"工具栏上的"绘图"按钮，将在窗口底部显示"绘图"工具栏。

（2）单击"绘图"工具栏上的"文本框"按钮，如果要使文本框内的文本竖排，则单击"竖排文本"按钮，这时光标将变成十字形。

（3）将十字光标移到要插入文本框的位置。

（4）按下鼠标左键，将文本框拖到所需的大小。

（5）松开鼠标左键，就插入了一个文本框，如图 3-98 所示。

图 3-98  插入文本框

#### 2．在文本框内输入文本

在文本框内输入文本的方法与在文档中输入文本的方法是一样的，操作方法如下。

（1）将光标置于文本框内。

（2）在文本框内输入文本。

#### 3．竖排文本框

在 Word 中可以很容易地实现文本框文本的竖排，操作方法如下。

（1）选择"插入"→"文本框"→"竖排"命令。

（2）此时鼠标箭头成十字形，移动鼠标，在文档中适当位置上画出一个文本框，这时文本框内的插入光标是横置的。

（3）在文本框内输入内容。

#### 4．用鼠标调整文本框的大小

文本框中有时候会有一部分文本未被显示出来，这是因为文本框太小，调整文本框的方法如下。

（1）选定文本框，其周围显示 8 个控制点。

（2）在控制点上按下鼠标左键，用鼠标拖曳控制点，直到全部文本都被显示出来。

（3）松开鼠标左键。

# 3.8 在 Word 文档中插入对象

在 Word 文档中除了可以插入图片对象外，还可以插入图表、艺术字、Excel 表格等。对象可以直接由某个应用程序新建，也可以由文件创建。由文件创建的对象有两种插入方式：嵌入方式和链接方式。

嵌入是把原文件的内容复制到 Word 文档中，Word 文档会因为嵌入而增大，嵌入后的 Word 文档不再和原文件有联系，因此它不会因为原文件的丢失而出错。链接则不把原文件的内容复制到 Word 文档中，而只是在 Word 文档中插入一个与原文件链接的指令，即在 Word 文档与原文件之间建立一种链接关系，Word 文档不会因为链接而增大，而且链接的对象会随原文件的更新而自动更新。

## 3.8.1 利用 Graph 创建图表

使用图表工具 Graph 可以创建面积图、柱状图、条形图、折线图、饼图以及其他类型的图表。可以用已有的 Word 表格或其他应用程序中的数据创建图表，也可以打开 Graph 在数据表中键入数据，然后创建图表。

用 Graph 创建图表的操作步骤如下。

（1）选择下列某一操作。

- 如果 Word 表格中包含图表要使用的数据，选定这个包含数据的 Word 表格。
- 如果没有数据，将插入点置于要插入图表的位置。

（2）选择"插入"→"对象"命令，弹出 "对象"对话框，选择对话框中的"新建"选项卡，在"对象类型"列表框中单击"Microsoft Graph 图表"。

（3）单击"确定"按钮，出现如图 3-99 所示的图表。

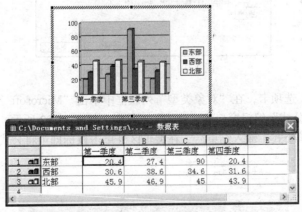

图 3-99 插入的图表

（4）在图表以外的位置单击鼠标，即在 Word 中插入该图表。

（5）要编辑图表，则双击该图表。

- 要修改或添加图表中的数据，单击数据表窗口，然后进行相应的修改。可以像在 Word 表格或 Excel 工作表中那样，在数据表中加入数据。

- 在"图表"上单击鼠标右键，在弹出的快捷菜单中单击"图表类型"命令，在弹出的对话框（见图3-100）中选择需要的图表类型。

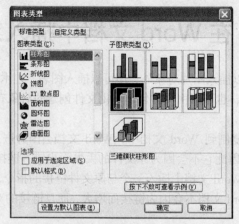

图3-100 "图表类型"对话框

## 3.8.2 插入数学公式

利用Microsoft Equation可以在Word文档中插入数学公式，操作步骤如下。

（1）将光标定位在要插入数学公式的位置处，选择"插入"→"对象"命令，弹出"对象"对话框，如图3-101所示。

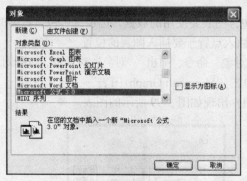

图3-101 "对象"对话框

（2）选择"新建"选项卡，在"对象类型"列表框中单击"Microsoft 公式 3.0"选项，单击"确定"按钮，出现"公式"编辑窗口和"公式"工具栏，如图3-102所示。在窗口的虚线编辑区中可以输入所需的数学公式，输入结束后，在编辑区外单击鼠标即可将公式插入Word文档中。

$$x = \frac{-b \pm \sqrt{b^2 - 4ac}}{2a}$$

图3-102 "公式"工具栏及编辑窗口

由于Microsoft公式编辑器是非典型安装的软件，因此要想在Word中使用公式编辑器，就必须在安装Office时选择自定义安装。

公式工具栏由两行组成，顶行的按钮可以插入 150 多个数学符号，如果要在公式中插入符号，可以选择工具栏顶行的按钮，再从按钮下面的工具板上选择指定的符号。工具栏底行的按钮用于插入模板或框架，如根式、求和、积分等符号，以及像方括号和大括号这样成对匹配的符号。许多模板（包括插槽）可在其中插入文字和符号。

### 3.8.3　插入 Microsoft Excel 表格

Word 可以很容易地在所编辑的文档中插入 Microsoft Excel 工作表，并且能把创建的 Excel 文件直接放入文档中。Word 有两种插入 Excel 工作表的方法。

#### 1．用命令菜单进行插入

将插入点置于要插入工作表的位置，选择"插入"→"对象"命令，弹出"对象"对话框。在该对话框中的"对象类型"列表框中双击"Microsoft Excel 工作表"，就会把 Excel 工作表插入所编辑的 Word 文件中。

#### 2．用"常用"工具栏中的按钮进行插入

首先选定要插入 Excel 工作表的位置。单击"常用"工具栏上的"插入 Microsoft Excel 工作表"图标，便会出现一个设置电子表格的框，根据需要按住鼠标的左键并拖曳设置电子表格的行与列。完成后，在电子表格以外的文本区单击鼠标即可。

### 3.8.4　用"Web 工具箱"制作网页

Word 提供了许多 ActiveX 控件，可以快捷、方便地用来制作网页。选择"视图"→"工具栏"→"Web 工具箱"命令，弹出如图 3-103 所示的工具栏。

图 3-103　Web 工具箱

图 3-103 中的图标（从上至下、从左至右顺序）功能分别介绍如下。

- 设计模式：激活 Web 工具栏的工具。
- 属性：显示一个列表框，供编辑相应工具属性之用。若设计模式没被激活，则该工具不能使用。
- Microsoft 脚本编辑器：打开 Microsoft 编辑器，可添加或编辑脚本代码，并可以用浏览器查看实际 Web 页的效果。
- 复选框、选项按钮、下拉框、列表框、文本框和文本区：这几个工具有相似的功能，即在网页光标处插入一个对应的控件。"文字框"和"文字区"都是提供文字输入的控件，它们的区别是，前者只能输入一行文字，而后者可以输入多行文字。
- 提交：插入一个"提交"按钮，在编写 CGI 或 ASP 这类交互网页时特别有用，因为在这类网页中常常需要用户通过"提交"按钮与服务器进行数据交换。右击插入的"提交"按钮，在弹出的快捷菜单中会有一项"查看代码"，单击它将会运行"Microsoft Development Environment 6.0"。在"源代码"的 SUBMIT 处可以手工键入事件响应代码。
- 带图像提交：此控件与"提交"控件一样，只不过提交按钮上的文本变成了图像。
- 重新设置：显示一个 Reset 按钮，用来恢复网页中的其他编辑框中的内容。
- 隐藏：插入一个隐藏控件，用来向服务器提交特定信息。
- 密码：插入一个密码文本框，供用户输入密码，输入的密码以星号显示。
- 影片：若要在 Microsoft Word 文档中插入影片，计算机中必须装有声卡和用于插放音频、视频或动画文件的影片播放程序。
- 声音：设置网页的背景音乐。
- 滚动文字：在网页中添加滚动文字。

### 3.8.5 用 Word 看电子书刊

上网读书在今天已成为一种时尚，与其他电子读书软件相比，Word 不仅支持的文档格式多，而且还支持文档中的图片和背景音乐。

用 Word 看电子书刊的方法如下。

（1）打开需要阅读的文档，在"页图视图"方式下选择"视图"→"工具栏"→"自定义"命令。

（2）在弹出的"自定义"对话框中选择"命令"选项卡，如图 3-104 所示。在"类别"列表框中选择"所有命令"，并在"命令"列表框中把"Autoscroll"命令拖到"常用"工具栏中，这时在"常用"工具栏中将出现"自动滚动"按钮，如图 3-105 所示。

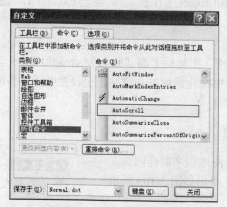

图 3-104 "自定义"对话框

图 3-105 带"自动滚动"工具的"常用"工具栏

（3）单击"自动滚动"按钮后，在屏幕的右侧垂直滚动条上会出现类似"△"和"▽"的符号，用鼠标可控制向上或向下滚动以及滚动的速度。这样 Word 就变成"读书器"了。

# 3.9 Word 2010 简介

Microsoft Word 2010 是自 Word 2003 发布以来的第 2 个新版本。第一个新版本是 Word 2007。这些最新的版本为 Word 使用带来很多新功能，同时在用户界面上也有很大改变，旨在改进对 Word 的所有功能的访问。

### 3.9.1 用户界面的改变

Word 2010 用户界面外观与 Word 2003 大有不同。其中的菜单和工具栏被功能区和 Backstage 视图（选项卡）所取代，如图 3-106 所示。新版用户界面的优点是能够更加容易、更加高效地使用 Microsoft Office 应用程序。

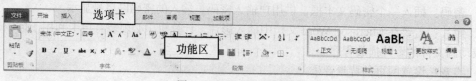

图 3-106 Backstage 视图

功能区的作用是在普通视图中实现需要的选项。如需隐藏功能区，只要双击对应的选项卡。

**"文件"**选项卡的功能是文件管理，例如保存、打开、关闭和打印，如图 3-107 所示。

图 3-107　"文件"选项卡

**"开始"**选项卡包含了需要访问的常用功能，例如文本格式和样式，如图 3-108 所示。

图 3-108　"开始"选项卡

**"插入"**选项卡可以插入包括分页符、表格、图像、页眉和页脚等在内的诸多项目，如图 3-109 所示。

图 3-109　"插入"选项卡

**"页面布局"**选项卡提供了页边距、纸张方向和页面颜色等选项，如图 3-110 所示。

图 3-110　"页面布局"选项卡

**"引用"**选项卡中可以设置尾注、脚注和引文等内容，如图 3-111 所示。

图 3-111　"引用"选项卡

"**邮件**"选项卡可用于邮件合并，如图 3-112 所示。

图 3-112 "邮件"选项卡

"**审阅**"选项卡用于拼写和语法检查，以及在发布文档之前可能需要进行的其他检查，如图 3-113 所示。

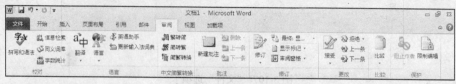

图 3-113 "审阅"选项卡

"**视图**"选项卡中可以设置查看文档的方式，例如文档视图或是显示标尺或网格线，如图 3-114 所示。

图 3-114 "视图"选项卡

### 3.9.2 Word 2010 的新功能

#### 1. 向文本添加视觉效果

利用 Word 2010 可以向文本应用图像效果（如轮廓、阴影、发光和映像），如图 3-115 所示。也可以向文本应用格式设置，以便与用户的图像实现无缝混和。操作起来快速、轻松，只需单击几次鼠标即可。

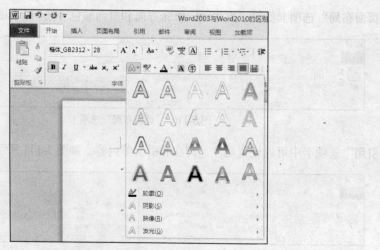

图 3-115 "文本效果"选项

### 2. 将文本转化为图表

利用 Word 2010 提供的更多选项，用户可将视觉效果添加到文档中。可以从新增的 SmartArt 图形中选择，以在数分钟内构建令人印象深刻的图表，如图 3-116 所示。SmartArt 中的图形功能同样也可以将点句列出的文本转换为引人注目的视觉图形，以便更好地展示用户的创意。

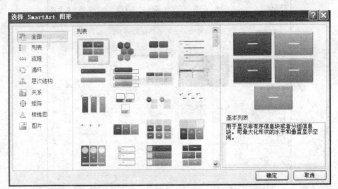

图 3-116　"选择 SmartArt 图形"对话框

### 3. 向文档加入视觉效果

利用 Word 2010 中新增的图片编辑工具，无需其他照片编辑软件，即可插入、剪裁和添加图片特效。用户也可以更改颜色饱和度、色温、亮度以及对比度，以轻松将简单文档转化为艺术作品。

### 4. 使用"文档导航"窗格和搜索功能轻松掌握长文档

在 Word 2010 中可以迅速处理长文档。通过拖放标题而不是通过复制和粘贴，用户可以轻松地重新组织文档。除此以外，还可以使用渐进式搜索功能查找内容，因此无需确切地知道要搜索的内容即可找到它。

### 5. 与他人同步工作

Word 2010 可帮助用户与同事更有效和更安全地协同工作。使用 Word 2010 时，可以在 Word 中进行协作。无需发送电子邮件附件，只需打开文档并开始工作。可以查看还有哪些用户在一起工作，以及其他用户进行编辑的位置。

在用户准备发布文档时，Word 2010 可帮助确保所发布的文档中不存在任何未经处理的修订和批注。

多个作者可以同时编辑单个文档，并可以同步彼此的更改。作者可以在处理文档时阻止他人访问文档区域。

### 6. 恢复认为已丢失的工作

如果在未保存的情况下关闭了文件，或者要查看或返回正在处理的文件的早期版本，现在可以更加容易地恢复 Word 文档。与早期版本的 Word 一样，启用自动恢复功能将在您处理文件时以您选择的间隔保存版本。

当处理文件时，Word 2010 还可以从 Microsoft Office Backstage 视图中访问自动保存的文件列表。

### 7. 将屏幕快照插入文档中

插入屏幕快照，以便快捷捕获可视图示，并将其合并到用户的工作中，如图 3-117 所示。当跨文档重用屏幕快照时，利用"粘贴预览"功能，可在放入所添加内容之前查看其外观。

### 8. 利用增强的用户体验完成更多工作

Word 2010 简化了使用功能的方式。新增的 Microsoft Office Backstage 视图替换了传统文件菜单，只需单击几次鼠标，即可保存、共享、打印和发布文档。利用改进的功能区可以快速访问常用的命令，并创建自定义选项卡，将体验个性化为符合您的工作风格需要。

图 3-117 "插入"选项卡下的"屏幕截图"

### 3.9.3 Word 2003 和 Word 2010 的互访

Word 2003 文档命名为: *.doc，Word 2010 文档命名为: *.docx。一般情况下，在 Word 2010 中创建的 Word 文档无法在 Word 2003 中打开和编辑，因为 Word 2003 无法识别扩展名为.docx 的 Word 2010 文件。

如果要在 Word 2003 中打开 Word 2010 文件，有两种方法：一是使用 Word 2010 的另存为的形式，将文件保存成 97-2003 的格式，如图 3-118 所示，这样保存过的文件就可以使用 Word 2003 打开了。

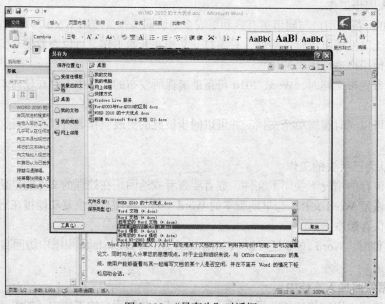

图 3-118 "另存为"对话框

另一种方法是需要下载安装文件格式转换程序：

http://download.microsoft.com/download/6/5/6/6568c67b-822d-4c5lbf3f-c6cabb99ec02/FileFormat Converters.exe

# 第4章
# 电子表格处理软件 Excel

Excel 是 Microsoft Office 办公系列软件的重要组成部分，是目前非常流行的电子表格制作软件，它广泛应用于财务、统计、金融、审计、经济分析等许多领域，具有操作简单、界面友好、组织管理方便、统计计算容易等特点。

## 4.1 Excel 的基本操作

### 4.1.1 Excel 概述

#### 1. Excel 的主要功能

（1）数据管理。Excel 提供了强大的数据管理功能，用户可以在表格中输入文本、数字、日期、时间、逻辑值等类型的数据，然后以电子表格的形式保存数据，从而便于浏览和整理数据。此外，用户也可以设置数据的格式，包括设置数据的显示方式、对齐方式以及字体属性等。

（2）数据统计。Excel 允许用户在表格中输入公式，从而可以对表格中的数据进行加、减、乘、除等数学运算。而且还内置了数学、财务、统计、工程等 10 个分类共 300 多种函数，可以方便用户对表格中的数据进行逻辑、日期与时间、统计、财务等方面的运算。

（3）分析及筛选。Excel 提供了数据筛选和分析功能，用户可以使用自动筛选功能按指定条件对数据进行筛选，也可以创建数据透视表、数据透视图来汇总和筛选数据。使用模拟运算表、方案管理器、单变量求解、规划求解和数据分析等多种分析方法和分析工具，则可以对数据进行各种更为复杂的计算和分析。

（4）信息共享。Excel 提供了联机协作功能，使得多个用户可以通过共享工作簿的方式来共同编辑一个工作簿，此外还可以在共享工作区保存文件，具有权限的用户也可以从共享工作区获取文件。为了增加文件的安全性，用户还可以对文件设置权限管理，从而防止文件的非法转发和复制。

#### 2. Excel 的启动与退出

（1）启动 Excel。启动 Excel 的常用方法有以下 3 种。

① 单击 Windows 的"开始"按钮→"所有程序"，然后在子菜单中单击"Microsoft Excel"选项，即可打开 Excel 工作窗口。

② 如果已经在 Windows 桌面上创建了 Excel 的快捷方式，双击其快捷图标，就可以启动 Excel。

③ 双击任何一个扩展名为.xls 的 Excel 工作簿文件，也可以启动 Excel。

（2）退出 Excel。退出 Excel 可选择如下方法之一。

① 单击 Excel 窗口右上角的"关闭"按钮☒。

② 选择"文件"→"退出"命令。

③ 利用组合键【Alt + F4】。

④ 双击标题栏中"控制菜单"图标 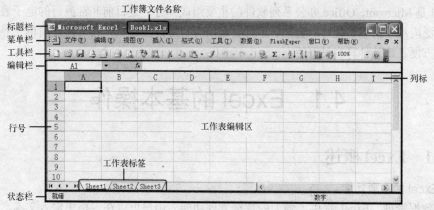。

如果在退出 Excel 之前文件未保存，系统会提示用户"是否保存对文件的更改？"，单击"是（Y）"按钮保存工作簿；单击"否（N）"按钮不保存工作簿，对工作簿所做的编辑全部丢失；单击"取消"按钮，则返回 Excel 的操作界面。

## 4.1.2  Excel 的工作界面

Excel 工作界面如图 4-1 所示，其中标题栏、菜单栏、工具栏和状态栏等与 Word 的含义与功能相似。下面介绍 Excel 特有元素的概念与功能。

图 4-1  Excel 的工作界面

（1）工作簿：在 Excel 中生成的文件叫做工作簿，类似于 Word 中的文档，其扩展名为.xls。启动 Excel 时，默认的工作簿名为 Book1.xls。如果再建立工作簿，那么默认的工作簿名为 Book2.xls、Book3.xls，依次类推。

（2）工作表：显示在工作簿窗口中由行和列组成的表格称为工作表，用于存储各种数据，是工作簿里的一页。在默认情况下，一个新建的工作簿包含 3 张工作表，分别为 Sheet1、Sheet2 和 Sheet3。一个工作簿可以由多张工作表组成。

（3）单元格和活动单元格：工作表中行和列交叉处的方格称为单元格，单元格是工作表中数据存储的最基本单位。工作表中有一个被黑色方框包围的单元格，称为当前单元格或活动单元格。

（4）行号和列标：用于定位工作表中的单元格位置；行号用阿拉伯数字表示，从 1 到 65 536，共 65 536 行；列标用字母表示，从 A 到 Z，AA 到 AZ，…，IA 到 IV，共 256 列。

（5）单元格地址：由表示单元格位置的列标和行号组成（书写时，先写列标，后写行号）。例如，单元格地址"C3"表示第 C 列和第 3 行交叉处的单元格。

另外，为了区别不同工作表中的单元格，必要时可以在单元格地址前加工作表名称。例如，地址"Sheet 2! C3"表示"Sheet2"表上的"C3"单元格。

（6）编辑栏：编辑栏由名称框、工具栏按钮和编辑框组成。

名称框中显示的是当前被激活的活动单元格地址，编辑框用于用户向单元格输入数据或编辑数据。当向单元格中输入数据时，编辑栏的工具栏将显示"取消"、"输入"和"插入函数"3 个按钮，其中"输入"按钮的功能与 Enter（回车）键相同，如图 4-2 所示。

（7）工作表标签：用于显示工作表名称，单击工作表标签，将激活相应的工作表。

图 4-2　Excel 的编辑栏

## 4.1.3　工作簿的操作

工作簿的基本操作有新建工作簿、保存工作簿、打开与关闭工作簿。

**1. 新建工作簿**

在启动 Excel 时，系统会自动建立一个名为"Book1"的工作簿，若要再建立新的工作簿，有以下几种方法。

（1）新建空白工作簿。

① 单击"常用"工具栏上的"新建"按钮□。

② 使用【Ctrl＋N】组合键。

③ 选择"文件"→"新建"命令，在"新建工作簿"任务窗格中选择"空白工作簿"。

（2）根据模板新建工作簿。

选择"文件"→"新建"命令，在窗口右侧出现"新建工作簿"任务窗格。在任务窗格中选择"本机上的模板"，打开"模板"对话框，在"电子方案表格"选项卡中选择一个模板，单击"确定"按钮，即可打开根据模板创建的工作簿，如图 4-3 所示。

图 4-3　根据模板新建工作簿

Excel 自带了多种类型的电子表格模板，基于模板创建工作簿，可以快速完成专业电子表格的创建。

**2. 保存工作簿**

当用户对一个工作簿编辑完成后，需要把工作簿保存起来，以便以后使用。

保存工作簿有以下几种方法。

（1）单击"常用"工具栏中的"保存"按钮█。

（2）利用【Ctrl＋S】组合键。

（3）选择"文件"→"保存"命令。

若工作簿是新建的，没有保存过，执行上述操作后，则打开"另存为"对话框，用户在"保存位置"下拉列表中选择保存工作簿的文件夹，在"文件名"文本框中输入工作簿文件名，其扩展名为.xls，单击"保存"按钮，即可保存文件，如图 4-4 所示。若工作簿已经保存过，再次对其保存操作时则自动保存，不弹出"另存为"对话框；如果要以另一个文件名来保存此次编辑后的工作簿，可执行"文件"→"另存为"命令。

图 4-4 "另存为"对话框

可以通过为工作簿设置密码的方法来限制用户的使用权限。操作如下：选择"工具"→"选项"命令，打开"选项"对话框，选择"安全性"选项卡，在"打开权限密码"文本框中输入密码，按【Enter】键出现"确认密码"对话框，再次输入密码，单击"确定"按钮完成。下次打开工作簿时，系统会提示用户输入密码，只有输入了正确的密码才能打开工作簿。类似地，也可以设置"修改权限密码"，如图4-5 所示。

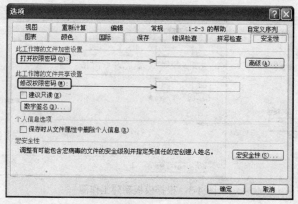

图 4-5 设置打开、修改权限密码

### 3. 关闭工作簿

关闭当前工作簿有以下几种方法。

（1）选择"文件"→"关闭"命令。

（2）单击工作簿窗口右上角的"关闭"按钮⊠。

### 4. 打开工作簿

可以通过以下几种方法打开工作簿。

（1）选择"文件"→"打开"命令。

（2）单击"常用"工具栏中的"打开"按钮☞。

（3）利用组合键【Ctrl＋O】。

执行上述操作后，弹出如图4-6所示的"打开"对话框。

在"查找范围"下拉列表中选择文件所在的文件夹，在文件列表中可以看到用户想要打开的文件，选中该文件，再单击"打开"按钮即可打开文件。

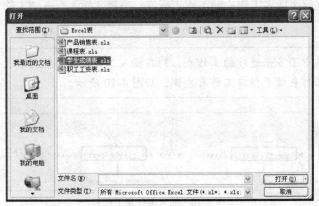

图 4-6　"打开"对话框

 在"文件"菜单的下方显示最近打开过的一些工作簿名称,可以从这里选择想要打开的工作簿名,单击就可以将其打开。

## 4.1.4　工作表的操作

### 1. 选择工作表

(1)选择当前工作表。

在"工作表标签"上显示着工作表名称,单击某个工作表名称,即可将该工作表切换为当前工作表,当前工作表的标签用白色底显示。

当工作表很多时,单击工作表标签左侧的 4 个滚动按钮 ,可以查看没有显示的工作表标签,如图 4-7 所示。

图 4-7　工作表标签及标签滚动按钮

(2)选择多个工作表。

选择多个连续的工作表:先选择第一个工作表,然后按住【Shift】键,再单击工作表标签中要选择的最后一个工作表名称。

选择多个不连续的工作表:按住【Ctrl】键,单击工作表标签上要选择的工作表名称。

### 2. 插入工作表

在默认情况下,新建的工作簿中只有 3 张工作表,如果需要,可以在工作簿中插入新工作表,方法如下。

(1)选定要在其前面插入工作表的工作表标签,在工作表名称上单击鼠标右键,在弹出的快捷菜单中选择"插入"命令,如图 4-8 所示。

在"插入"对话框中选择"工作表",单击"确定"按钮,Excel 会在选定工作表的前面插入一张空白工作表,并给出默认名称,如图 4-9 所示。

图 4-8　用快捷菜单插入工作表

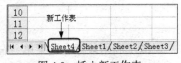

图 4-9　插入新工作表

（2）选定要在其前面插入工作表的工作表标签，选择"插入"→"工作表"命令，也可以插入一个工作表。

 **说明** 如果选中了多张连续的工作表，则在插入工作表命令执行后，插入多张新工作表。插入的新工作表位于当前工作表左侧，如图4-10所示。

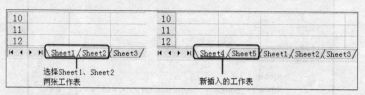

图4-10　插入多张新工作表

### 3. 删除工作表

删除工作表方法如下。

（1）利用鼠标右键菜单：用鼠标右键单击工作表名称，在弹出的快捷菜单中选择"删除"命令，如图4-11所示。在出现的提示对话框中单击"删除"按钮，将删除所选的工作表；单击"取消"按钮，将取消删除工作表的操作。

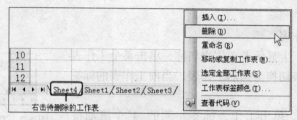

图4-11　删除工作表的操作

（2）利用编辑菜单：选中要删除的工作表，选择"编辑"→"删除工作表"命令，则删除所选的工作表。

 **提示** 删除工作表后，工作表中所有的数据也将全部删除，而且不可恢复。

### 4. 重命名工作表

在默认情况下，工作表以 Sheet1、Sheet2、Sheet3…命名，为方便管理、记忆和查找，可以给工作表另起一个能反映工作表特点的名字，常用方法如下。

（1）双击工作表标签。双击要重命名的工作表标签，使其反白显示，处于可编辑状态，输入新的工作表名称，按【Enter】键或单击除了该标签以外工作表的任意处即可，如图4-12所示。

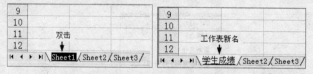

图4-12　双击标签重命名工作表

（2）利用鼠标右键菜单。右击要重命名的工作表名称，在弹出的快捷菜单中选择"重命名"命令，输入工作表名称，按【Enter】键。

（3）利用"格式"菜单。选中要重命名的工作表，选择"格式"→"工作表"→"重命名"命令，如图 4-13 所示。

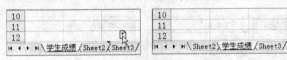

图 4-13　"格式"菜单中的"重命名"命令

#### 5. 移动和复制工作表

在 Excel 中，可以将工作表移动或复制到同一工作簿的其他位置，也可以移动或复制到其他工作簿中，方法如下。

（1）使用鼠标直接拖动。在同一工作簿中，用鼠标单击要移动的工作表标签，此时鼠标指针上方显示白色信笺图标，标签行的左上角出现一个黑色小三角，指示工作表移动的位置，沿着工作表标签拖曳鼠标，当黑色小三角移动到目标位置时松开鼠标，工作表就被移动到指定位置上，如图 4-14 所示。

若想复制工作表，在拖动工作表标签时按住【Ctrl】键即可。

图 4-14　用鼠标拖曳复制工作表

（2）使用"编辑"菜单。选定要移动的工作表，执行"编辑"→"移动或复制工作表"命令，或右击工作表，在弹出的快捷菜单中选择"移动或复制工作表"命令，都会弹出"移动或复制工作表"对话框，如图 4-15 所示。在"下列选定工作表之前"列表框中选定一个位置，单击"确定"按钮，完成对选定工作表的移动；若选中"建立副本"复选框，则复制工作表。

（3）移动或复制工作表到其他工作簿。如果要把工作表移动或复制到其他工作簿，首先要打开源工作簿和目标工作簿，在源工作簿中打开"移动或复制工作表"对话框，在"工作簿（T）"的下拉列表中选择目标工作簿，并确定工作表的位置，则把选定的工作表移动或复制到了目标工作簿中，如图 4-16 所示。

 提示　也可以选中多张工作表进行移动和复制操作。

图 4-15　"移动或复制工作表"对话框

图 4-16　把工作表移动或复制到其他工作簿

#### 6. 设定工作表标签颜色

设定工作表标签的颜色可以让工作表更加醒目，操作方法如下。

选定工作表，执行"格式"→"工作表"→"工作表标签颜色"命令；或右击工作表标签，在弹出的快捷菜单中选择"工作表标签颜色"命令，如图 4-17 所示。在"设置工作表标签颜色"对话框中选择一种颜色，单击"确定"按钮即可，设置结果如图 4-18 所示。

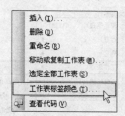

图4-17  右击工作表标签的快捷菜单

图4-18  设定工作表标签的颜色

### 7. 隐藏工作表

为减少屏幕上工作表的数量并避免误修改，可以将暂时不用的工作表隐藏起来。工作表隐藏之后，其标签和数据都从视图上消失，但没有从工作簿中删除。

隐藏工作表的操作方法如下：选择要隐藏的一个或若干个工作表，执行"格式"→"工作表"→"隐藏"命令，即可隐藏工作表，如图4-19所示。

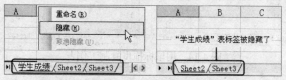

图4-19  隐藏"学生成绩"工作表

不能把一个工作簿中的全部工作表隐藏，一个工作簿至少要有一个工作表可见。

要显示隐藏的工作表，执行"格式"→"工作表"→"取消隐藏"命令，在弹出的"取消隐藏"对话框中选择要取消隐藏的工作表，单击"确定"按钮即可取消隐藏。

### 8. 拆分和冻结工作表窗口

当工作表的数据比较庞大时，进行拆分窗口操作有利于对数据的观察，操作方法如下。

执行"窗口"→"拆分"命令，即可将工作表拆分。拆分后，工作表被分成4个窗口，利用水平和竖直滚动条可以在不同的窗格内浏览不同的内容。拖动窗口分隔线，可以随意改变窗口大小，如图4-20所示。

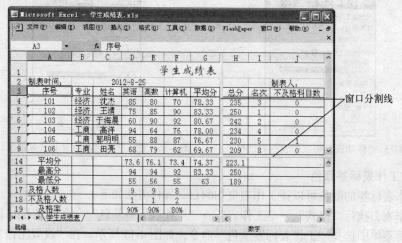

图4-20  拆分工作表窗口

提示　要取消拆分，执行"窗口"→"取消拆分"命令或双击窗口分隔线即可取消拆分。

冻结窗口是指无论怎样移动滚动条，拆分成 4 个窗口的左上方的区域始终不动。执行"窗口"→"冻结窗格"命令即进行冻结。

提示　执行"窗口"→"取消窗口冻结"命令可以取消窗口冻结。

### 9. 同时显示多个工作表

可以用建立多个窗口的方法显示同一个工作簿的多个工作表，具体操作步骤如下。

（1）执行"窗口"→"新建窗口"命令，建立本工作簿的新窗口，内容与原来打开的工作簿窗口一致，假如原来工作簿名称为 Book1，当该工作簿创建了第 2 个窗口时，两个窗口的名称分别为 Book1:1 和 Book1:2，如果要创建多个窗口，重复执行"窗口"→"新建窗口"命令。

（2）执行"窗口"→"重排窗口"命令，出现"重排窗口"对话框。

（3）在如图 4-21 所示的"重排窗口"对话框中，Excel 提供了 4 种排列方式，即"平铺"、"水平并排"、"垂直并排"和"层叠"，选择一种排列方式，如选择"平铺"，单击"确定"按钮。

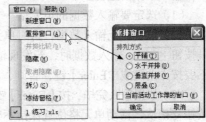

图 4-21　重排窗口操作

此时，有多个窗口排列在屏幕上，如图 4-22 所示。在其中的一个窗口的任意位置单击，该窗口成为活动窗口，单击活动窗口的工作表标签，即可改变各窗口显示的工作表。

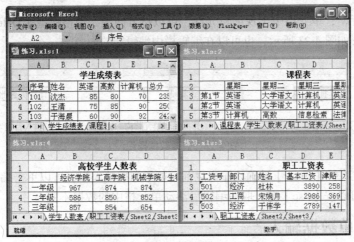

图 4-22　以平铺方式排列工作表

### 10. 同时显示多个工作簿

在屏幕上同时显示多个工作簿的具体操作如下。

（1）打开要同时显示的多个工作簿。

（2）执行"窗口"→"重排窗口"命令。

（3）在"重排窗口"对话框中选择一种排列方式，单击"确定"按钮。

在"重排窗口"对话框中，有一个"当前活动工作簿的窗口"复选框，如果选中该复选框，则排列活动工作簿所有打开的多个窗口；如果不选中该复选框，将排列所有已打开的工作簿。

# 4.2 创建与编辑工作表

## 4.2.1 输入、修改数据的基本方法

Excel 的数据包括文本、数值、逻辑、日期、时间等，用户可以向单元格中输入各种类型的数据，每种数据都有其特定的格式和输入方法。

### 1. 输入数据

输入数据的过程如下。

（1）选定要输入数据的单元格。

（2）从键盘上输入数据，这时单元格内会出现闪动的编辑光标，同时编辑栏左侧出现3个工具按钮 ✕ ✓ ƒx。输入数据时，若发现输入错误，可以按退格键或【Delete】键删除。未输入完数据不要按方向键或【Enter】键，否则，激活下一单元格，无法继续输入剩余数据。

（3）数据输入完毕，按【Enter】键，活动单元格下移一格；也可以单击编辑栏左边的"输入"按钮 ✓ 确认，活动单元格位置保持不变。

### 2. 修改数据

对于已经存入单元格的数据，可以用以下方法修改。

（1）单击单元格，输入新的内容，原来的内容被删除。如果按【Delete】键，则删除单元格中的全部内容。

（2）双击单元格，单元格中出现编辑光标，可以按方向键、退格键或【Delete】键修改单元格中的原有数据，如图 4-23 所示，也可以在编辑栏中编辑新的内容。

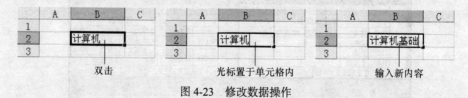

图 4-23　修改数据操作

修改数据时，在按【Enter】键确认输入之前，如果想取消编辑，可以单击编辑栏左边的"取消"按钮 ✕，也可以按【Esc】键，取消编辑后活动单元格中的数据不变。

## 4.2.2 简单数据输入

数据可以分成两种类型：常量和公式。常量有数值型（包括数字、日期、时间、货币、百分比格式）、文本型和逻辑型等。

### 1. 输入数值

数值型数据包括：数字 0～9、+、-、()、%、.（小数点）、/（分数号）、E（指数符号）、¥ 或 $（货币符号、千位分隔符）等符号。

显示数值型数据时，Excel 默认在单元格内靠右对齐。

（1）输入负数。输入负数时，可以在数字前冠以"–"号或用圆括号括起来。例如，输入"– 5"或"（5）"都在单元格中得到 – 5，如图 4-24 所示。

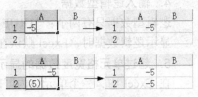

（2）输入多位数据。当数字的长度超过单元格的宽度时，Excel 将自动使用科学计数法（指数格式）来表示数值。例如，输入"123456789012"时，Excel 会在单元格中用"1.23457E + 11"来显示该数值。

图 4-24　负数的输入

（3）输入分数。输入分数时，以混分数方式处理，就是它的左边一定要有数字，如数值 $\frac{1}{3}$，要先输入 0 和一个空格，再输入 1/3，否则 Excel 会自动认为是日期型数据 1 月 3 日，如图 4-25 所示。

（4）输入货币和百分数。在默认情况下，当输入一个数字，而该数字前面有货币符号"￥"、"$"或其后有百分号"%"时，Excel 将自动将单元格改变为货币格式或百分比格式。

例如，键入$1.5、1.236789%，Excel 的显示结果是$1.50、1.24%。

### 2. 输入日期和时间

Excel 将日期和时间视为数值处理，日期和时间在单元格内默认靠右对齐显示。日期和时间的输入方法如下。

（1）在输入日期时，用斜杠"/"或减号"–"分隔日期中的年、月、日。如果省略年份，则以当前年份作为默认值，如图 4-26 所示。

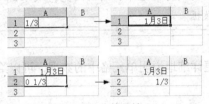

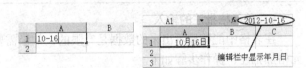

图 4-25　分数的输入　　　　　　　　图 4-26　日期的输入与显示

（2）输入时间时，用冒号":"分隔时间的时、分、秒。系统默认的时间按 24 小时制输入。如果以 12 小时制的方式输入时间，应该在输入时间后键入一个空格，然后输入字母"A"或"AM"（表示上午），或者"P"或"PM"（表示下午）。

例如，输入"9:00　P"表示晚上 9 点。

（3）输入系统当前日期，按【Ctrl + ;】组合键。

（4）输入系统当前时间，按【Ctrl + Shift + ;】组合键。

### 3. 输入文本

文本指由汉字、英文或由汉字、英文、数值组成的字符串，即任何输入单元格内的字符集，只要不被系统解释成数值、日期、时间、逻辑值、公式，Excel 一律将其视为文本型数据。

显示文本数据时，Excel 默认在单元格内靠左对齐。

（1）全数字文本的输入。对于全部由数字字符（0～9）组成的文本数据，如邮政编码、电话号码等，为了区别于数值型数据，在输入字符前应添加半角单引号"'"，如"'007"。文本输入实例如图 4-27 所示。

（2）输入换行符。如果要在单元格中输入硬回车换行，可按【Alt + Enter】组合键。

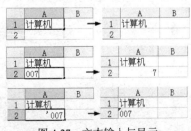

图 4-27　文本输入与显示

### 4. 输入逻辑型数据

逻辑型数据只有两个："TRUE"表示"真"；"FALSE"表示"假"。

显示逻辑数据时，Excel 默认在单元格内居中对齐。

### 5. 超过单元格宽度数据的显示

在 Excel 中，一个单元格内可以容纳数万个字符，但是屏幕上显示的单元格宽度有限，一般只有 8 个字符。对超过单元格宽度数据，不同类型的数据显示方式不同，如图 4-28 所示。

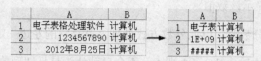

图 4-28　超过单元格宽度时数据的显示

（1）数值型数据。若数值型数据超过单元格宽度时，Excel 会改成科学计数法；若宽度仍不够时，则显示为"＃＃＃＃"。

（2）文本型数据。若文本型数据超过单元格的宽度，其显示方式由右边相邻的单元格来决定。若右邻空白单元格，则超出宽度的字符将在右邻单元格显示，若右邻的单元格内已经有内容，则超出宽度的字符不显示。

（3）日期、时间、逻辑型数据。当日期、时间、逻辑型数据超出单元格的宽度时，都显示为"＃＃＃＃"。

若想完整地显示单元格中的内容，可向右拖动列标右边界，增大列宽，或双击列标右边界，使其以最适合的宽度显示出被遮住的数据。

### 6. 单元格批注的输入

在表格中能够显示出来的数据是有限的，如果需要更详细地说明单元格中的数据，可以给单元格加批注，操作步骤如下。

（1）选定单元格后执行"插入"→"批注"命令。

（2）在出现的"单元格批注"文本框内输入批注的内容。

（3）输入完毕，单击批注框外部的区域即可。

有批注的单元格的右上角会出现一个红色的批注记号，提醒用户这个单元格有批注，在打印工作表时，批注记号不会打印出来。以后只要把鼠标移到带批注记号的单元格上，就会显示出批注内容，如图 4-29 所示。

图 4-29　单元格批注

删除批注的方法：选定单元格，执行"编辑"→"清除"→"批注"命令，或执行快捷菜单中的"删除批注"命令。

**例 4-1**　利用上面所介绍的数据输入方法，建立一个名为"职工工资表"的工作表，如图 4-30 所示。

| 职工工资表 | | | | | |
|---|---|---|---|---|---|
| 工资号 | 部门 | 姓名 | 基本工资 | 津贴 | 水电费 |
| 501 | 经济 | 杜林 | 3890 | 258 | 56 |
| 502 | 工商 | 宋婉月 | 2986 | 369 | 23 |
| 503 | 经济 | 于伟学 | 2789 | 147 | 89 |
| 504 | 机械 | 田玲 | 4965 | 258 | 69 |
| 505 | 生物 | 王春雷 | 1230 | 369 | 58 |
| 506 | 机械 | 付爽 | 2365 | 258 | 23 |
| 507 | 生物 | 孙洪涛 | 1987 | 147 | 65 |
| 508 | 工商 | 赵国强 | 2541 | 258 | 54 |
| 509 | 经济 | 何雅杰 | 3698 | 369 | 47 |

图 4-30　职工工资表

操作步骤如下：

（1）新建工作簿文件 Book1。

（2）选择工作表 Sheet1，重命名为"职工工资表"。

（3）在 A1 单元格输入表标题：职工工资表。

（4）在 A2:F2 单元格区域中输入："工资号"、"部门"、"姓名"、"基本工资"、"津贴"、"水电费"。

（5）在 A3:F11 单元格区域中输入相应的数据，注意"编号"是文本型数据。

（6）给 C6 格加批注，批注内容为"办公室主任"。

（7）保存文件，把工作簿文件 Book1 另存为"练习一"。

## 4.2.3　数据输入技巧

Excel 提供了选择列表、填充、建立序列等功能，可以快速输入数据。

### 1. 记忆式输入

在输入数据时，Excel 具有"自动记忆输入"的功能，使用方法如下。

（1）如在单元格中输入的起始字符与该列已有的录入项相符，Excel 将自动填写其余内容，按【Enter】键确认填写内容，按【Delete】键删去自动填写的内容，如图 4-31 左图所示。

（2）若输入的字符与该列多项数据相同，可以使用【Alt＋↓】组合键打开下拉列表进行选择，或右击录入数据的单元格，在弹出的快捷菜单中选择"从下拉列表中选择"命令，同样可以打开下拉列表，如图 4-31 右图所示。

　　　　"记忆式输入"要求活动单元格所在列的上面及下面为连续的非空单元格，若碰到空白单元格，则不再向上或向下寻找，列表中不列出数值型数据。

### 2. 填充柄的使用

在活动单元格的粗线框的右下角有个特殊的符号，称为填充柄。当鼠标指针指向填充柄时，指针由空心 ⊕ 变成实心的 ＋ 字形，如图 4-32 所示。此时按住鼠标左键不放，向上、下或左、右拖动填充柄，则可以复制数据或向单元格区域填充递增、递减等有规律的序列数据。

图 4-31　自动记忆输入

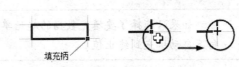

图 4-32　光标捕捉到填充柄时显示的形状

（1）在同一行或列中复制数据。在单元格中输入了字符、数字或逻辑型数据，选定包含要复制数据的单元格，拖动填充柄经过需填充数据的单元格，可以实现对该数据以及格式的复制，如图 4-33 所示。

（2）填充序列。填充序列情况如下。

① 选择了单个单元格。如单元格中的数据是日期、时间、星期或已建立序列的文本，拖动该单元格的填充柄，即可填充为等差序列。其中，向上、向左拖动为递减填充，向下、向右拖动为递增填充，如图 4-34 所示。

如果只选一个含有数字的单元格作为起始数据，拖动该单元格的填充柄，复制原数据。要想出现递增 1 的序列，在拖动填充柄的同时按住【Ctrl】键。

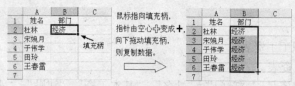

图 4-33　使用填充柄复制字符数据　　　　　图 4-34　各类型数据自动填充效果

② 选择了单元格区域。如单元格区域为数值型数据，按等差序列填充，如图 4-35 所示；如单元格区域为文本型数据，则将该区域的文本块填充到指定单元格中，如图 4-36 所示。

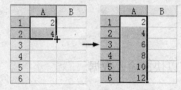

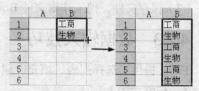

图 4-35　等差序列填充效果　　　　　　　　图 4-36　文本块填充效果

### 3. 使用"序列"对话框

使用"序列"对话框可以建立等差、等比或其他序列。

在 Excel 中，等差、等比序列的概念与数学中的相同，等差序列以一个固定的步长来逐步增加或减少，等比序列以一个比例常数成倍地增加或减少。

使用"序列"填充的操作步骤如下。

（1）在需要进行序列填充的起始单元格中输入初值，并选择要进行填充的区域。

（2）执行"编辑"→"填充"→"序列"命令，打开"序列"对话框，如图 4-37 所示。

（3）在"类型"选项组中选择"等差序列"或"等比序列"，输入"步长值"。如果用户在选定区域内前几个单元格中输入了起始值，系统就可以自动计算出步长；若选择"预测趋势"复选框，则不能修改步长，系统会根据起始的几个数据计算的步长自动填充。

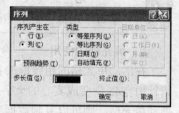

图 4-37　"序列"对话框

（4）单击"确定"按钮，就可以将数据序列填充到选定的区域中。

　　　如果只选择了要填充数据的起始单元格，设定"步长值"和"终止值"后，系统会向下自动填充到终止值。

### 4. 自定义序列

为了满足用户的特殊需要，Excel 还提供了"自定义序列"功能，定义方法如下。

（1）在"选项"对话框中输入新序列。执行"工具"→"选项"命令，在"选项"对话框中选定"自定义序列"选项卡，在"输入序列"文本框中输入用户自己定义的新序列，单击"添加"按钮，则新序列被保存，用户就可以用前面所介绍的方法使用这个序列。例如，在图 4-38 中添加了一个由"经济、工商、机械、生物"组成的新序列。

（2）导入已有数据形成序列。如果想把某个区域中的数据作为序列，可以选取这个区域为数据来源，然后选择"工具"→"选项"→"自定义序列"命令，在"自定义序列"选项卡中单击"导入"按钮，确定后，用户自定义的序列就被保存在系统中，如图 4-39 所示。

（3）编辑已经存在的序列。对已经存在的序列可以进行修改，也可以将不再使用的序列删除。操作步骤是：打开"自定义序列"选项卡，选择一个自定义序列，序列内容显示在"输入序列"列表框中。在"输入序列"列表框中修改序列，单击"添加"按钮，就可以保存修改结果；选择序列后，单击"删除"按钮，可以删除序列，但是系统内部的序列不能被删除。

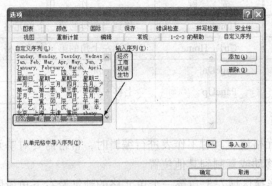

图 4-38　"自定义序列"选项卡

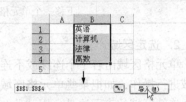

图 4-39　导入已有数据形成序列

#### 5. 同时向多个单元格填充相同的数据

向多个单元格输入相同的数据的操作方法是：先选定要填充数据的单元格区域，然后输入数据，再按【Ctrl + Enter】组合键，即可填充数据，如图 4-40 所示。

**例 4-2**　利用上面介绍的快速输入数据方法，建立如图 4-41 所示的课程表。

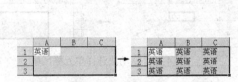

图 4-40　向多个单元格输入相同的数据

| | A | B | C | D | E | F |
|---|---|---|---|---|---|---|
| 1 | 课程表 | | | | | |
| 2 | | 星期一 | 星期二 | 星期三 | 星期四 | 星期五 |
| 3 | 第1节 | 英语 | 大学语文 | 计算机 | 英语 | 高数 |
| 4 | 第2节 | 英语 | 大学语文 | 计算机 | 英语 | 高数 |
| 5 | 第3节 | 计算机 | 高数 | 信息检索 | 法律 | 体育 |
| 6 | 第4节 | 计算机 | 高数 | 信息检索 | 法律 | 体育 |
| 7 | 第5节 | 思想品德 | 体育 | | 大学语文 | |
| 8 | 第6节 | 思想品德 | 体育 | | 大学语文 | |

图 4-41　课程表

### 4.2.4　选定单元格及单元格区域

#### 1. 选定单个单元格

选定单个单元格有以下几种方法。

（1）将鼠标指针移动到要选择的单元格上，单击（或双击）鼠标，此时被选定的单元格以黑色边框显示，"名称框"中会显示该单元格的地址。

（2）在"名称框"中输入要选定的单元格的地址，按【Enter】键。例如，在名称框中输入"M28"，按【Enter】键，就会看到地址为"M28"的单元格出现在屏幕上，并成为活动单元格，如图 4-42 所示。

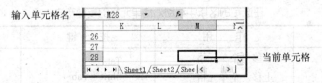

图 4-42　输入单元格名称选定当前单元格

在"名称框"中输入单元格地址时，不区分大小写字母。

（3）按方向键选择活动单元格，表4-1所示为选择活动单元格的按键方法。

表4-1　　　　　　　　　　　　　选择活动单元格的按键列表

| 按　键 | 作　用 | 按　键 | 作　用 |
|---|---|---|---|
| ← | 左移一个单元格 | Home | 移到当前行的第一个单元格 |
| → | 右移一个单元格 | Ctrl + Home | 移到左上角的第一个单元格 |
| ↑ | 上移一个单元格 | PageDn | 下移一屏 |
| ↓ | 下移一个单元格 | PageUp | 上移一屏 |

### 2. 选定区域

单元格区域由若干个连续或不连续的单元格组成。对工作表进行编辑时，常常需要对单元格区域进行操作，如把某些单元格区域的数据移动或复制到其他位置。

连续区域的表示法是：用"："（冒号）连接区域左上角第一个单元格的地址及右下角最后一个单元格的地址。例如，区域 B2:D4，如图4-43所示。

（1）选定一个矩形区域。选择连续矩形区域的方法如下。

① 将鼠标指针指向要选定区域左上角的第一个单元格，沿着区域对角线拖动鼠标到最后一个单元格，松开鼠标后，被选定的单元格区域以黑色边框显示。例如要选定矩形区域 B2:D4，先用鼠标单击 B2 单元格，然后拖动鼠标到 D4 单元格后再松开，所选区域如图4-44所示。

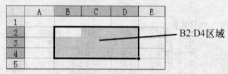

图4-43　单元格区域 B2:D4

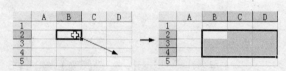

图4-44　拖动法选择单元格区域

② 如果要选取的区域过大，拖动鼠标不方便，可以用以下方法：先选定区域的第一个单元格，然后按住【Shift】键单击最后一个单元格，松开【Shift】键后从第一个单元格到最后一个单元格之间的所有单元格都被选中了。在图4-45中选择了 A2:B30 区域。

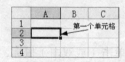

图4-45　利用【Shift】键选择相邻单元格区域

选定的区域中只有一个单元格是白底色的，这个单元格是被选定区域中的活动单元格。在选定区域内移动活动单元格的按键方法见表4-2。

表4-2　　　　　　　　　　在选定的区域中移动活动单元格的按键方法

| 按　键 | 作　用 | 按　键 | 作　用 |
|---|---|---|---|
| Enter | 下移一个单元格 | Tab | 右移一个单元格 |
| Shift + Enter | 上移一个单元格 | Shift + Tab | 左移一个单元格 |

注意

选择区域后，不能用鼠标单击单元格，也不能按方向键，否则区域的选定将被解除。

（2）选定多个不连续的单元格区域。在选定第一个单元格区域后，按住【Ctrl】键再选定其他单元格区域，可以选择几个不相邻的单元格区域，如图 4-46 所示。

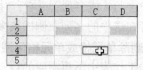

图 4-46　利用【Ctrl】键选择不相邻的单元格区域

（3）选定整行或整列。

① 选定某一行或某一列：只需单击行号或列标即可。例如，要选择第 3 行（或 C 列），则单击第 3 行的行号（或 C 列标），行号（或列标）呈深色表示选中状态，如图 4-47 和图 4-48 所示。

② 选定连续的多行或多列：在行号（或列标）上拖动鼠标即可选定多行（或多列），或按住【Shift】键单击首尾行号（或列标）。

③ 选定不连续的多行或多列：按住【Ctrl】键再单击某几个行号（或列标）。

（4）选定整个工作表。单击工作表左上角行号与列标交叉处的"全选"按钮，或者按【Ctrl + A】组合键，可以选中工作表中的所有单元格，如图 4-49 所示。

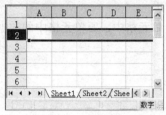

图 4-47　选择一整行

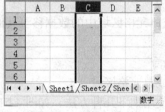

图 4-48　选择一整列

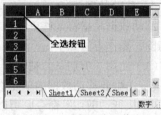

图 4-49　选择整个工作表

### 3. 释放选定的区域

单击任意单元格，就可以释放选定的区域。

## 4.2.5　插入和删除单元格区域

### 1. 插入单元格或区域

（1）插入单元格。操作步骤如下。

① 将鼠标移动到要插入单元格的位置上单击，使该单元格成为活动单元格。

② 执行"插入"→"单元格"命令，弹出"插入"对话框，如图 4-50 所示。

③ 选择活动单元格移动的方向，单击"确定"按钮即可完成插入。

图 4-50　"插入"对话框

如果在"插入"对话框中选择了插入"整行"或"整列"单选按钮，插入的就是一个新行或新列。

（2）插入整行或整列。操作步骤如下。

① 选中要进行插入操作的行或列，也可以选择该行或列上的任意单元格。

② 执行"插入"→"行"或"插入"→"列"命令，则在选中位置插入了新行或新列。

Excel 默认是在选中行（或单元格）的上方插入一个新行，在选中列（或单元格）的左方插入一个新列。

（3）插入多行（或多列）。操作步骤如下。

选中多行（或多列），执行"插入"→"行"（或"列"）命令，即可在选中的多行上方插入多行，或者在选中的多列左侧插入多列。

**2．删除单元格或单元格区域**

对于工作表中不再需要的行、列或单元格区域，可以将其删除，操作步骤如下。

（1）选中要删除的单元格、行、列或单元格区域。

（2）执行"编辑"→"删除"命令，弹出"删除"对话框。

（3）在"删除"对话框中选择一种删除方式，单击"确定"按钮即可。

## 4.2.6　数据的移动和复制

数据的移动和复制可以在同一工作表中进行，也可以在不同的工作表或者不同的工作簿之间进行。对于单元格中的数据，可以通过菜单或工具栏中的"剪切"、"复制"和"粘贴"命令，或利用鼠标拖动等方法，将其移动或复制到其他单元格中。

**1．移动数据**

移动数据是指将某些单元格或单元格区域中的数据移至其他单元格中，原单元格中的数据将被清除，操作方法如下。

（1）使用"剪切"、"粘贴"命令。

① 选中要移动数据的单元格或单元格区域。

② 执行"剪切"命令，可以使用如下几种方法，如图 4-51 所示。

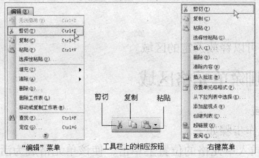

图 4-51　"剪切"、"复制"的 3 种操作方法

- 执行"编辑"→"剪切"命令。
- 单击"常用"工具栏中的"剪切"按钮 。
- 右击选中的单元格区域，在弹出的快捷菜单中选择"剪切"命令。
- 使用【Ctrl＋X】组合键。

此时单元格或单元格区域被闪动的虚线包围，数据暂时存储到了剪贴板上。

③ 选定目的单元格（或目的区域的左上角单元格）。

④ 单击"常用"工具栏中的"粘贴"按钮 或执行"粘贴"命令，则把剪贴板上的数据移动到目的位置。还可以在其他位置重复粘贴，直到按【Esc】键取消数据来源单元格的虚线框为止。

（2）使用鼠标拖动。操作步骤如下。

① 选中要移动的单元格或单元格区域。

② 将鼠标指针置于区域的边框上（不要置于填充柄上），此时鼠标指针由空心的十字形变成 形。

③ 拖动鼠标到目的位置，此时会出现一个虚框和一个区域地址，表示该区域将移动的位置，

松开鼠标左键，则原来的数据被移动到新的位置，原来位置上的数据消失。

### 2．复制数据

复制数据是指将所选单元格或单元格区域中的数据复制到其他单元格中，原单元格中的数据依然存在。操作方法如下。

（1）使用"复制"、"粘贴"命令。

① 选中要复制的单元格或单元格区域。

② 执行"复制"命令，可以使用如下几种方法。

* 执行"编辑"→"复制"命令。
  * 单击"常用"工具栏中的"复制"按钮 。
  * 右击选中的单元格区域，在弹出的快捷菜单中选择"复制"命令。
  * 使用【Ctrl＋C】组合键。

③ 选定目的单元格（或目的区域的左上角单元格）。

④ 单击"粘贴"按钮 ，或执行菜单中的"粘贴"命令，或使用【Ctrl＋V】组合键，则把剪贴板上的数据复制到了目的位置。

（2）使用鼠标拖动。操作步骤如下。

① 选中要复制数据的单元格或区域。

② 将鼠标指针置于单元格区域的边框上，此时鼠标指针变成 形。

③ 按住【Ctrl】键拖动鼠标，此时鼠标变成带一个小加号的空心箭头，到目的位置松开鼠标左键，数据复制到新位置，而原来单元格中的内容不变，如图 4-52 所示。

图 4-52　拖曳鼠标复制数据的操作及结果

选择目的单元格区域有如下几种方法。

① 只选定一个单元格，Excel 会以此为目的区域的左上角单元格，自动安排粘贴位置。

② 选定比数据来源区域大若干倍且形状相同的区域，可以一次复制出多组相同的数据。

### 3．复制单元格属性

属性是指单元格中所包含元素，即数据的值、公式、批注及修饰格式等。复制单元格属性可以通过下面几种方法。

（1）复制单元格时，可以执行"编辑"→"选择性粘贴"命令，选择复制其中一种或全部属性。

（2）Excel 中还提供了很多复制数据的方法，将鼠标指针置于所选择单元格区域的边框上，此时鼠标指针变成 形，按下鼠标右键移动到目标位置，松开鼠标，将弹出一个如图 4-53 所示的快捷菜单。

* 选择"仅复制数值"命令，则将数据"原封不动"

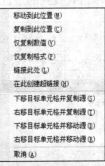

图 4-53　用鼠标右键移动数据时的快捷菜单

地复制下来，不保留源数据格式。

● 选择"仅复制格式"命令，被复制的数据本身并不会粘贴，粘贴的只是源数据的格式。

● 选择"链接此处"命令，则复制到此处的数据和源数据相关联，源数据一旦改动，此处的数据也将修改。

（3）当使用剪贴板复制或移动数据时，粘贴完毕将出现一个"粘贴"智能标记，单击该标记打开其下拉菜单，可以看到粘贴选项相关的命令。

### 4.2.7　数据的清除

清除单元格与删除单元格不同，删除单元格是将选定的单元格从工作表中删除掉，同时相邻的单元格进行相应的位置调整；而清除单元格只是从工作表中删去了单元格中的内容、格式或批注，单元格本身仍然留在工作表中原来的位置上，其他的单元格也不会移动。

清除单元格的操作步骤如下。

（1）选定要清除数据的单元格。

（2）执行"编辑"→"清除"命令。

（3）在子菜单中选定"全部"、"格式"、"内容"、"批注"其中的一项，如图 4-54 所示，即可清除选定单元格中相应的内容。

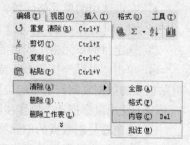

图 4-54　"清除"子菜单

 提示　　清除"格式"只是将单元格的格式恢复到 Excel 默认的格式，并不改变单元格中的数据内容。

### 4.2.8　数据的查找和替换

查找和替换是编辑工作表时经常要进行的操作，使用查找操作，可以使查找到的单元格自动成为活动单元格。在 Excel 中除了可以查找和替换文字、数字数据以外，还可以查找和替换公式和批注。查找和替换操作可以在整个工作表中进行，也可以在一个选定的区域中进行。

（1）查找操作。

① 执行"编辑"→"查找"命令或使用【Ctrl＋F】组合键，弹出"查找和替换"对话框，在"查找内容"文本框中输入要查找的内容，如图 4-55 所示。

② 单击"查找下一个"按钮，光标定位到符合条件的第一个单元格上，重复单击按钮，光标会依次定位。如果单击"查找全部"按钮，则列出查找到的内容及其位置，如图 4-56 所示。在列表中直接单击查找到的条目，在工作表中该条目所在的单元格立即被激活。

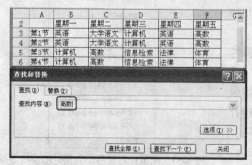

图 4-55　"查找和替换"对话框

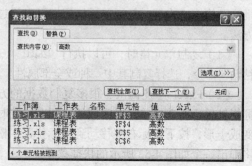

图 4-56　查找全部的显示结果

在"查找和替换"对话框中单击"选项"按钮，可以进一步设置查找条件，如图 4-57 所示。

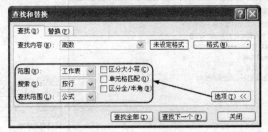

图 4-57  设置查找选项

若只知道要查找的部分内容，可以使用通配符来进行查找。通配符有星号"*"和问号"?"两种，"*"用于查找任意多个字符，"?"用于查找任意单个字符。例如，在图 4-55 中输入"大学*"，就可以查找到"大学语文"。

（2）替换操作。若想替换查找到的数据，打开"替换"选项卡，在"替换为"文本框中输入要替换的内容，单击"替换"或"全部替换"按钮即可，如图 4-58 所示。

图 4-58  "替换"选项卡

## 4.2.9  设置数据有效性

Excel 可以对单元格或单元格区域进行数据有效性的设定，当输入非法数据时，系统会拒绝该数据并给出警告。

例如，在工作表的某区域中输入的是成绩，规定成绩只能为 0~100 的整数，可以用下列设置来防止输入错误数据。

（1）选定要设置数据有效性的区域。

（2）执行"数据"→"有效性"命令，弹出"数据有效性"对话框。

（3）选择"设置"选项卡，在"允许"下拉列表中选择"整数"，输入最小值和最大值，如图 4-59 所示。

（4）选择"输入信息"选项卡，设置选中单元格时系统自动出现的提示信息，如图 4-60 所示。省略此步骤将没有提示信息。

（5）选择"出错警告"选项卡，设置当输入出错时在警告窗口中显示"错误信息"的内容，如图 4-61 所示。省略此步骤将弹出一个默认出错警告窗口，提示输入非法。当在"样式"下拉列表中选择"警告"选项时，出错提示如图 4-62 所示。选择默认的"否"按钮，重新输入，如果单击"是"按钮，则保留错误输入。

图 4-59  "数据有效性"对话框

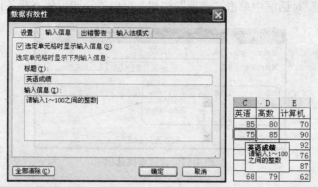

图 4-60  "输入信息"选项卡的设置及输入提示

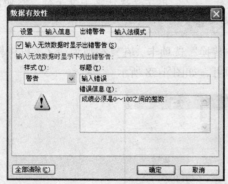

图 4-61  "出错警告"选项卡

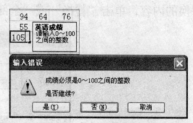

图 4-62  出错提示为警告

 提示

如果在"样式"下拉列表中选择"停止"选项，则必须输入合法数值才能完成该单元格的输入，如图 4-63 所示。

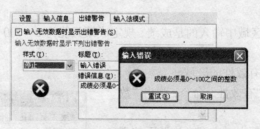

图 4-63  出错提示为停止

（6）单击"确定"按钮，完成设置。

要删除设定的数据有效性，可以先选定该单元格或单元格区域，执行"数据"→"有效性"命令，在"数据有效性"对话框中单击"全部清除"按钮。

# 4.3  工作表的格式化与打印

工作表建好后，可以通过格式化工作表操作对其进行美化，如设置单元格格式、为表格添加边框和底纹、设置工作表背景图案、自动套用格式等，使工作表更加规范和便于阅读。

## 4.3.1　设置单元格格式

### 1．设置字体、字号、字形和颜色

默认情况下，在单元格内输入数据时，字体为"宋体"，字号为"12"，字形为"常规"，颜色为"黑色"。为使工作表中的某些数据醒目和突出，常需要对不同单元格设置不同的字符外观，常用设置方法如下。

（1）利用"格式"工具栏。选中要进行字符设置的单元格或单元格区域，在"格式"工具栏上单击相应的按钮，就可以进行字体、字号、字形和颜色的设置。"格式"工具栏上的按钮功能如图 4-64 所示。

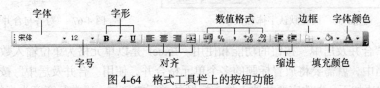

图 4-64　格式工具栏上的按钮功能

（2）利用"单元格格式"对话框。选择"格式"→"单元格"命令，或从快捷菜单中选择"设置单元格格式"命令，都可以打开"单元格格式"对话框，选择其中的"字体"选项卡，进行字体、字号、字形和颜色的设置，如图 4-65 所示。

图 4-65　"字体"选项卡

如果在工作中经常使用某种字体和字号，可以将其设定为系统默认字体和大小，方法如下。

① 执行"工具"→"选项"命令，选择"常规"选项卡，如图 4-66 所示。

② 在标准字体中设置需要的字体和大小，单击"确定"按钮完成设定。重新启动 Excel，输入的数据会自动采用新设定的字体及大小。

### 2．单元格数据的对齐方式

一般来说，Excel 根据输入数据的类型来决定它在单元格中的对齐方式，文本类型数据自动靠左对齐，数值类型数据自动靠右对齐。用户可以通过设置单元格的对齐方式，使表格看起来更整齐统一。设置方法如下。

（1）利用"格式"工具栏中的对齐按钮。在 Excel 的"格式"工具栏中提供了"左对齐"、"居中"、"右对齐"和"合并及居中"4 个按钮，如图 4-67 所示，可以用它们设置单元格数据的对齐方式。其中"左、中、右"按钮与 Word 中相应按钮的使用方法相同。

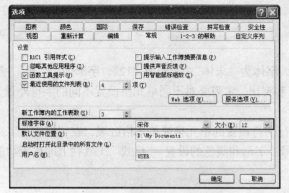

图 4-66 设置默认字体和大小

图 4-67 "对齐与合并居中"按钮

下面介绍"合并及居中"按钮的功能和使用。Excel 是以单元格为单位输入数据的，为使标题居于表格的当中，就需要将放置标题的多个单元格合并，使用"合并及居中"按钮可以实现上述功能。操作方法如下：先选定要放置工作表标题的单元格区域，通常行宽度为表的实际总宽度，再单击"合并及居中"按钮，这样表标题就跨列居中了，如图 4-68 所示。

（2）利用"单元格格式"对话框。执行"格式"→"单元格"命令，打开"单元格格式"对话框，选择"对齐"选项卡，如图 4-69 所示，各选项说明如下。

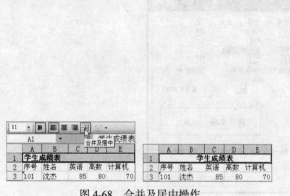

图 4-68 合并及居中操作

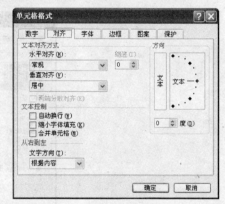

图 4-69 "对齐"选项卡

① 水平对齐。"水平对齐"选项用来设置水平方向上的数据对齐方式，其下拉列表如图 4-70 所示。

默认水平对齐是"常规"方式，文本类型数据自动靠左对齐，数值类型数据自动靠右对齐。

● "靠左（右）"方式：是靠左（右）对齐，且可在"缩进"框内设置缩进度。

● "填充"方式：是指用单元格已经有的数据重复若干次填满单元格。

● "两端对齐"方式：主要用于文本数据较长而列宽又不加宽的情况，这时 Excel 将自动调整单元格的行高，并将文本自动换行显示。

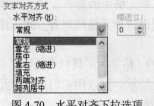

图 4-70 水平对齐下拉选项

图 4-71 水平对齐方式举例

- "跨列居中"方式：是指列单元格合并居中。
- "分散对齐"方式：是用单元格已有的数据分散占满整个单元格的空间。

水平对齐方式示例如图 4-71 所示。

② 垂直对齐。垂直对齐方式有"靠上"、"居中"、"靠下"、"两端对齐"和"分散对齐"5 种。"两端对齐"主要用于文本较长的情况，Excel 将在单元格的宽度及高度范围内进行对齐。"分散对齐"方式具有"居中"和"两端对齐"的功能。"垂直对齐"下拉列表如图 4-72 所示。

③ 方向选项。方向选项用来设置单元格中数据的显示方向，有正常、直立、顺时针若干度（负度数）和逆时针若干度（正度数）4 类，数据显示方向示例如图 4-73 所示。

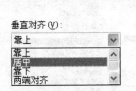

图 4-72　垂直对齐下拉列表

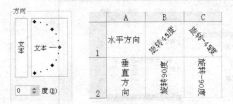

图 4-73　数据显示方向举例

④ 文本控制选项。文本控制选项有自动换行、缩小字体填充和合并单元格 3 个复选框。

- 自动换行：当文本太长而在单元格列宽内不能完整地显示时，将自动换行，并调整行高以便完整地显示数据。
- 缩小字体填充：缩小单元格数据的字体，使数据能在单元格内完整地显示。
- 合并单元格：将两个或多个选定的单元格合并为一个单元格。

### 3. 设置数字格式

数字格式的设置可以用如下方法。

（1）利用"数字格式"按钮。"格式"工具栏中的"数字格式"按钮功能如图 4-74 所示。

- "货币样式"按钮：将选中的数字格式设置为货币样式，数字前加人民币符号"￥"，并将数据四舍五入保留两位小数（默认状态下）。

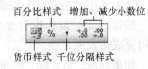

图 4-74　数字格式化工具按钮功能

- "百分比样式"按钮：将选中的数字格式设置为百分比样式，数据乘以 100，再在其后加上百分号"%"。
- "千位分隔样式"按钮：将选中的数字格式设置为千位分隔样式。
- "增加小数位"按钮：增加选中数字的小数位数，单击一次增加一位。
- "减少小数位"按钮：减少选中数字的小数位数，单击一次减少一位。

数字格式设置示例如图 4-75 所示。

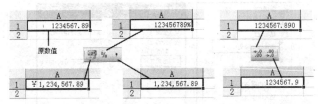

图 4-75　数字格式设置示例

（2）利用"单元格格式"对话框。执行"格式"→"单元格"命令，打开"单元格格式"对话框，选择"数字"选项卡，如图 4-76 所示。

"数字"格式有多种形式，在这里只简单介绍常用的 4 种。

● "常规"格式：不包括任何特定的数字格式，如果不作特别选择，常规格式对所有单元格起作用。

● "货币"格式：用于表示货币数值，并允许将负数表示为括号括起的正数。例如，选择货币符号"￥"，"小数位数"选"2"，当输入"18"时，将其显示为"￥18.00"。

● "日期"格式：用于设置日期的显示形式。例如，选择 yy 年 mm 月 dd 日类型时，输入"2010／5／20"（或"2010-5-20"），将显示为"2010 年 5 月 20 日"，如图 4-77 所示。

 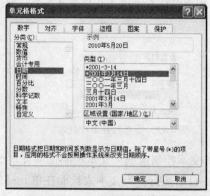

图 4-76  "数字"选项卡　　　　　　　　　　图 4-77  设置日期格式

● "科学记数"格式：将数字用科学记数法表示。如果选择"小数位数"为"3"，输入"123456789"时将显示为"1.235E + 08"。

### 4. 格式的复制和删除

（1）利用"格式刷"按钮。选中要复制格式的单元格，单击"常用"工具栏上的"格式刷"按钮，此时鼠标指针变成 ，按住鼠标左键，选定要设置新格式的单元格或单元格区域，即可完成格式的复制。

如果双击"格式刷"按钮，可以连续多次复制格式，直到再次单击"格式刷"按钮或按【Esc】键取消格式复制。

（2）利用"选择性粘贴"命令。

① 选定设置好格式的单元格，执行"复制"命令。

② 选中要应用该格式的单元格或单元格区域，右击该区域，从弹出的快捷菜单中选择"选择性粘贴"命令。

③ 在打开的"选择性粘贴"对话框中选中"格式"单选按钮，单击"确定"按钮，即完成格式的复制，如图 4-78 所示。

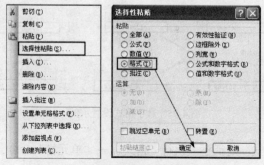

图 4-78  "选择性粘贴"菜单及对话框

（3）删除格式。选中要删除格式的单元格，执行"编辑"→"清除"→"格式"命令，即可删除选中的单元格格式，恢复为系统默认设置。

## 4.3.2 设置表格格式

### 1. 表格边框

通常，工作表中的单元格都带有浅灰色的边框线，这是 Excel 默认的网格线，打印时不显示。为了使表格中的数据清晰明了，增强表格的视觉效果，用户可以为表格设置边框线。设置方法如下。

（1）利用工具栏上的"边框"按钮⊞-。首先选中要设置边框的单元格或单元格区域，单击"格式"工具栏中"边框"按钮右边的下拉按钮，将出现如图 4-79 所示的下拉列表，选择一种边框模式即可。

（2）利用"单元格格式"对话框。

① 选中要设置边框的单元格或单元格区域。

② 执行"格式"→"单元格"命令，打开"单元格格式"对话框，单击"边框"选项卡，如图 4-80 所示。

图 4-79  边框按钮下拉列表　　　　　　　图 4-80  "边框"选项卡

③ 在"边框"选项卡中选择线条样式及颜色。可以根据需要单击"预置"或"边框"选项组中的按钮。

④ 单击"确定"按钮即可完成设置。

### 2. 设置填充色

Excel 还提供了设置单元格或区域的填充色（即背景色）功能，操作方法如下。

（1）利用工具栏中"填充色"按钮🖎-。先选定要设置填充色的单元格或单元格区域，再单击"格式"工具栏中"填充色"按钮右边的下拉按钮，弹出"填充颜色"调色板，如图 4-81 所示。单击所需要的颜色按钮即可进行填充。合理地使用填充色和字体颜色，可以使表格清晰、重点突出。

（2）利用"单元格格式"对话框。执行"格式"→"单元格"命令，打开"单元格格式"对话框，选择其中的"图案"选项卡，单击选择所需颜色，也可以选择适当的图案，如图 4-82 所示。

### 3. 取消网格线

当打开一个工作表时，一般都会看到在工作表里设有网格线，可以通过设置使网格线不显示，操作步骤如下。

图 4-81 "填充颜色"调色板

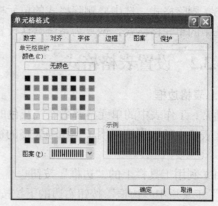

图 4-82 "图案"选项卡

（1）选择"工具"→"选项"命令，弹出"选项"对话框。

（2）选择"视图"选项卡，如图 4-83 所示，在"窗口选项"选项组中取消"网格线"复选框的勾选，单击"确定"按钮网格线消失。

### 4. 设置工作表背景

（1）选择"格式"→"工作表"→"背景"命令，打开"工作表背景"对话框。

（2）在列表框中选择一种背景图片，单击"插入"按钮即可。

要删除背景，选择"格式"→"工作表"→"删除背景"命令。

提示     工作表背景仅用于屏幕显示，打印时将被忽略。

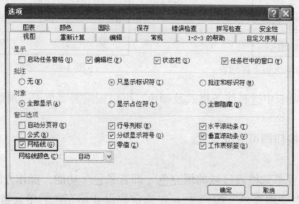

图 4-83 取消网格线

## 4.3.3 调整行高与列宽

当用户新建工作表时，所有的单元格具有相同的宽度和高度，单元格的默认宽度为 8 个字符宽。如果单元格内的数据较长，单元格中放不下时，文本数据可能只显示一部分，数字数据则可能显示为一串"#"号，而编辑栏中可以看到对应单元格的数据，此时需要改变行高和列宽，以完整地显示出单元格的数据。

### 1. 用鼠标拖动改变行高和列宽

用鼠标改变行高和列宽有以下几种方法。

（1）将鼠标置于列标（或行号）的边界上，鼠标指针变成↔（或↕）双向箭头形状，拖动鼠标即可改变该列的宽度（或行高），如图 4-84 所示。当拖动鼠标时，有一条虚线跟着移动，这条虚线表示的是新的列边界（或行边界）的位置。

图 4-84　鼠标拖动改变列宽

（2）双击列标右边界（或行号下边界），Excel 将自动调整列宽（或行高）至最适合的宽度（或高度），如图 4-85 所示。

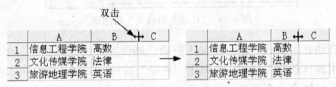

图 4-85　双击鼠标调整为最合适的列宽

（3）选定多列（或多行），拖动任意一列标（或行号）的边界，可以同时调整这些列宽（或行高），且它们的列宽度（或行高度）相同。

#### 2．利用"格式"菜单精确设置

使用"格式"菜单中的"行高"和"列宽"命令可以精确地调整行高和列宽，方法如下。

（1）选定要调整的行或列。

（2）执行"格式"→"行"→"行高"命令或"格式"→"列"→"列宽"命令。

（3）在如图 4-86 和图 4-87 所示的"行高"和"列宽"对话框中输入需要的"行高"和"列宽"后，单击"确定"按钮即可。

图 4-86　设置行高对话框　　　　　　图 4-87　设置列宽对话框

还可以用"格式"→"行"→"最适合的行高"和"格式"→"列"→"最适合的列宽"命令设置行高和列宽。

## 4.3.4　使用自动套用格式

Excel 提供了多种预定义的表格格式，使用这些格式可以迅速建立适合不同需求、外观精美的工作表。自动套用格式包括了数字格式、对齐、字体、边界、色彩等组合。

使用自动套用格式的步骤如下。

（1）选定要使用自动套用格式的单元格区域。

（2）执行"格式"→"自动套用格式"命令，弹出如图 4-88 所示的"自动套用格式"对话框，选择其中一种格式，单击"确定"按钮即可。

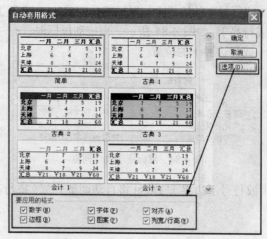

图 4-88 "自动套用格式"对话框

如果想使用"自动套用格式"命令且又不影响已经设置好的某些格式，在"自动套用格式"对话框中选定想使用的自动套用格式，再单击"选项"按钮，其对话框如图 4-88 所示，清除"要应用的格式"框中不想被自动套用格式影响的选项。例如，要保留用户在区域中已经设置好的数字格式，则清除"数字"复选项即可，这样在使用自动套用格式后，区域中的数字格式不变。

## 4.3.5　设置样式

用户可以把经常使用的单元格格式保存为一个样式，以方便以后调用。设置样式的步骤如下。

（1）选择"格式"→"样式"命令，弹出如图 4-89 所示的"样式"对话框，显示样式名为"常规"的样式设置。

（2）单击"修改"按钮，打开"单元格格式"对话框，根据需要设置样式，单击"确定"按钮返回"样式"对话框。

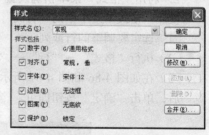

图 4-89 "样式"对话框

（3）在"样式名"文本框中输入自定义的样式名，单击"添加"按钮，则自定义了一个新样式，单击"确定"按钮关闭对话框。

要应用样式，选中单元格区域，打开"样式"对话框，在"样式名"下拉列表中选择相应的样式，单击"确定"按钮即可。

要删除自定义的样式，打开"样式"对话框，选择要删除的样式名，单击"删除"按钮即可。

## 4.3.6　设置条件格式

使用"条件格式"格式化工作表，可以让符合特定条件的单元格以醒目的方式突出显示，便于用户对工作表数据进行更好的分析。

例如，在学生成绩表中，将 90 分以上的数据以"粗体"显示，给 60 分以下的数据添加底纹，如图 4-90 所示。

操作步骤如下。

（1）选中单元格区域 C2:E8，执行"格式"→"条件格式"命令，打开"条件格式"对话框，如图 4-91 所示。

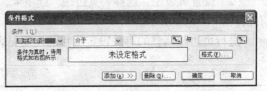

图 4-90　条件格式的应用举例　　　　　　图 4-91　"条件格式"对话框

（2）在条件 1 中，设置单元格数值的条件为"大于或等于"，值为 90。

（3）单击"格式"按钮，弹出"单元格格式"对话框，在"字体"选项卡中，将"字形"设置为"加粗"，单击"确定"按钮，即设置了成绩在 90 分以上的条件格式。

（4）在"条件格式"对话框中单击"添加"按钮，在出现的条件 2 中，为成绩在 60 分以下的数据添加底纹。设置结果如图 4-92 所示单击"确定"按钮，完成设置。

对选定的单元格或单元格区域，Excel 允许最多有 3 个条件格式存在。要删除一个或多个条件，单击"删除"按钮，弹出"删除条件格式"对话框，如图 4-93 所示，选择要删除的条件，单击"确定"按钮即可。

图 4-92　设置条件格式　　　　　　图 4-93　"删除条件格式"对话框

### 4.3.7　打印工作表

工作表编辑好以后，一般会将其打印出来，但在打印之前，通常还需要进行一些设置。

#### 1．页面设置

执行"文件"→"页面设置"命令，或者在打印预览状态下单击"设置"按钮，都将弹出"页面设置"对话框，可以设置纸张大小、打印方向、页边距、页眉页脚等，操作方法如下。

（1）设置纸张大小及方向。选择"页面"选项卡，打开"纸张大小"的下拉列表，单击相应的选项即可选择打印纸张。在"方向"选项组中有"纵向"和"横向"两个单选按钮，表示纸张的方向，如图 4-94 所示。

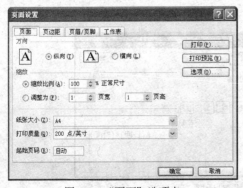

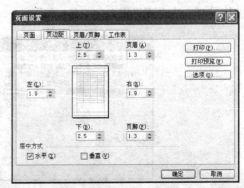

图 4-94　"页面"选项卡　　　　　　图 4-95　"页边距"选项卡

（2）设置页边距。选择"页边距"选项卡，可以在相关位置分别输入页面边距的上、下、左、右值，如图 4-95 所示。

进行页边距调整的有关设定项目的说明见表 4-3。

表 4-3　　　　　　　　　　　　"页边距"选项卡说明

| 设 定 框 | 说 明 |
|---|---|
| 上 | 设定数据与打印页上缘的距离 |
| 下 | 设定数据与打印页下缘的距离。如果数据不足一页，不延伸到下边界 |
| 左 | 设定数据与打印页左缘的距离 |
| 右 | 设定数据与打印页右缘的距离。如果数据不足一页宽，不会延伸到右边界 |

如果要使工作表中的数据在左右页边距之间水平居中，在"居中方式"选项组中选中"水平"复选框，如果要使工作表中的数据在上下页边距之间垂直居中，则选中"垂直"复选框。当两者均选定后，就可以得到水平方向、垂直方向都居中的效果。

（3）设置页眉和页脚。页眉和页脚分别位于打印页面的顶端和底端，用来显示工作表的名称、页号、作者或时间等内容。用户可以为工作表添加预定义的页眉和页脚，也可以添加自定义的页眉和页脚，操作方法如下。

选择"页眉／页脚"选项卡，单击页眉或页脚的下拉列表，可以从中选择预定义的页眉和页脚，如图 4-96 所示。

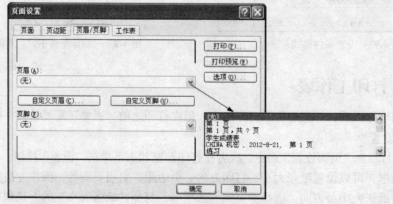

图 4-96　"页眉/页脚"选项卡

单击"自定义页眉…"按钮，打开"页眉"对话框，可设置个性化的页眉，如图 4-97 所示。使用同样方法也可设置自定义的"页脚"。

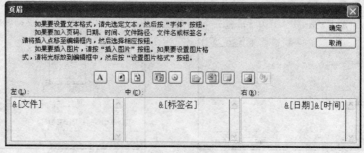

图 4-97　"页眉"对话框

（4）分页预览与分页符的调整。如果需要打印的工作表中的内容不止一页，Excel 会自动插入分页符，将工作表分成多页，分页符的位置取决于纸张大小、页边距等。要查看分页效果，执行"视图"→"分页预览"命令，即可进入"分页预览"视图，如图 4-98 所示。

调整分页符的位置或者插入新的分页符的操作方法如下。

① 移动分页符。在"分页预览"视图中，选中并拖动表示分页符的蓝色线条到新位置上，即可改变分页符的位置。这时，自动分页符变为手动分页符，蓝色虚线也变为蓝色实线，如图 4-99 所示。

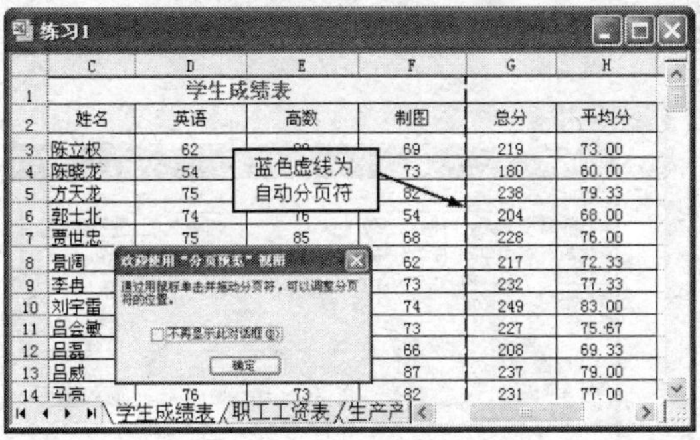

| 图 4-98 |
|---|

图 4-98　"分页预览"视图

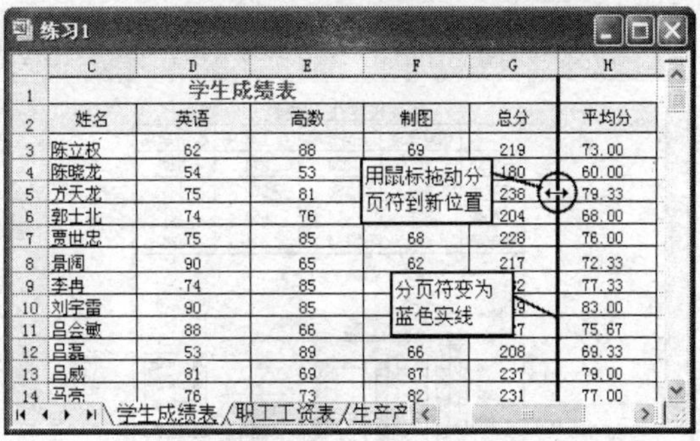

图 4-99　移动分页符

② 插入分页符。执行"插入"→"分页符"命令，或者从右键菜单中选择"插入分页符"命令，都可以在当前位置插入分页符命令。具体插入位置如下。

如果选择一行，则在该行的上方插入水平分页符；如果选择一列，则在该列的左侧插入垂直分页符；如果选择了某一单元格，则在该单元格的上方和左侧同时插入水平分页符和垂直分页符。如图 4-100 所示为在选中第 8 行插入水平分页符的效果。

③ 删除分页符。删除分页符是删除手动插入的分页符。方法如下：选中分页符下方的单元格，从右键菜单中执行"删除分页符"命令，即可删除水平分页符；选中分页符右侧的单元格，可删除垂直分页符；如选择水平和垂直分页符交叉处右下角的单元格，可同时删除水平分页符和垂直分页符。

要删除所有手动分页符，可选中任意单元格，从右键菜单中执行"重置所有分页符"命令。

图 4-100　插入分页符

## 2. 打印预览与打印

（1）打印预览。Excel 采用了"所见即所得"的技术，对一个文档在打印输出之前，通过"打印预览"命令可以在屏幕上观察文档的打印效果。通常情况下，Excel 对工作表的显示与打印后所看到的工作表在形式上是一致的。

打印预览的操作步骤如下。

① 选择"文件"→"打印预览"命令或单击"常用"工具栏上的"打印预览"按钮，将在窗口中显示一个打印输出的缩小版，如图4-101所示。

② 使用"打印预览"窗口上的命令按钮，可以用不同的方式查看版面效果或调整版面，屏幕底端的状态栏显示了当前的页号。

（2）打印。执行"文件"→"打印"命令，弹出"打印内容"对话框，如图4-102所示，根据需要选择相应的打印方式。

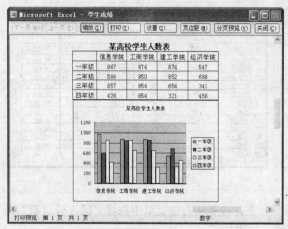

图 4-101　打印预览

图 4-102　"打印内容"对话框

- 打印范围：可以选择"全部"或"页"单选按钮，用来指定要打印工作表中的页。
- 份数：指打印的份数。用户可以在数值框中键入份数，也可以单击微调按钮增加或减少份数。
- 打印内容：有"选定区域"、"整个工作簿"和"选定工作表"等选项，默认情况下，Excel打印活动工作表。
- 预览：单击此按钮，进入到打印预览模式。
- 属性：单击"属性"按钮，打开 Printer（打印机）属性对话框，进行打印机的设置。

# 4.4　公式与函数

公式与函数是 Excel 的重要组成部分。Excel 除了要进行一般的表格处理外，还需要进行大量的数据分析和数据计算。通过公式与函数，用户只要给出相应的计算公式，大量的计算工作可以全部由计算机完成，从而为用户分析处理数据提供极大的方便。

## 4.4.1　公式的使用

### 1. 创建公式

Excel 中的公式必须用符号"＝"或"＋"来引导，这是公式单元格与只存放数据的普通单元格的区别。

（1）直接在单元格中输入公式。先单击要输入公式的单元格，输入"＝"（或输入"＋"），接着输入公式内容，然后按【Enter】键或单击编辑栏上的"输入"按钮 ✓，则单元格中显示计算结果，输入了公式的单元格称为"公式单元格"。

例如，在 A2 单元格输入数值"20"，在 B2 单元格中输入公式"＝A2*5"。公式输入后，单击"输入"按钮✓或者按【Enter】键确认，则公式单元格 B2 中将显示出计算的结果"100"，而编辑栏中显示公式"＝A2*5"，如图 4-103 所示。

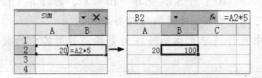

图 4-103　在单元格输入公式及结果显示

（2）在编辑栏中输入公式。单击要输入公式的单元格，然后单击编辑栏，在编辑栏中输入"＝"（或"+"）及公式内容，按【Enter】键或单击"输入"按钮✓确认。

（3）公式的编辑。在单元格中输入公式后，可以对其进行修改，也可以将其删除。要删除公式，可单击含有公式的单元格，然后按【Delete】键。要修改公式，可以用如下方法。

① 单击公式单元格，公式将显示在编辑栏中，在编辑栏中进行修改。

② 双击公式单元格，单元格显示的内容由运算结果变为公式表达式，在单元格中直接修改。

修改后单击"输入"按钮✓或按【Enter】键，就可以把编辑过的公式存入单元格，如图 4-104 所示。

图 4-104　公式的编辑

### 2. Excel 公式中的运算符

运算符是用来对公式中的元素进行运算而规定的特殊符号。Excel 包含 4 种类型的运算符：算术运算符、比较运算符、文本运算符和引用运算符。

Excel 公式中的常用运算符和使用优先级见表 4-4。

表 4-4　　　　　　　　　　　　Excel 公式中常用的运算符和优先级

| 类　型 | 优 先 级 | 运 算 符 | 说　　明 | 公式举例 | 公式的计算结果 |
|---|---|---|---|---|---|
| 引用 | 1 | ：（冒号）<br>，（逗号）<br>（空格） | 区域运算符<br>联合运算符<br>交叉运算符 | B2:D4<br>B2:D4,D3:E5<br>B2:D4 D3:E5 | B2:D4 区域<br>两区域所有部分<br>两区域交叉部分 |
| 算术 | 2 | － | 负号 | ＝ −23.44 | −23.44 |
| | 3 | ％ | 百分比 | ＝35% | 35% |
| | 4 | ^ | 幂 | ＝2^4 | 16 |
| | 5 | *和/ | 乘法、除法 | ＝3*5 | 15 |
| | 6 | ＋和− | 加法、减法 | ＝3＋8 | 11 |
| 文本 | 7 | & | 连接文本 | ＝"com" & "puter" | "computer" |
| 比较 | 8 | <,><br><＝,>＝<br>＝,<> | 小于，大于<br>小于等于，大于等于<br>等于，不等于 | ＝30>50<br>＝50>＝2^3<br>＝5<>3/2 | FALSE<br>TRUE<br>TRUE |

- 当公式中包含了相同优先级的运算符时，Excel 将从左向右进行计算，如果要修改计算的顺序，可以把需要先计算的部分用圆括号括起来。

例如：公式"= (10 + 2)*5"，先算"10 + 2"，再计算"12*5"，结果为"60"。

- 公式中可以包含 Excel 提供的内部函数。
- 在公式中允许将单元格地址作为变量，引用其中的数据参加运算，称为"单元格引用"。

### 3. 在公式中引用单元格

在 Excel 公式中，对单元格地址的使用称为"单元格的引用"，"引用"指明了公式中数据的位置，被引用的单元格称为"引用单元格"。

单元格的引用有如下特点。

（1）公式单元格中的数据自动更新。当用户改变了引用单元格的数据时，公式单元格的值将自动作相应的改变。例如，在图 4-105 中，若将引用单元格 A2 的值由 20 修改为 10，B2 单元格中的公式仍然是"= A2*5"，公式单元格 B2 中的值自动改变为 50。

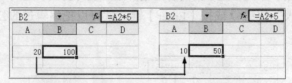

图 4-105　单元格数据变化后公式的自动更新

在公式中引用单元格名称时可以不必键入，用鼠标单击单元格或选择区域即可将地址显示在公式单元格中。

（2）单元格引用地址自动变化。由于删除、移动等操作改变了引用单元格的地址时，引用了该单元格的公式将自动改变引用单元格的地址。例如，在图 4-106 中，将 A2 单元格移动到了 A3，则 B2 单元格中的公式自动变为"= A3*5"。

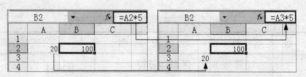

图 4-106　单元格移动后公式的自动更新

（3）公式中常见的错误信息。Excel 使用起始为"#"的参数来表示公式计算中的错误值，需要修正公式或修改公式中的引用数据才能取消错误提示。例如，用户删除了被公式引用的单元格，该公式单元格将显示出错提示"# REF!"，警告用户删除操作会带来错误的结果：找不到公式中要引用的单元格。

使用公式和函数时常见的错误信息见表 4-5。

表 4-5　　　　　　　　　　　　使用公式和函数时常见的错误信息

| 错误信息 | 含　　义 |
| --- | --- |
| #### | 单元格的数据长度超出列宽 |
| #DIV/0! | 公式中除数为 0 或者除数为空单元格 |

| 错误信息 | 含　义 |
|---|---|
| #NAME? | 无法识别单元格名称 |
| #NUM! | 在函数中使用了不可接受的参数项 |
| #REF! | 公式、函数中引用的单元格无效（如单元格已经被删除） |
| #VALUE! | 公式操作中数据类型错误 |

### 4. 公式中的相对引用和绝对引用

在 Excel 的公式中，对单元格有 3 种引用方法：相对引用、绝对引用和混合引用。

（1）相对引用。相对引用是指被引用的单元格与公式单元格之间的位置是相对的，也就是当公式所在单元格的位置变化时，公式中引用单元格的地址会随着改变，从而保持公式单元格与引用单元两者之间的相对位置不变。

相对引用的表示方法为直接用列标和行号表示单元格或单元格区域，如 B2，C2:C5。默认情况下，公式使用相对引用。

例如，在图 4-107 中，单元格 F2 中的公式为 "= C2 + D2 + E2"，选定公式单元格 F2，按【Ctrl + C】组合键将公式单元格复制，然后选中单元格 F3，按【Ctrl + V】组合键粘贴，单元格 F3 中的公式自动更新为它左边的 3 个单元格的和，即 F3 中的公式为 "= C3 + D3 + E3"。

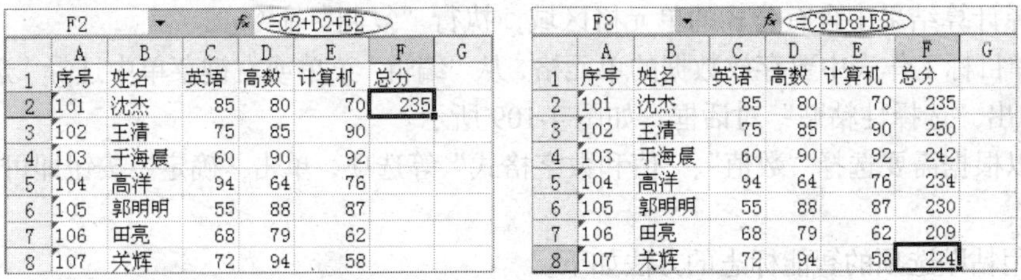

图 4-107　相对引用复制公式

还有一种更快捷的复制公式的方法：拖动公式单元格 F2 的填充柄到 F8，即可完成公式的复制。

（2）绝对引用。绝对引用是指公式中被引用的单元格固定在某行某列上，不会随公式单元格的移动而改变，即公式中的单元格地址与公式单元格的位置无关。

绝对引用表示方法为：在行号和列标前加 "$" 符号，如 "$B$3"，表示不论公式复制到什么位置，行、列地址都不会改变。

（3）混合引用。混合引用是指在公式中引用单元格时，其行、列地址一个用相对地址，另一个用绝对地址。例如，混合引用 "$B2" 的含义是：在复制公式时，保持列地址不变，行地址相对改变；混合引用 "C$3"，表示在复制公式时，保持行地址不变，列地址相对改变。

**例 4-3**　在 "某企业招聘考试成绩" 表中，计算综合成绩。综合成绩是笔试、口试成绩乘系数再相加，系数地址应使用绝对地址。

操作步骤如下。

选定 E3 单元格，输入公式 "= C3*$B$10 + D3*$D$10"，按【Enter】键，得出第一个人的综合成绩。拖动 E3 单元格的填充柄复制公式到 E8，则计算出每个人的综合成绩，如图 4-108 所示。

公式中的$B$10 和$D$10 是绝对引用，它在复制公式中始终保持不变；C3 和 D3 是相对引用，它在复制公式中随着公式单元格的位置变化随之改变。单击 E8 单元格，可以看到 E8 单元格中的公式为 "= C8*$B$10 + D8*$D$10"。

图 4-108　公式中使用相对地址和绝对地址

 **提示**　使用功能键【F4】可以快速切换公式中单元格引用地址的类型，方法如下：在编辑状态下，将光标移动到引用的单元格地址上，重复按【F4】键，可以在相对引用、绝对引用和混合引用之间切换。

### 5. 公式的高级应用

（1）只复制公式中的值。如果在复制时不想复制公式中的表达式，只想复制公式的最后运算结果，可使用选择性粘贴的方法，或者使用粘贴选项的智能标志。

① 选择性粘贴的操作步骤如下。

a. 选择计算结果中含有公式的单元格区域，执行"复制"命令。

b. 选择目标工作表中要存放数据的单元格，从"编辑"菜单或右键菜单中选择"选择性粘贴"命令，将弹出"选择性粘贴"对话框，如图 4-109 所示。

c. 可以根据需要选择"数值"、"值和数字格式"等选项，单击"确定"按钮即可完成对数据的复制操作。

② 使用粘贴选项的智能标志的方法如下。

进行"复制"、"粘贴"操作后，在粘贴数据旁边会出现一个粘贴选项的智能标志，单击智能标志，打开智能标志菜单，如图 4-110 所示。在菜单中进行选择后，结果会显示在粘贴单元格或单元格区域中。

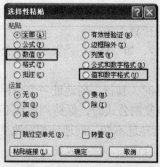

图 4-109　"选择性粘贴"对话框

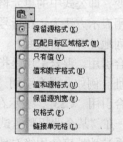

图 4-110　粘贴智能标志菜单

（2）公式的隐藏。如果只想显示公式的计算结果，不显示具体的计算过程，可以对公式进行隐藏，操作步骤如下。

① 选择要隐藏公式的单元格区域。

② 右击鼠标，在弹出的快捷菜单中选择"设置单元格格式"命令，打开"单元格格式"对话框，选择"保护"选项卡，如图 4-111 所示。

③ 选中"隐藏"复选框，单击"确定"按钮关闭对话框。

④ 执行"工具"→"保护"→"保护工作表"命令，弹出"保护工作表"对话框，如图 4-112 所示，在该对话框中选择要保护的内容，并确认选中"保护工作表及锁定的单元格内容"复选框。

⑤ 在"取消工作表保护时使用的密码"文本框中输入用户密码，单击"确定"按钮，在弹出的"确认密码"对话框再输入一次密码确认，如图 4-113 所示。

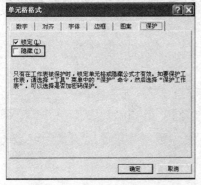

图 4-111　"单元格格式"对话框

图 4-112　"保护工作表"对话框

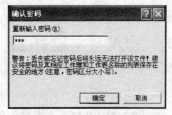

图 4-113　"确认密码"对话框

⑥ 单击"确定"按钮，即可完成公式的隐藏，工作表隐藏公式后，只在单元格中显示数据，而在编辑框中不显示公式。

要解除隐藏，执行"工具"→"保护"→"撤销工作表保护"命令，在弹出的对话框中输入用户设定的密码，单击"确定"按钮即可。

## 4.4.2　函数的应用

函数是预先定义好的表达式，它必须在公式中使用。函数使用一些被称为参数的特定数值，按特定的语法规则进行计算。熟练使用 Excel 函数可以大大简化工作表中的数据计算。

在公式中使用函数的一般格式为：

函数名（参数表）

函数的参数可以是数字、文本、逻辑值、表达式、函数、单元格地址或单元格区域等。

### 1. 常用函数

Excel 提供了丰富的函数类型，包括时间与日期函数、数学与三角函数、统计函数、字符处理函数、逻辑函数、数据库函数、财务函数、查询与引用函数等。下面介绍其中一些常用函数的使用方法。

（1）SUM（求和）函数。

语法格式：SUM（参数 1，参数 2，…）

功能：求参数中所有数字之和。

参数说明：

① 参数最多不超过 30 个，参数可以是常量、单元格或单元格区域引用等。

② 如果参数为直接键入到参数表中的数字、逻辑值及数字字符组成的字符串，按数字计算。如果参数为错误值或不能转换为数字的文本，将产生错误。

③ 如果参数为单元格引用或单元格区域，则只有其中的数字被计算，而引用的空白单元格、逻辑值、文本将被忽略。

**例 4-4**　SUM 函数应用举例。假设单元格 A2 中数据为文本型"5"，A3 中为逻辑型"FALSE"，

B1:B4 单元格区域中各单元格的值分别为 1，2，3，4，如图 4-114 所示。

① 计算 C1 中的公式："＝SUM（3,2）"，结果为 5。

② 计算 C2 中的公式："＝SUM(B1:B3)＋10"，结果为 16。

③ 计算 C3 中的公式："＝SUM(B1,B4,5)"，结果为 10。

④ 计算 C4 中的公式："＝SUM("3",2,TRUE)"，结果为 6。

这里，字符"3"（注意：书写的是半角双引号）被转换成数值 3，逻辑值 TRUE 转换成 1（FALSE 被转换成 0）。

⑤ 计算 C5 中的公式："＝SUM（A2,A3,4）"，结果为 4。

因为参数为单元格引用时，非数字型数据被忽略。

| | A | B | C |
|---|---|---|---|
| 1 | | 1 | =SUM(3,2) |
| 2 | 5 | 2 | =SUM(B1:B3)+10 |
| 3 | FALSE | 3 | =SUM(B1,B4,5) |
| 4 | | 4 | =SUM("3",2,TRUE) |
| 5 | | | =SUM(A2,A3,4) |

→

| | A | B | C |
|---|---|---|---|
| 1 | | 1 | 5 |
| 2 | 5 | 2 | 16 |
| 3 | FALSE | 3 | 10 |
| 4 | | 4 | 6 |
| 5 | | | 4 |

图 4-114　SUM 函数应用举例

（2）AVERAGE（求平均值）函数。

语法格式：AVERAGE（参数 1，参数 2，…）

功能：求参数的平均值。

参数说明：与 SUM 函数的参数说明相同。

**例 4-5**　求图 4-114 中 B1:B4 单元格区域的平均值。

在 B5 单元格输入公式："＝AVERAGE（B1:B4）"，结果为 2.5。

（3）SUMIF 函数。

语法格式：SUMIF（区域 1，判断条件，区域 2）

功能：在给定单元格中对符合条件的单元格求和。

参数说明：

① "区域 1"是进行条件判断的单元格区域。

② "判断条件"用于确定区域 1 中哪些单元格的值符合条件，其形式可以是数字、表达式或文本。

③ "区域 2"是要进行求和的单元格区域，当区域 1 中的单元格满足条件时才能对区域 2 中的相应单元格求和。

**例 4-6**　在如图 4-115 所示的表中，求经济学院职工的基本工资之和。

选中 C11 单元格，输入公式：=SUMIF(A2:A10,"经济",C2:C10)，求和结果为 10377。

这里，A2:A10 中符合条件（部门为"经济"）的单元格为 A2、A4、A10，而与之对应的被求和的单元格为 C2、C4、C10。

C11　　fx　= SUMIF(A2:A10,"经济",C2:C10)

| | A | B | C | D | E |
|---|---|---|---|---|---|
| 1 | 部门 | 姓名 | 基本工资 | | |
| 2 | 经济 | 杜林 | 3890 | | |
| 3 | 工商 | 宋婉月 | 2986 | | |
| 4 | 经济 | 于伟学 | 2789 | | |
| 5 | 机械 | 田玲 | 4965 | | |
| 6 | 生物 | 王春雷 | 1230 | | |
| 7 | 机械 | 付爽 | 2365 | | |
| 8 | 生物 | 孙洪涛 | 1987 | | |
| 9 | 工商 | 赵国强 | 2541 | | |
| 10 | 经济 | 何雅杰 | 3698 | | |
| 11 | 部门工资统计 | | 10377 | | |

图 4-115　SUMIF()函数应用举例

（4）MAX／MIN（最大值/最小值）函数。

语法格式：MAX（参数1，参数2，…）

　　　　　MIN（参数1，参数2，…）

功能：返回给定参数表中的最大值／最小值。

参数说明：与 SUM 函数的参数说明相同。

如果参数中不包含符合要求的数，函数 MAX()和 MIN()返回 0。

**例4-7**　在图 4-115 中，计算所有人中工资的最大值和最小值。

最大值公式：" = MAX(C2:C10)"，结果为 4965。

最小值公式：" = MIN(C2:C10)"，结果为 1230。

（5）ROUND 函数。

语法格式：ROUND（数字，指定的位数）

功能：返回数字按指定位数四舍五入后的值。

参数说明："数字"是指需要进行四舍五入处理的数字或数字单元格，"指定的位数"是指精确到的位数。如果指定位数大于 0，则舍入到小数点右边某位；如果指定位数等于 0，则舍入到个位；若指定位数小于 0，则在小数点左侧进行舍入。

**例4-8**　ROUND 函数应用举例。

= ROUND(3.45，1)，结果为 3.5。

= ROUND(-0.236，2)，结果为-0.24。

= ROUND(3.49，0)，结果为 3。

= ROUND(567.8，-2)，结果为 600。

（6）COUNT 函数。

语法格式：COUNT（参数1，参数2，…）

功能：返回参数中数字项的个数。

参数说明：与 SUM 函数的参数说明相同。

**例4-9**　在图 4-114 中，统计 A1:B3 区域中数字项的个数。

公式：" = COUNT(A1:B3)"，结果为 3。

（7）COUNTIF 函数。

语法格式：COUNTIF（单元格区域，判断条件）

功能：计算给定区域内满足特定条件的单元格的数目。

参数说明："单元格区域"是指需要统计单元格数目的区域，"判断条件"的形式可以为数字、表达式或文本。

**例4-10**　在如图 4-116 所示的表中，统计每个人的不及格科目数。

选中 F2 单元格，输入公式：" = COUNTIF(C2:E2, "<60")"，完成对第一个人的统计，拖动 F2 的填充柄到 F8 单元格，统计出所有人的不及格科目数。

（8）IF 函数。

语法格式：IF（逻辑表达式，表达式1，表达式2）

功能：根据逻辑表达式的真假值，返回不同的结果。

参数说明：

① 当"逻辑表达式"的值为 TRUE 时，函数的返回值为"表达式1"的值；当"逻辑表达式"的值为 FALSE 时，函数的返回值为"表达式2"的值。

② 在 IF 函数中最多可以嵌套 7 层 IF 函数。

**例4-11**　在如图 4-117 所示的表中，根据学生不及格科数，确定是否合格。不及格科数等于

0 显示"合格"，否则显示"不合格"。

| | F2 | | | fx | = COUNTIF(C2:E2,"<60") | |
|---|---|---|---|---|---|---|
| | B | C | D | E | F | G |
| 1 | 姓名 | 英语 | 高数 | 计算机 | 不及格科数 | |
| 2 | 沈杰 | 85 | 80 | 70 | 0 | |
| 3 | 王清 | 75 | 85 | 90 | 0 | |
| 4 | 于海晨 | 60 | 90 | 92 | 0 | |
| 5 | 高洋 | 94 | 64 | 76 | 0 | |
| 6 | 郭明明 | 55 | 88 | 87 | 1 | |
| 7 | 田亮 | 68 | 79 | 62 | 0 | |
| 8 | 关辉 | 72 | 94 | 58 | 1 | |

图 4-116　COUNTIF()函数应用举例

| | G2 | | | fx | =IF(F2=0,"合格","不合格") | |
|---|---|---|---|---|---|---|
| | B | C | D | E | F | G |
| 1 | 姓名 | 英语 | 高数 | 计算机 | 不及格科数 | 合格否 |
| 2 | 沈杰 | 85 | 80 | 70 | 0 | 合格 |
| 3 | 王清 | 75 | 85 | 90 | 0 | 合格 |
| 4 | 于海晨 | 60 | 90 | 92 | 0 | 合格 |
| 5 | 高洋 | 94 | 64 | 76 | 0 | 合格 |
| 6 | 郭明明 | 55 | 88 | 87 | 1 | 不合格 |
| 7 | 田亮 | 68 | 79 | 62 | 0 | 合格 |
| 8 | 关辉 | 72 | 94 | 58 | 1 | 不合格 |

图 4-117　IF()函数应用举例

选中 G2 单元格，输入公式："= IF(F2=0,"合格","不合格")。然后拖动 G2 的填充柄到 G8 单元格，完成操作。

（9）RANK 函数。

语法格式：RANK（数字或单元格地址，区域或数字列表，排位方式）

功能：返回一个数字在区域或数字列表中的排位数。

参数说明：

①"数字或单元格地址"是需要排位的数字。"区域"中的非数字型参数将被忽略。

②"排位方式"是一个数字，如果值为 0（零）或省略，Excel 对数字是按照降序方式排位；如果值不为零，对数字是按照升序方式排位。

函数 RANK 对重复数字的排位相同，但重复数字的存在将影响后续数字的排位。

**例 4-12**　在如图 4-118 所示的"学生成绩表"中，根据总分排名次。

选定 G2 单元格，输入公式"= RANK（F2,$F$2:$F$8）"，结果为 3，即 F2 在单元格区域 $F$2:$F$8 中排位第 3，拖动 F2 的填充柄到 F8 单元格，完成按照总分进行排名次。

**2．函数的使用方法**

（1）手工输入函数。单击某个单元格，直接输入带函数的公式，按【Enter】键，则在单元格中显示公式的运算结果。

当输入了函数名和第一个括号后，Excel 将提示该函数的参数设置，如图 4-119 所示。

| | G2 | | | fx | = RANK(F2,$F$2:$F$8) | | |
|---|---|---|---|---|---|---|---|
| | B | C | D | E | F | G | H |
| 1 | 姓名 | 英语 | 高数 | 计算机 | 总分 | 名次 | |
| 2 | 沈杰 | 85 | 80 | 70 | 235 | 3 | |
| 3 | 王清 | 75 | 85 | 90 | 250 | 1 | |
| 4 | 于海晨 | 60 | 90 | 92 | 242 | 2 | |
| 5 | 高洋 | 94 | 64 | 76 | 234 | 4 | |
| 6 | 郭明明 | 55 | 88 | 87 | 230 | 5 | |
| 7 | 田亮 | 68 | 79 | 62 | 209 | 7 | |
| 8 | 关辉 | 72 | 94 | 58 | 224 | 6 | |

图 4-118　RANK()函数应用举例

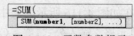

图 4-119　函数参数提示

（2）使用工具栏中的"自动求和"按钮Σ·。工具栏中的"自动求和"按钮可以进行函数的快速操作，其下拉菜单中包含了求和、平均值、计数、最大值、最小值等函数。直接单击该按钮，进行求和操作；如果要选择其他函数，可以单击该按钮右侧的黑色小三角，打开下拉菜单。"自动求和"按钮的使用方法如下。

①选中要进行计算的单元格区域，单击该按钮或从下拉菜单中选择所需的函数，则下一个单元格（或区域）将出现计算结果。

例如，在如图 4-120 所示的表中，先选定 C2:E2 单元格区域，单击"自动求和"按钮，系统会自动选择同行右侧第一个空白单元格 F2 存入求和的公式及结果，可以在 F2 单元格中看到计算结果 235，编辑栏中显示的公式为"＝SUM（C2:E2）"。

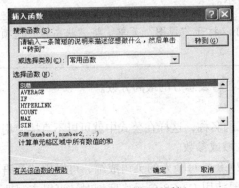

图 4-120　使用自动求和按钮

② 也可以先选定公式单元格，再单击"自动求和"按钮，系统会根据工作表中的数据分布情况自动选定适当的单元格区域（如同行或同列）作为函数的参数。例如，在上例中先选定 F2 单元格，然后单击"自动求和"按钮，可以看到 C2:E2 单元格区域被虚线框包围，即系统自动选定了 C2:E2 单元格区域，用户可以在此时按【Enter】键确定选择区域，也可以重新选择（或修改）区域作为函数参数。

**3. 使用"插入函数"按钮**

Excel 的函数有数十种，人们很难记住每一个函数的功能和使用方法，为此，Excel 提供了方便、易学的函数向导功能，可以一步步地引导用户正确使用函数。"函数向导"按钮也叫做"插入函数"按钮，按钮的操作方法如下。

（1）在"插入函数"对话框中选择函数。选定要输入公式的单元格后，单击插入函数按钮或执行"插入"→"函数"命令或者按组合键【Shift＋F3】，都会弹出如图 4-121 所示的"插入函数"对话框，在"选择类别"下拉列表中选择所需要的函数类别，然后在"选择函数"列表框中选择所需要的函数，单击"确定"按钮。

（2）在"函数参数"对话框中确定作为函数参数的单元格区域。在"函数参数"对话框中可以直接输入函数的参数，也可以单击参数编辑右端的缩放按钮，缩小"函数参数"对话框，在工作表中选择单元格区域，再单击缩放按钮，恢复"函数参数"对话框，如图 4-122 所示。

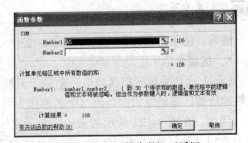

图 4-121　"插入函数"对话框　　　　　　图 4-122　"函数参数"对话框

在对话框下方显示出该函数的功能及其参数类型。如果对函数的用途不够了解，可以单击"有关该函数的帮助"链接，将得到更详细的解释。

（3）单击"确定"按钮，即可以把函数输入到公式单元格中，并显示结果。

**例 4-13**　在学生成绩表中，利用"插入函数"按钮求每门课程的平均分，结果显示在 C9:E9

单元格区域中。

操作步骤如下。

（1）选定 C9 单元格，单击"插入函数"按钮，如图 4-123 所示。

（2）在"插入函数"对话框中选择"常用函数"类型，然后在"选择函数"列表框中选定"AVERAGE"函数，单击"确定"按钮。

（3）在"函数参数"对话框中单击缩放按钮缩小对话框，在工作表中选择单元格区域 C2:C8，按【Enter】键展开对话框，单击"确定"按钮，此时英语的平均成绩出现在 C9 单元格中，同时在编辑栏中显示公式"= AVERAGE（C2:C8）"，如图 4-124 所示。

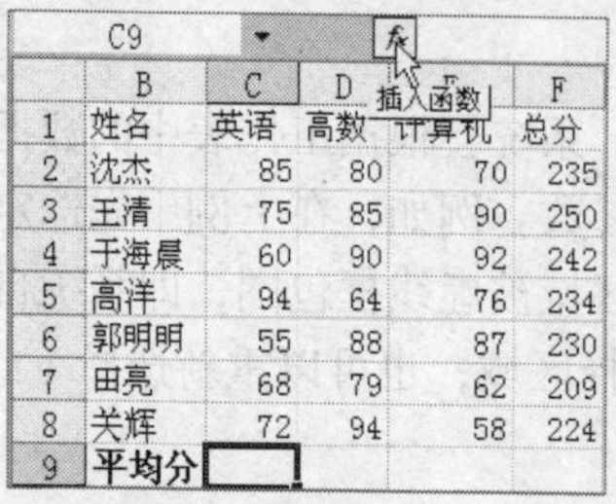

图 4-123　使用插入函数

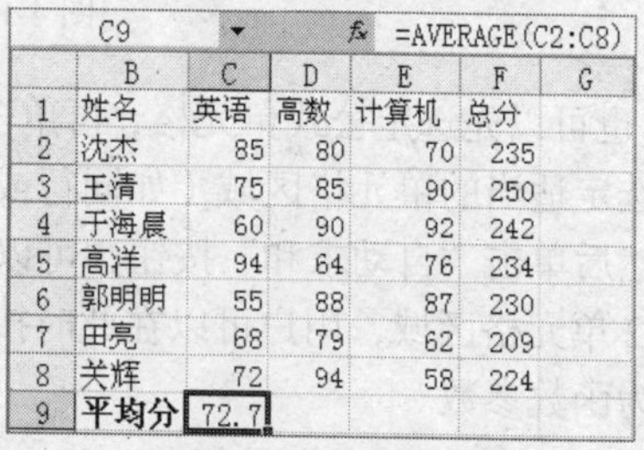

图 4-124　计算完成效果

（4）拖动 C9 的填充柄到 E9 单元格，则高数和计算机的平均分出现在 D9:E9 单元格中。

### 4. 自动计算功能

Excel 还提供了自动计算功能，用户只要选择了需要计算的单元格区域，就可以在状态栏上快速得到运算结果，操作步骤如下。

（1）选定要进行运算的单元格区域。

（2）在状态栏上单击鼠标右键，出现自动计算快捷菜单，其中包括各种计算命令。选择其中的一项计算命令，计算结果将显示在状态栏中，如图 4-125 所示。

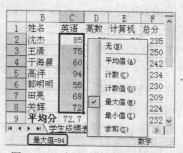

图 4-125　自动计算功能快捷菜单

　提示　如果当前窗口中没有显示出状态栏，可以打开"视图"菜单，将"状态栏"选项设置为显示。

练习：使用自动计算功能，在图 4-123 中，计算各科及总分的最高分数。

### 5. 区域名称

Excel 允许为单元格区域取一个易于识别和记忆的名称，这样在公式中就可以不直接使用单元格地址或区域地址，而是用这个名称作为引用的区域或参数。

例如，在图 4-123 所示的表中，单元格区域 C2:C8 是每个人的英语成绩，可以用"英语"作为 C2:C8 单元格区域的名称。当在公式或函数中要使用 C2:C8 单元格区域时，可以直观地用"英语"来表示这个区域，如求平均值公式可以写为："= AVERAGE（英语）"。

（1）区域名称的命名规则。

① 名称的首字符必须是中、英文字符或下划线，后面的字符可以是中英文字符、数字、下划线、句点和问号。

② 名称最长不超过 255 个字符。

③ 不能用单元格地址作名称，以免引起混淆。

④ 名称中的英文字母不区分大小写。

（2）定义区域名称的方法。先选择单元格区域，然后在名称框中输入要定义的区域名称；也可以执行"插入"→"名称"→"定义"命令，打开"定义名称"对话框中，在名称文本框中输入区域名称。

**例 4-14** 在学生成绩表中，为 C2:C8 单元格区域定义区域名称为"英语"，并用区域名称计算英语的平均值。

操作步骤如下。

（1）选定 C2:C8 单元格区域。

（2）单击名称框，输入"英语"，然后按【Enter】键，如图 4-126 所示。

（3）选定 C9 单元格，输入公式" = AVERAGE(英语)"（等价于" = AVERAGE(C2:C8)"），按【Enter】键，C9 单元格显示公式的结果，如图 4-127 所示。

图 4-126　定义区域名称　　　　图 4-127　使用区域名称　　　　图 4-128　用区域名称选择区域

当要选择 C2:C8 单元格区域时，可以单击名称框下拉列表，选择"英语"，如图 4-128 所示，则看到 C2:C8 单元格区域已经被选定。

## 4.4.3　公式校对和更正

在 Excel 中录入数据和公式后，难免会出现错误，对此，Excel 提供了强大的公式审核工具，能帮助用户查找更正错误。图 4-129 所示为"公式审核"工具栏，这里仅介绍"公式审核"工具栏上最常用的几个按钮。

（1）"追踪引用单元格"按钮。使用"追踪引用单元格"命令，可以显示在公式中引用的单元格。

例如，在"某企业招聘考试成绩"表中，激活 E4 单元格，单击"追踪引用单元格"按钮，公式中所引用的单元格上都会出现一个蓝色的圆点，同时有追踪箭头指向公式所在单元格，箭头代表数据的流向，如图 4-130 所示。

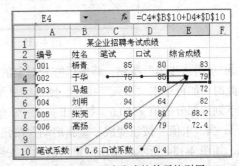

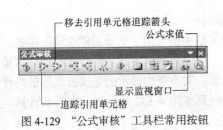

图 4-129　"公式审核"工具栏常用按钮　　　　图 4-130　跟踪公式的单元格引用

179

单击"移去引用单元格追踪箭头"按钮，取消公式的单元格引用追踪箭头。

（2）"显示监视窗口"按钮。选中某个包含公式的单元格后单击"显示监视窗口"按钮，弹出如图4-131所示的"监视窗口"对话框，单击"添加监视"按钮，可以选择对其公式进行监视。

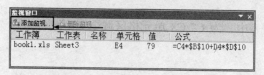

图4-131 "监视窗口"对话框

在"监视窗口"对话框中选择某一条监视，单击"删除监视"按钮，可将其在"监视窗口"中删除。

（3）"公式求值"按钮。"公式求值"的功能是帮助用户观察公式计算时各个部分的计算步骤。例如，要分析图4-130所示E4中的公式："＝C4*\$B\$10＋D4*\$D\$10"，操作步骤如下。

① 选中公式单元格E4，单击"公式求值"按钮，弹出"公式求值"对话框，左边"引用"处显示的是公式单元格E4的地址，"求值"文本框中显示了E4单元格中的公式，如图4-132所示。

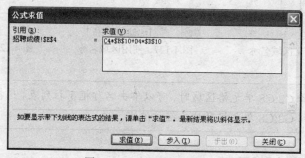

图4-132 公式求值过程之一

② 单击"步入"按钮，在"引用"处显示引用单元格的地址C4，在"求值"处显示上图带下划线部分C4的值，对应的数据是75，如图4-133所示。

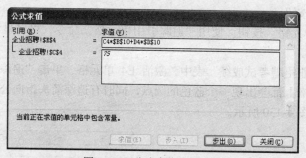

图4-133 公式求值过程之二

③ 单击"步出"按钮，将表示查看对象的下划线移到下一单元格\$B\$10。

此时，如再单击"步入"按钮，则继续显示B10单元格中的数值。如单击"求值"按钮，则计算下划线部分的值75*0.6。每单击一次"求值"按钮，可以查看该公式当前步骤的计算结果。

④ 当"求值"按钮变成"重新启动"按钮时，"求值"文本框中显示的是该公式的最终计算结果，如图4-134所示。单击"重新启动"按钮，则返回到如图4-132所示的状态重新计算。若不想重新计算，单击"关闭"按钮关闭对话框。

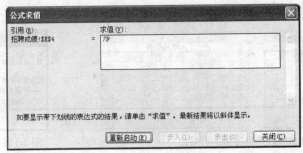

图 4-134 公式求值过程之三

# 4.5 数据管理和分析

## 4.5.1 数据的排序

排序是对工作表中的数据进行重新组织，以便可以直观地分析数据。Excel 可以对整个工作表进行排序，也可以在选定的单元格区域中进行排序。

### 1. 排序的基本原则

在系统默认情况下，数据升序排列依照下列原则。

（1）数字：按从最小的负数到最大的正数进行排序。

（2）日期：按从最早的日期到最晚的日期进行排序。

（3）文本：按照特殊字符、数字（0~9）、小写字母（a~z）、大写字母（A~Z）、汉字（按拼音排序）的顺序排序。

（4）逻辑值：FALSE 排在 TRUE 前面。

（5）空白单元格：总放在最后。

降序排序与升序排序的顺序相反。

### 2. 使用排序按钮进行简单排序

在"常用"工具栏中有两个排序工具按钮，一个是"升序排序"按钮 ，选择它可以将数据按从小到大的顺序排序；另一个是"降序排序"按钮 ，选择它可以将数据按从大到小的顺序排序。

下面介绍在"入学成绩表"中按"总分"成绩升序排序的操作方法。

（1）选定需要排序的全部区域，即 A2:F9 单元格区域，按【Tab】键，将活动单元格移动到要排序的列 F2 上（注意：区域内只能用【Enter】键或【Tab】键改变活动单元格），如图 4-135 左图所示。单击"升序排序"按钮，选定的区域就按"总分"成绩从小到大排序，结果如图 4-135 右图所示。

（2）也可以选择 F 列的任意一个单元格，单击"排序"按钮，系统也会对与其关联的单元格区域进行排序，排序结果与上面的操作相同。

（3）如果选定范围时只选定了一列，单击"升序排序"按钮，系统将弹出一个"排序警告"对话框，提示选择排序范围，如图 4-136 所示。若单击"扩展选定区域"单选按钮，则最后的排序效果与图 4-135 右图所示一样，若选定"以当前选定区域排序"单选按钮，则 Excel 只对选定区域的数据进行排序，其他单元格数据的位置不变。

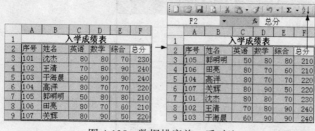

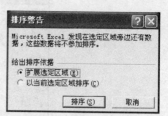

图 4-135　数据排序前、后对比　　　　图 4-136　"排序警告"对话框

### 3. 使用菜单命令进行多关键字排序

使用排序按钮只能按照一列的数据进行排序，如果需要对多个列进行排序，即有两个或两个以上的关键字，就需要在"排序"对话框中进行设置，且要排序的单元格区域应包含列标题。

对多关键字进行排序时，首先按主要关键字进行排序；在主要关键字完全相同的情况下，按照次要关键字排序；在次要关键字也完全相同时，再按照第三关键字排序。

例如，在"入学成绩表"中，按3个关键字进行排序。先按"总分"降序排序，"总分"相同再按"英语"降序排序，"总分"和"英语"都相同时，按"数学"降序排序，操作步骤如下。

（1）先选定包含列标题的排序区域，如图 4-137 所示，执行"数据"→"排序"命令。

（2）在弹出的"排序"对话框中，主要关键字选择"总分"，降序；次要关键字选择"英语"，降序；第三关键字选择"数学"，"降序"。在"我的数据区域"选项组中选定"有标题行"单选按钮，即数据包括"序号"、"姓名"等所在的列标题行，如图 4-138 所示。

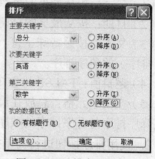

图 4-137　选定排序的区域　　　　图 4-138　"排序"对话框

（3）单击"确定"按钮后，排序后的结果如图 4-139 所示。

Excel 对中文词汇进行排序时，默认按汉字拼音顺序排序。在图 4-138 中单击"选项"按钮，弹出"排序选项"对话框，可以设置按汉字笔划排序，如图 4-140 所示。

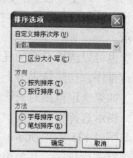

图 4-139　排序结果　　　　图 4-140　"排序选项"对话框

#### 4. 超过 3 个关键字数据的排序

在一般排序中，排序的关键字最多只能有 3 个。但如果要排序的数据表很大，可能要用到更多的关键字。如果对于有 5 个排序关键字的数据表进行排序，可以分两次排序，具体操作过程如下。

首先，确定主要关键字、次要关键字及第三、第四、第五关键字；然后，先按第四关键字和第五关键字进行第一次排序；排序完毕后，再按主要关键字、次要关键字和第三关键字进行第二次排序。

　　上述排序过程的先后顺序不能颠倒。

## 4.5.2　数据筛选

Excel 中提供的筛选功能为用户提供了一种方便、快捷的数据查询方法。通过筛选，可以将不符合条件的数据隐藏起来，只显示符合条件的数据。Excel 中有"自动筛选"和"高级筛选"两种筛选方式，这里介绍"自动筛选"。

通常，把一列数据称为一个字段，一行数据称为一条记录。下面以"入学成绩表"为例，介绍自动筛选的过程，具体操作如下。

（1）选定包括列标题行在内的单元格区域 A2:F9，如图 4-137 所示。

（2）执行"数据"→"筛选"→"自动筛选"命令，在每个列标题的右侧添加了一个筛选按钮。

（3）单击"英语"右边的下拉按钮，列出了可以筛选的项目，如图 4-141 所示。如果选择"80"，将只显示英语成绩是"80"的数据，隐藏其他数据，如图 4-142 所示。

筛选下拉列表中各选项的含义如下。

- 全部：取消该字段的筛选，显示全部记录。
- 前 10 个…：用于数字字段，如果选择此项，将弹出如图 4-143 所示的"自动筛选前 10 个"对话框，通过设置可以筛选出最大（或最小）的若干条记录。

图 4-141　自动筛选按钮

图 4-142　筛选结果

图 4-143　"自动筛选前 10 个"对话框

- 自定义：如果选择此项，将弹出"自定义自动筛选方式"对话框。在此对话框中设置自定义筛选条件，可以为一个字段项指定两个筛选条件。两个条件的组合方式有两种，即"与"和"或"。"与"是同时满足两个条件，记录才被筛选；"或"是只要满足其中一个条件，记录就被筛选出来。

例如，在"英语"字段下拉列表中选择"自定义…"选项，在对话框中设置的筛选条件为：库存"大于等于 60"且"小于等于 70"，用"与"连接，如图 4-144 所示，数据筛选结果如图 4-145 所示。

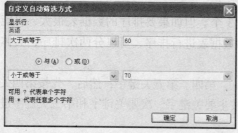

图 4-144 “自定义自动筛选方式”对话框

| | A | B | C | D | E | F |
|---|---|---|---|---|---|---|
| 1 | 入学成绩表 | | | | | |
| 2 | 序号 | 姓名 | 英语 | 数学 | 综合 | 总分 |
| 3 | 102 | 王清 | 70 | 80 | 90 | 240 |
| 4 | 103 | 于海晨 | 60 | 90 | 90 | 240 |

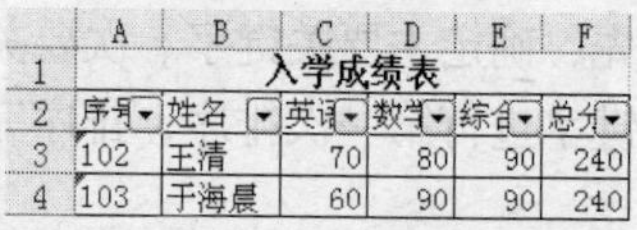

图 4-145 自定义自动筛选结果

要取消筛选，重新显示全部数据，执行“数据”→“筛选”→“自动筛选”（或全部显示）命令，则回到数据表的初始状态，显示全部数据。

## 4.5.3 数据的分类汇总

分类汇总是把数据表中的数据分门别类地统计处理，不需要建立公式，Excel 会自动对数据进行求和、求平均值等多种计算，并且分级显示汇总结果。

进行分类汇总的前提是：

（1）在要进行分类汇总的数据表中，各列必须有列标题；

（2）在汇总前必须先对数据进行排序，以便同类的数据记录集中到一起。

### 1. 创建分类汇总

分类汇总是对数据表中的某一列进行排序，然后分类汇总。这里以“职工工资表”为例，介绍按“部门”分类，对“基本工资”进行汇总（求和）的过程。

操作步骤如下。

（1）选定需要汇总的数据区（包括列标题），先按“部门”排序，如图 4-146 所示。

（2）执行“数据”→“分类汇总”命令，弹出如图 4-147 所示的对话框。

| | A | B | C | D |
|---|---|---|---|---|
| 1 | 职工工资表 | | | |
| 2 | 工资号 | 部门 | 姓名 | 基本工资 |
| 3 | 502 | 工商 | 宋婉月 | 2986 |
| 4 | 508 | 工商 | 赵国强 | 2541 |
| 5 | 504 | 机械 | 田玲 | 4965 |
| 6 | 506 | 机械 | 付爽 | 2365 |
| 7 | 501 | 经济 | 杜林 | 3890 |
| 8 | 503 | 经济 | 于伟学 | 2789 |
| 9 | 509 | 经济 | 何雅杰 | 3698 |
| 10 | 505 | 生物 | 王春雷 | 1230 |
| 11 | 507 | 生物 | 孙洪涛 | 1987 |

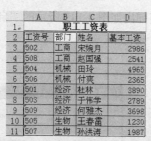

图 4-146 按部门进行排序

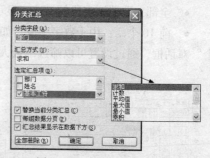

图 4-147 “分类汇总”对话框

（3）在“分类字段”下拉列表中选择分类字段，选择的数据列应该与之前排序的关键字相同，这里选择“部门”。

（4）在“汇总方式”下拉列表中选择统计函数名，这里选择“求和”。

（5）在“选定汇总项”列表框中给出各数值列，可以指定对其中某列数据进行汇总，这里只选择“基本工资”。

（6）“替换当前分类汇总”和“汇总结果显示在数据下方”复选框是默认选项。如果选中“每组数据分页”复选框，则在每组之前插入分页符，把每类数据分页显示。

（7）单击“确定”按钮，汇总后的结果如图 4-148 所示。

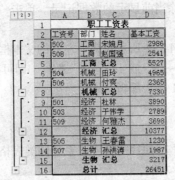

图 4-148　按品名分类汇总基本工资

#### 2. 分级显示数据

在分类汇总表的左侧上方可以看到 3 个按钮 ![1][2][3]。按钮下端是分级显示结构，其上有一个或几个按钮 ，单击这些按钮可以控制分类汇总表的显示级别。

单击按钮 1，只显示全部数据的汇总结果，如图 4-149 所示。

单击按钮 2，显示分类汇总结果与总的汇总结果，如图 4-150 所示。

图 4-149　单击按钮 1 的显示结果

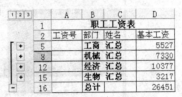

图 4-150　单击按钮 2 的显示结果

单击按钮 3，显示全部数据。

#### 3. 取消分类汇总

若要清除分类汇总，执行"数据"→"分类汇总"命令，在"分类汇总"对话框中单击"全部删除"按钮，即可取消全部分类汇总，恢复到原始数据。

### 4.5.4　使用记录单

Excel 提供了一个用于查看、修改工作表的数据"记录单"。这里以"职工工资表"为例，介绍"记录单"的使用方法。

选中数据表内的任一单元格，执行"数据"→"记录单"命令，弹出如图 4-151 所示的记录单对话框，可以单击"上一条"、"下一条"按钮，或者使用滚动条查看数据记录。

图 4-151　记录单对话框

图 4-152　输入条件，查看数据

单击"删除"按钮，可以删除当前显示的数据记录。单击"新建"按钮，可以在数据表末尾添加新数据记录。

单击"条件"按钮，在如图 4-152 所示对话框左侧的文本框中输入查看条件，如在"部门"文本框中输入"经济"，单击"上一条"或"下一条"按钮，即可查看所有部门为"经济"的数据。

单击"关闭"按钮，返回到工作表编辑状态。

### 4.5.5　合并计算

通过分级管理来处理各种数据，往往需要将一系列同类表格数据合并成为一个数据表格，这就需要用到 Excel 的"合并计算"功能。

下面以某家电连锁总店统计各分店销售量为例介绍"合并计算"的操作过程，具体步骤如下。

（1）首先打开所有要合并计算的工作簿，这里打开了 3 个连锁店的销售统计工作簿，如图 4-153 所示。

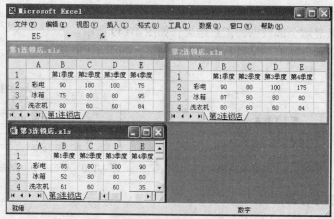

图 4-153　合并计算前的所有工作簿

（2）新建一个空白工作簿，执行"数据"→"合并计算"命令，打开"合并计算"对话框，如图 4-154 所示。因为本例中要统计总的销售量，所以在"函数"下拉列表中选择"求和"。

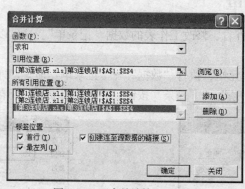

图 4-154　"合并计算"对话框

（3）在"引用位置"文本框中输入第 1 个表的数据区域（可以单击引用位置文本框右侧的缩放按钮，在工作表中用鼠标拖动方式选取相应的区域），单击"添加"按钮将其加入到"所有引用位置"列表框中，用同样的方法将其他两个工作簿中的相应数据区域添加到"所有引用位置"列表框中。

（4）在"标签位置"选项组中选中"首行"和"最左列"两个复选框，这样可以在合并后的数据表中显示所有分店数据表共同的行标题和列标题。如果在新数据表中使用新标题，可以不选中这两个复选框。

（5）如选中"创建连至源数据的链接"复选框，则合并后的数据表将随着子表中的数据变化而自动更新。

（6）单击"确定"按钮，合并计算后的数据表如图 4-155 所示。

单击分级显示按钮 ² ，显示明细数据结果，如图 4-156 所示。

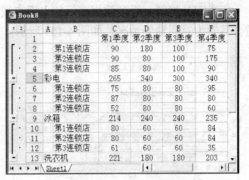

图 4-155　合并计算举例　　　　　　　图 4-156　分级显示明细数据结果

# 4.6　制　作　图　表

图表以图形化的方式显示工作表中的数据内容，具有直观、方便的特点。图表使平面的数据立体化，有助于用户分析数据、比较不同数据之间的差异以及预测数据的变化趋势。图表依据的是工作表中的数据，当工作表中的数据改变时，图表会自动更新。

图表的组成元素如图 4-157 所示。

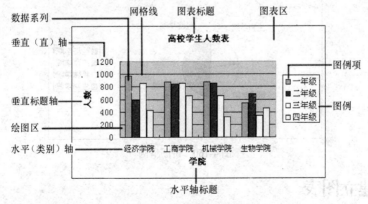

图 4-157　图表组成元素

## 4.6.1　图表类型

Excel 提供了 14 种标准图表类型，每种图表类型都有几种不同的子类型。图表类型的选择是很重要的，选择一个能最佳表现数据的图表类型，有助于更清晰地反映数据的差异和变化。下面介绍几种常用的二维图表类型。

### 1. 柱形图

柱形图又称为直方图，是最常用的图形，它主要反映几个系列（如一年级、二年级、三年级、四年级）的差异，如图 4-157 所示。

### 2. 条形图

条形图是柱形图的 90°旋转，横轴为数值，纵轴为分类。条形图适用于各数据间的比较，尤其是单一系列数据的比较，如图 4-158 所示。

### 3. 折线图

折线图是将同一系列数据表示的点用直线连接起来，反映数据的变动情况及变化趋势，特别适合横轴为时间轴的情况，如图 4-159 所示。

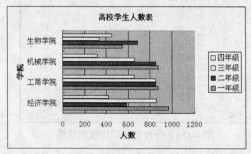

图 4-158　条形图举例

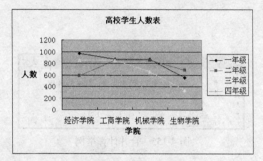

图 4-159　折线图举例

### 4. 饼图

饼图只能展示一个系列的数据，它反映该系列中各数据在总体中所占的比例，如果几个系列同时被选中，它只显示其中一个系列的数据。这种图最适合反映数据的比例关系，如图 4-160 所示。

Excel 的二维图形还有面积图、XY 散点图、气泡图、雷达图等，三维图形有三维曲面图、圆柱图、圆锥图等。

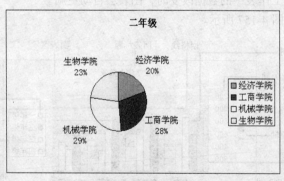

图 4-160　饼图举例

## 4.6.2　建立图表

下面以"高校学生人数表"为例，介绍图表的制作方法。

（1）选定图表的数据区域。用于制作图表的数据区域可以是连续的，也可以是不连续的。如果区域中第一行为列标题，并且最左列也为行标题，要将它们标注在图上，则选定数据区域时，应将它们选择在内。在本例中选择 A2:E6 单元格区域，如图 4-161 所示。

（2）启动"图表向导"。执行"插入"→"图表"命令，或单击"常用"工具栏中的"图表向导"按钮▥，弹出"图表向导"对话框，如图 4-162 所示。

图 4-162　"图表向导—图表类型"对话框

| | A | B | C | D | E |
|---|---|---|---|---|---|
| 1 | 高校学生人数表 | | | | |
| 2 | | 经济学院 | 工商学院 | 机械学院 | 生物学院 |
| 3 | 一年级 | 967 | 874 | 874 | 547 |
| 4 | 二年级 | 586 | 850 | 852 | 688 |
| 5 | 三年级 | 857 | 854 | 654 | 341 |
| 6 | 四年级 | 426 | 654 | 321 | 456 |

图 4-161　选定图表的单元格区域

（3）选择图表类型。在"图表类型"列表框中选择图表类型，在对话框的右侧选择子图表类型，单击"下一步"按钮。

（4）选择源数据。进入"图表源数据"对话框后，在"数据区域"选项卡中会显示当前选择的数据区域，用户可以修改该区域，并确认"系列产生在"在"行"或"列"上，如图 4-163 所示。单击"系列"选项卡，可以设定各个系列的名称、引用位置、图表的分类轴（横坐标）等，如图 4-164 所示。完成后，单击"下一步"按钮。

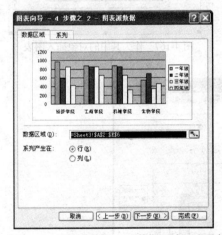

图 4-163　图表源数据 —"数据区域"选项卡

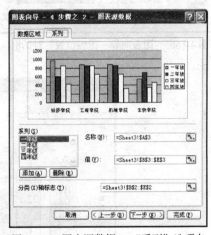

图 4-164　图表源数据 —"系列"选项卡

（5）设置图表选项。在"图表选项"对话框中，可以进行"图表标题"、"分类（X）轴"和"分类（Y）轴"的设置，如图 4-165 所示。

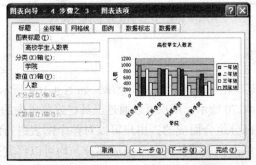

图 4-165　图表选项 —"标题"选项卡

还可以在其他选项卡下对图表进行更细致的设置，如在"坐标轴"选项卡中，可以设定 X 轴和 Y 轴的坐标分量；在"网格线"选项卡中设定图表的网格线；在"图例"选项卡中设置图例在图表中的位置等。完成后，单击"下一步"按钮。

（6）确定图表位置。在"图表位置"对话框中提供了两种图表位置方式：嵌入图表和独立图表，如图 4-166 所示。

"作为其中的对象插入"是生成嵌入图表，表示将图表以"嵌入"的方式插入当前的工作表中，如图 4-167 所示。"作为新工作表插入"是生成独立图表，表示将该图表作为一张单独的工作表插入工作簿中，此时工作簿窗口的工作表标签将增加一个新的标签，如图 4-168 所示。单击"完成"按钮即可建立图表。

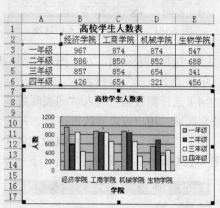

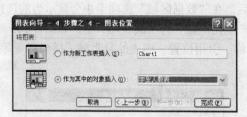

图 4-166  "图表向导—图表位置"对话框

图 4-167  作为其中的对象插入图表

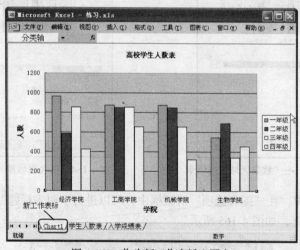

图 4-168  作为新工作表插入图表

### 4.6.3  编辑图表

当图表被选中时，在菜单栏中出现"图表"菜单，如图 4-169 所示。工具栏中的"图表"工具各选项变为可用，如图 4-170 所示。用户可以通过工具栏或菜单中的命令对图表进行修改。

实际上图表是由很多部分组合而成的，用户可以对整个图表进行编辑，也可以对图表的某个部分进行编辑。用鼠标单击图表的任何一个组成部分，均可以将其选中，如选中图例、网格线、标题等。

**1. 选择图表区域**

（1）选择整个图表。单击图表的空白区，在图表边框上的 4 个边与 4 个角各出现一个方块，称为控制点，此时图表被选中，如图 4-167 所示。同时，在主菜单中增加了"图表"菜单项，以适应图表的编辑。

图 4-169　"图表"菜单

图 4-170　"图表"工具栏

（2）用鼠标选择图表中的区域与图项。

① 选择绘图区。单击图中坐轴标 X 与坐轴标 Y 之间的空白区，该区域周围出现 8 个控制点，如图 4-171 所示。

② 选择数据系列。单击图中某一系列中的一个图项，在系列的每一个图项上就会出现一个控制点，表示该系列被选择，如图 4-172 所示。

图 4-171　选择绘图区

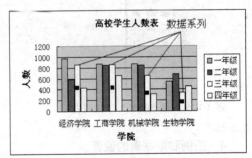

图 4-172　选择数据系列

③ 选择系列中的某个数据。在选中数据系列的情况下，单击选中系列中的某一个数据点（即一个小矩形对应一个单元格的数据），在图项边上就会有控制点，如图 4-173 所示。

④ 其他。可以单击图例、分类轴或数值轴、网格线、标题等作为编辑对象，选中后总有小方框出现在两端或四边，标明被选区域或成分。另外，也可按←、→、↑、↓方向键在各项之间选择。

（3）从工具栏的"图表对象"下拉列表中选择。选中图表后，打开"图表"工具栏中的"图表对象"下拉列表，可以从中选择想要编辑的图表对象，如图 4-174 所示。

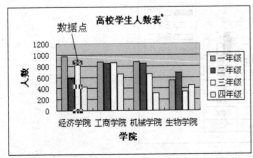

图 4-173　选中数据点

图 4-174　"图表对象"下拉列表

### 2. 图表的移动、缩放和删除

（1）移动图表。选中图表后，将鼠标指针指向图表空白处，按下鼠标左键拖动图表，此时鼠标指针显示为十字箭头，并有一虚线框随鼠标移动，到合适位置松开鼠标左键即可。

（2）缩放图表。单击图表，然后将鼠标指针移动到图表边框的控制点上，拖动控制点就可实现图表在该方向的放大与缩小。

（3）删除图表。选中图表，按【Delete】键即可将图表删除。

### 3. 更改图表类型

图表生成后，可以更改整个图表的图表类型，也可以为任何一个数据系列选择另一种图表类型，使图表变成组合图表。操作方法为：打开"图表"工具栏中的"图表类型"下拉列表，从中选择图表类型，如图 4-175 所示。也可以执行"图表"→"图表类型"命令，在打开的"图表类型"对话框中选择新的图表类型。

例如，在图 4-172 中，选择数据系列"一年级"，将其类型更改为折线项，更改后的组合图表效果如图 4-176 所示。

图 4-175 "图表类型"下拉列表

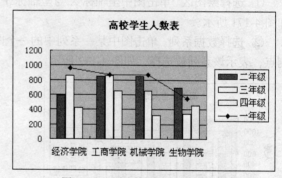

图 4-176 更改数据系列类型

### 4. 图例和数据表的设置

选中图表，执行"图表"→"图表选项"命令，打开"图表选项"对话框，在"图例"选项卡中将"显示图例"复选框选中，即可显示图例；在"数据表"选项卡中将"显示数据表"复选框选中，即可显示数据表。

单击"图表"工具栏上的"图例"按钮、"数据表"按钮，也可以显示或取消对图例和数据表的显示。同时显示图例和数据表的效果如图 4-177 所示。

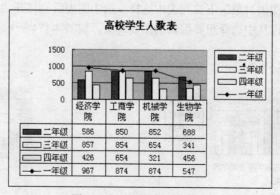

图 4-177 显示图例和数据表

#### 5. 标题和数据标志

（1）标题。"标题"分为"图表标题"和"坐标标题"。执行"图表"→"图表选项"命令，在弹出的"图表选项"对话框中选择"标题"选项卡（见图 4-165）。在其中可以加入或修改图表标题、分类（X）轴或数值（Y）轴的标题。

还可以单击标题，在标题的四周就会出现带控制点的框，称为"标题"框。在"标题"框中可以改变标题内容，也可以拖动"标题"框，将"标题"移至图表的任意位置。

（2）数据标志。在"图表选项"对话框中选择"数据标志"选项卡，在"数据标签包括"选项组中将"值"复选框选中，如图 4-178 所示，图表中数据系列或数据点上就会加上对应于 Y 轴的数值，如图 4-179 所示。

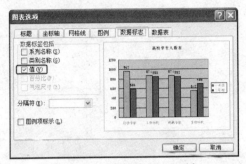

图 4-178 "数据标志"选项卡

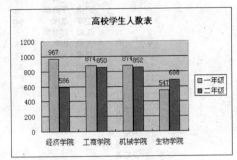

图 4-179 插入了数据标志的图表

#### 6. 在图表中删除、增加和修改数据系列

（1）删除数据系列。单击图表中某一系列中的一个图项，则在该系列的每一个图项上就会出现一个控制点，按【Delete】键就可以删除该数据系列。

（2）增加数据系列。在工作表中选择要增加的数据（要与原系列定义的数据在行或列上保持一致），执行"复制"命令，然后选中图表，再执行"粘贴"命令，图表中即增加新数据系列。

#### 7. 设置图表元素的选项

在图表中双击任何图表元素都会打开相应的格式对话框，在相应对话框中可以设置该图表元素的格式。

例如，双击图例，会打开"图例格式"对话框，如图 4-180 所示。在该对话框中可以设置图例的边框样式、颜色，图例的字体格式，图例在图表中的位置等。又如，双击图表中的坐标轴，会打开"坐标轴格式"对话框，如图 4-181 所示。在该对话框中可以设置坐标轴的线条样式、刻度、字体、对齐方式等。

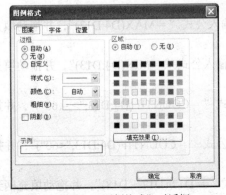

图 4-180 "图例格式"对话框

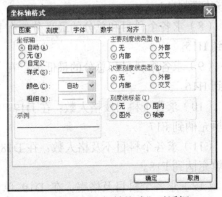

图 4-181 "坐标轴格式"对话框

# 4.7 综合练习——学生成绩表

建立一个如图 4-182 所示的"学生成绩表"，并完成如下操作。

| | A | B | C | D | E | F | G | H | I | J | K |
|---|---|---|---|---|---|---|---|---|---|---|---|
| 1 | 学生成绩表 | | | | | | | | | | |
| 2 | 制表时间： | | | | | | | | 制表人： | | |
| 3 | 序号 | 专业 | 姓名 | 英语 | 高数 | 计算机 | 平均分 | 总分 | 名次 | 不及格科目数 | 合格否 |
| 4 | 101 | 经济 | 沈杰 | 85 | 80 | 70 | | | | | |
| 5 | | 经济 | 王清 | 75 | 85 | 90 | | | | | |
| 6 | | 经济 | 于海晨 | 60 | 90 | 92 | | | | | |
| 7 | | 工商 | 高洋 | 94 | 64 | 76 | | | | | |
| 8 | | 工商 | 郭明明 | 55 | 88 | 87 | | | | | |
| 9 | | 工商 | 田亮 | 68 | 79 | 62 | | | | | |
| 10 | | 机械 | 关辉 | 72 | 94 | 58 | | | | | |
| 11 | | 机械 | 张国强 | 80 | 60 | 60 | | | | | |
| 12 | | 生物 | 李时 | 69 | 65 | 84 | | | | | |
| 13 | | 生物 | 郑民 | 78 | 56 | 55 | | | | | |
| 14 | 平均分 | | | | | | | | | | |
| 15 | 最高分 | | | | | | | | | | |
| 16 | 最低分 | | | | | | | | | | |
| 17 | 及格人数 | | | | | | | | | | |
| 18 | 不及格人数 | | | | | | | | | | |
| 19 | 及格率 | | | | | | | | | | |

图 4-182 "学生成绩表"初表

## 1. 统计计算

（1）填充序号：拖动 A4 单元格的填充柄到 A13。

（2）求每个人的平均分：在 G4 单元格输入公式"＝AVERAGE(D4:F4)"，然后拖动填充柄到 G13，保留两位小数。

（3）求每个人的总分：在 H4 单元格输入公式"＝SUM(D4:F4)"，并拖动填充柄到 H13。

（4）求每个人的名次：在 I4 单元格输入公式"＝RANK(H4,\$H\$4:\$H\$13)"，并拖动填充柄到 I13。

（5）求每个人的不及格的科目数：在 J4 单元格输入公式"＝COUNTIF(D4:F4,"<60")"，并拖动填充柄到 J13。

（6）是否合格：所有科目都及格为"合格"，否则为"不合格"。在 K4 单元格输入公式"＝IF(J4>0,"不合格","合格")"，并拖动填充柄到 K13。

（7）求各个科目和总分的平均值：在 D14 单元格输入公式"＝AVERAGE(D4:D13)"，并拖动填充柄到 H14。

（8）求各个科目和总分的最高分：在 D15 单元格输入公式"＝MAX(D4:D13)"，并拖动填充柄到 H15。

（9）求各个科目和总分的最低分：在 D16 单元格输入公式"＝MIN(D4:D13)"，并拖动填充柄到 H16。

（10）求各个科目及格人数：在 D17 单元格输入公式"＝COUNTIF(D4:D13,">＝60")"，并拖动填充柄到 F17。

（11）求各个科目不及格人数：在 D18 单元格输入公式"＝COUNTIF(D4:D13,"<60")"，并拖动填充柄到 F18。

（12）求各个科目及格率：在 D19 单元格输入公式"＝D17/(D17＋D18)"，并拖动填充柄到 F19，使用百分比格式。

### 2. 表格格式化

（1）选中单元格区域 A1:K1，合并居中，将"学生成绩表"设置为 18 磅、隶书、红色。

（2）选中单元格区域 A3:K19，给表格（每个单元格）加边框，数据居中显示。

（3）合并 B2:C2 单元格区域，并按【Ctrl + ;】组合键，输入当前日期。

"学生成绩表"完成后的效果如图 4-183 所示。

| | A | B | C | D | E | F | G | H | I | J | K |
|---|---|---|---|---|---|---|---|---|---|---|---|
| 1 | | | | | | 学生成绩表 | | | | | |
| 2 | 制表时间: | 2012-10-25 | | | | | | | | 制表人:计算机基础 | |
| 3 | 序号 | 专业 | 姓名 | 英语 | 高数 | 计算机 | 平均分 | 总分 | 名次 | 不及格科目数 | 合格否 |
| 4 | 101 | 经济 | 沈杰 | 85 | 80 | 70 | 78.33 | 235 | 3 | 0 | 合格 |
| 5 | 102 | 经济 | 王清 | 75 | 85 | 90 | 83.33 | 250 | 1 | 0 | 合格 |
| 6 | 103 | 经济 | 于海晨 | 60 | 90 | 92 | 80.67 | 242 | 2 | 0 | 合格 |
| 7 | 104 | 工商 | 高洋 | 94 | 64 | 76 | 78.00 | 234 | 4 | 0 | 合格 |
| 8 | 105 | 工商 | 郭明明 | 55 | 88 | 87 | 76.67 | 230 | 5 | 1 | 不合格 |
| 9 | 106 | 工商 | 田亮 | 68 | 79 | 62 | 69.67 | 209 | 8 | 0 | 合格 |
| 10 | 107 | 机械 | 关辉 | 72 | 94 | 58 | 74.67 | 224 | 6 | 1 | 不合格 |
| 11 | 108 | 机械 | 张国强 | 80 | 60 | 60 | 66.67 | 200 | 9 | 0 | 合格 |
| 12 | 109 | 生物 | 李时 | 69 | 65 | 84 | 72.67 | 218 | 7 | 0 | 合格 |
| 13 | 110 | 生物 | 郑民 | 78 | 56 | 55 | 63.00 | 189 | 10 | 2 | 不合格 |
| 14 | 平均分 | | | 73.6 | 76.1 | 73.4 | 74.37 | 223.1 | | | |
| 15 | 最高分 | | | 94 | 94 | 92 | 83.33 | 250 | | | |
| 16 | 最低分 | | | 55 | 56 | 55 | 63 | 189 | | | |
| 17 | 及格人数 | | | 9 | 9 | 8 | | | | | |
| 18 | 不及格人数 | | | 1 | 1 | 2 | | | | | |
| 19 | 及格率 | | | 90% | 90% | 80% | | | | | |

图 4-183　学生成绩表完成效果

### 3. 数据管理和分析

（1）分类汇总各专业平均分。

首先按专业排序，选中单元格区域 A3:K13，选择"数据"→"排序"命令，在"排序"对话框的"主要关键字"下拉列表中选择"专业"，并选择"升序"，单击"确定"按钮。

再选中单元格区域 A3:K13，选择"数据"→"分类汇总"命令，在"分类字段"下拉列表中选择"专业"，在"汇总方式"下拉列表中选择"平均值"，在"选定汇总项"列表框中选择需要汇总的字段有：英语、高数、计算机、平均分、总分，如图 4-184 所示。单击"确定"按钮，完成对各平均分的汇总。

单击层次按钮 2，可以很方便地比较各专业的平均分，如图 4-185 所示。

图 4-184　按专业汇总平均分

| 1 2 3 | | A | B | C | D | E | F | G | H |
|---|---|---|---|---|---|---|---|---|---|
| | 1 | | | | 学生成绩表 | | | | |
| | 2 | 制表时间: | 2012-10-25 | | | | | | |
| | 3 | 序号 | 专业 | 姓名 | 英语 | 高数 | 计算机 | 平均分 | 总分 |
| + | 7 | 经济 平均值 | | | 73.3 | 85.0 | 84.0 | 80.8 | 242.3 |
| + | 11 | 工商 平均值 | | | 72.3 | 77.0 | 75.0 | 74.8 | 224.3 |
| + | 14 | 机械 平均值 | | | 76.0 | 77.0 | 59.0 | 70.7 | 212.0 |
| + | 17 | 生物 平均值 | | | 73.5 | 60.5 | 69.5 | 67.8 | 203.5 |
| - | 18 | 总计平均值 | | | 73.6 | 76.1 | 73.4 | 74.4 | 223.1 |

图 4-185　按专业分类汇总平均分的结果

（2）利用自动筛选功能，筛选出不合格学生的名单，如图 4-186 所示。

| | A | B | C | D | E | F | G | H | I | J | K |
|---|---|---|---|---|---|---|---|---|---|---|---|
| 1 | | | | | | 学 生 成 绩 表 | | | | | |
| 2 | 制表时间: | 2012-10-25 | | | | | | | | 制表人：计算机基础 | |
| 3 | 序号 ▼ | 专业▼ | 姓名▼ | 英语▼ | 高数▼ | 计算▼ | 平均分▼ | 总分▼ | 名i▼ | 不及格科目▼ | 合格▼ |
| 8 | 105 | 工商 | 郭明明 | 55.0 | 88.0 | 87.0 | 76.7 | 230.0 | 5 | 1 | 不合格 |
| 10 | 107 | 机械 | 关辉 | 72.0 | 94.0 | 58.0 | 74.7 | 224.0 | 6 | 1 | 不合格 |
| 13 | 110 | 生物 | 郑民 | 78.0 | 56.0 | 55.0 | 63.0 | 189.0 | 10 | 2 | 不合格 |

图 4-186 筛选出不合格学生的名单

（3）根据各科平均分，插入一张嵌入式图表，如图 4-187 所示。

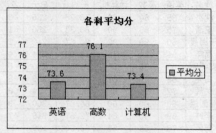

图 4-187 各科平均分图表

# 4.8 Excel 2010 简介

## 4.8.1 Excel 2010 的工作界面

Microsoft Excel 2010 的外观与 Excel 2003 有较大差别，Excel 2010 完全抛弃了以往的下拉式菜单，做成了更加直观的标签式菜单，大大方便了用户的操作。尤其对于新手来说，完全能在"零"时间内上手操作。Excel 2010 的工作界面如图 4-188 所示。

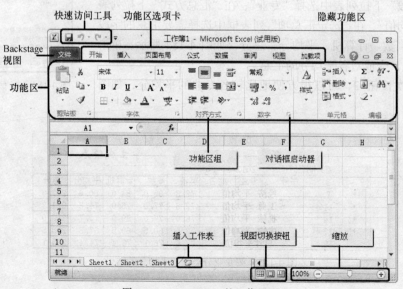

图 4-188 Excel 2010 的工作界面

## 4.8.2　Excel 2010 操作的新特点

#### 1. 快速访问工具栏

Excel 程序窗口左上角的快速访问工具栏提供了指向经常使用的命令的快捷方式。通过在此工具栏中添加按钮，可以始终看到常用的所有命令，即使切换功能区选项卡时也是如此。单击快速访问工具栏旁边的下拉箭头，可打开"自定义快速访问工具栏"快捷菜单，单击菜单中的相应命令，可以打开或关闭快捷菜单上列出的命令，如图 4-189 所示。

如果要添加的命令未出现在上面的列表中，则切换到相应按钮所在的功能区选项卡，然后在其中右键单击该按钮，在出现的快捷菜单上单击"添加到快速访问工具栏"，如图 4-190 所示。

图 4-189　自定义快速访问工具栏

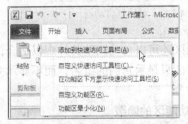

图 4-190　添加命令到快速访问工具栏

#### 2. 功能区（代替了菜单和工具栏）

在 Excel 2010 中，一个较宽的带形区域横跨主程序窗口顶部，这是功能区，它替代了旧版本中的菜单和工具栏。功能区上的每个选项卡都具有不同的按钮和命令，这些按钮和命令又细分为功能区组。

例如，当打开 Excel 2010 时，将显示出功能区的"开始"选项卡。此选项卡包含 Excel 中最常用的命令，系统默认将其划分为 7 个功能区组：剪贴板、字体、对齐方式、数字、样式、单元格和编辑。注意最右端的命令，位于"单元格"和"编辑"组中的命令，初次使用时，这些命令很容易被遗漏。如在"单元格"组中，可找到用于插入、删除和格式化工作表、行和列的命令，如图 4-191 所示。在"编辑"组中，可找到"自动求和"按钮以及用于填充和清除单元格的命令，如图 4-192 所示。

图 4-191　"单元格"组的插入菜单

图 4-192　"清除"菜单

有些功能区组标签旁有对话框启动器图标，单击它可以打开一个包含针对该组更多选项的对话框。例如，单击"对齐方式"组的对话框启动器，如图4-193所示，可以打开"设置单元格格式"对话框，如图4-194所示。

图4-193　对话框启动器

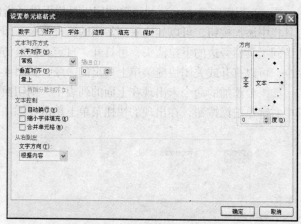

图4-194　"设置单元格格式"对话框

功能区还可以自动调整其外观以适合计算机的屏幕大小和分辨率。在较小的屏幕上，一些功能区组可能只显示它们的组名，而不显示命令。在此情况下，只需单击组按钮上的小箭头，即可显示出命令。

### 3. 功能区的隐藏

单击功能区最小化按钮，或按【Ctrl+F1】组合键，可以隐藏功能区，仅显示功能区上选项卡的名称，在屏幕上留出更多的编辑空间，如图4-195所示。

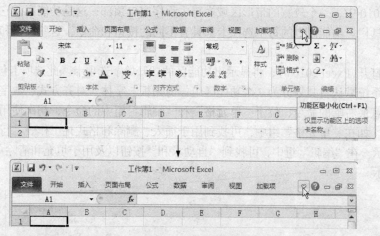

图4-195　隐藏功能区

### 4. 创建自己的功能区选项卡或组

用户可自定义功能区命令，将按钮放在希望它们出现的功能区组中，或者创建自定义的功能区选项卡。方法是：右键单击任何功能区组，然后单击"自定义功能区"，如图4-196所示。在出现的"Excel选项"对话框中，即可将命令添加到自己的选项卡或组中。

单击"新建选项卡"或"新建组"按钮，可以建立新的选项卡或组，如果操作出错，则可使用"重置"按钮，重置所有自定义内容并恢复到默认设置，如图4-197所示。

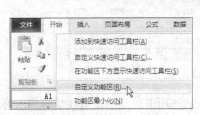

图 4-196 选择"自定义功能区" 图 4-197 "自定义功能区"对话框

### 5. 视图切换与缩放

在 Excel 2010 状态栏的右侧,依次为视图切换按钮、缩放级别显示和显示比例调整滑块,如图 4-198 所示。视图切换按钮包括:普通、页面布局和分页预览 3 个按钮。单击缩放级别按钮,打开"显示比例"对话框,可以选择一个缩放级别,也可以左右拖动滑块,改变显示比例,如图 4-199 所示。

图 4-198 Excel 状态栏 图 4-199 "显示比例"对话框

### 6. "工具"|"选项"的操作

打开 Excel 2010"选项"对话框的方法是:单击"文件"选项卡,选择"选项"命令,如图 4-200 所示。打开的"选项"对话框如图 4-201 所示。

图 4-200 "文件"选项卡 图 4-201 Excel 2010"选项"对话框

### 7. 快捷键提示

Excel 2010 为功能区提供了快捷键提示功能，以便用户可以在不用鼠标的情况下快速执行任务。

操作方法是：按 "Alt" 键可在功能区上显示出快捷键提示，若要使用键盘切换到功能区上的某一选项卡，则按与该选项卡下显示的字母相对应的键。例如，按下 "N" 键打开 "插入" 选项卡，按下 "P" 键打开 "页面布局" 选项卡，按下 "M" 键打开 "公式" 选项卡等，如图 4-202 所示。

图 4-202　快捷键提示

当通过此方法切换到功能区上的某一选项卡后，该选项卡可用的所有快捷键提示都将出现在屏幕上，按下与要使用的命令相对应的最后一些按键来完成输入序列。开始选项卡下的快捷键如图 4-203 所示。若要在输入按键序列的过程中退回一级，可按 Esc 键。连续多次执行此操作将取消快捷键提示模式。

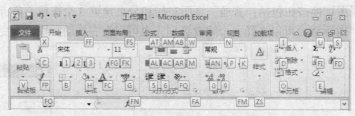

图 4-203　"开始" 选项卡的快捷键提示

## 4.8.3　Excel 2010 常用操作方法

Excel 2010 常用功能的操作方法见表 4-6。

表 4-6　　　　　　　　　　　　　Excel 2010 常用功能的操作方法

| 操作目标 | 选 项 卡 | 操作功能组 |
| --- | --- | --- |
| 创建、打开、保存、打印、预览、保护、发送及转换格式 | 文件 | Backstage 视图 |
| 在单元格、行和列中插入、删除、格式化或查找数据 | 开始 | 数字、样式、单元格、编辑 |
| 添加图表、数据透视表、迷你图、超链接或页眉和页脚 | 插入 | 表、图表、迷你图、链接、文本 |
| 设置页边距和分页符，指定打印区域或重复行 | 页面布局 | 页面设置、调整为合适大小 |
| 查找函数、定义名称或解决公式问题 | 公式 | 函数库、已定义名称、公式审核 |
| 数据排序、筛选数据、导入数据、链接到数据库或执行模拟分析 | 数据 | 排序和筛选、获取外部数据、连接、数据工具 |
| 检查拼写、审核和修订或保护工作簿 | 审阅 | 校对、批注、更改 |
| 在工作表视图或活动工作簿之间切换、排列窗口、冻结窗格或录制宏 | 视图 | 工作簿视图、窗口、宏 |

# 第 5 章
# 幻灯片制作软件 PowerPoint

PowerPoint 是 Office 组件中专门用于制作演示文稿（俗称幻灯片，扩展名为.PPT）的应用软件。其特点是易学、好用、方便，因而被广泛应用于各类会议报告、产品展示、教学课件、毕业答辩、公司培训、成果发布、专题讨论、网页制作、商业规划、项目管理、集体决策等场合。

借助于 PowerPoint，使用者可以把自己的想法、主张、成果、项目等轻松而快速地制作成内容丰富、层次分明、形象生动、图文并茂的高质量演示文稿、多媒体幻灯片，通过会议或网络与他人交流。

本章将通过详解制作实例，由浅入深地全面介绍 PowerPoint 2003 版演示文稿的编辑制作、放映管理、旁白录制、打包保存等方法和技巧，同时概要介绍 PowerPoint 2010 版的新特点。

## 5.1　演示文稿制作初步

演示文稿的制作通常有以下几个步骤。

（1）准备素材。主要是准备演示文稿中所需要的一些文字资料、图片、声音、动画等文件。

（2）确定方案。对演示文稿内容的整个构架层次作一个基本设计。

（3）初步制作。启动 PowerPoint，将文本、图片、声音等对象输入或插入相应的幻灯片中。

（4）装饰处理。设置幻灯片相关对象的格式，包括图文的位置、颜色、背景及动画效果等。

（5）预演播放。设置播放过程的相关命令，查看播放效果，修改满意后保存并正式播放。

通过下面两张幻灯片的制作实例，初学者可以初步了解演示文稿的制作过程。

### 5.1.1　制作标题幻灯片

一份演示文稿通常由一张"标题"幻灯片和若干张"普通"幻灯片组成。

启动 PowerPoint 后，系统默认的第一张幻灯片就是"标题幻灯片"，如图 5-1 所示。

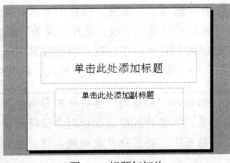

图 5-1　标题幻灯片

标题幻灯片的制作步骤如下。

（1）添加标题。单击"单击此处添加标题"占位符，输入标题字符（如"幻灯片制作方法1"）并选中输入的字符，利用"格式"工具栏中的"字体"、"字号"、"字体颜色"按钮设置好标题的相关要素（如黑体、绿色、60号字、加粗）。

（2）添加副标题。单击"单击此处添加副标题"占位符，输入副标题字符（如"制作第一份演示文稿"），仿照上面的方法设置好副标题的相关要素（如"楷体_GB2312"、红色、40号字、加粗），如图5-2所示。

图5-2　制作标题幻灯片

（3）给标题加边框和底纹。右击标题，在弹出的快捷菜单中选择"设置占位符格式"命令，打开"设置占位符格式"对话框，如图5-3所示。

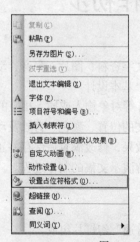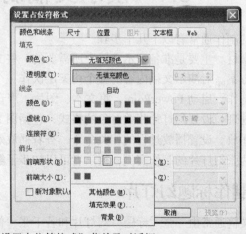

图5-3　"设置占位符格式"菜单及对话框

（4）在对话框"颜色和线条"选项卡"填充"模块中单击"颜色"右边的下拉箭头→选择颜色方块或"填充效果"命令，可以给标题加底纹；选择"线条"模块→"颜色"和"虚线"等，可以给标题加边框。如图5-4所示的幻灯片，主标题"填充效果"→"纹理"为"水滴"，蓝色6磅宽边框；副标题"填充效果"→"渐变"→"水平"样式，浅蓝细边框。

在标题幻灯片中，不输入"副标题"字符并不影响标题幻灯片的演示效果。

如果要改变标题位置，只需将鼠标放在标题占位符的框线上，当出现十字箭头时拖动即可。如果要改变标题大小，将鼠标放在标题占位符框线的8个控制点上，当出现空心双箭头时拖动即可。

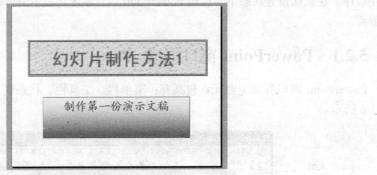

图 5-4　加了边框和底纹的标题幻灯片

　如果在演示文稿中需要添加另一张幻灯片，可以执行"插入"→"新幻灯片"命令（或直接按【Ctrl+M】组合键），此时，窗口界面右侧的"任务窗格"会智能化地切换到"幻灯片版式"任务窗格，在"文字版式"下选择一种标题样式即可。

### 5.1.2　制作"图文混排"幻灯片

选择"插入"→"新幻灯片"命令，可在当前演示文稿中添加第二张幻灯片。

制作一张如图 5-5 所示的"图文混排"幻灯片，要先拟定幻灯片版式和设计模板，如版式设计为"标题和文本"，模板设计为"Crayons"，输入古诗并另外插入一幅图片作为背景，将动画方案设置为"展开"。具体操作步骤如下。

图 5-5　"图文混排"幻灯片

（1）选择"格式"→"幻灯片版式"命令，在"幻灯片版式"任务窗格中选定文字版式为"标题和文本"。

（2）选择"格式"→"幻灯片设计"命令，在"设计模板"中选择"Crayons"模板。

（3）在"标题"幻灯片中单击"单击此处添加标题"占位符，输入标题字符"古诗欣赏"，并选中输入的字符，利用"格式"工具栏上的"字体"、"字号"、"字体颜色"按钮，设置好标题的相关要素，将标题移动到左上角。

（4）单击"单击此处添加文本"占位符，输入四行古诗，仿照上面的方法设置好文本的相关要素。

（5）选择"插入"→"图片"→"来自文件"命令，将存储于某文件夹中的图片插入幻灯片中并放大。右击图片，在弹出的快捷菜单中设置"叠放次序"为"置于底层"，这样文字就不会被图片遮住了。

（6）选择"幻灯片放映"→"动画方案"命令，在"幻灯片设计"任务窗格的动画方案列表框中选择"展开"，单击下面的"播放"按钮，即可看到动画效果。

# 5.2　PowerPoint 窗口与工作视图

选择"开始"→"所有程序"命令，从 Microsoft Office 中启动 Microsoft Office PowerPoint

应用程序。在默认设置状态下，启动 PowerPoint 后，系统将显示 PowerPoint 在"普通"视图下的主界面。

## 5.2.1 PowerPoint 窗口组成

PowerPoint 窗口界面主要元素包括有：菜单栏、工具栏、状态栏、编辑区、任务窗格等，如图 5-6 所示。

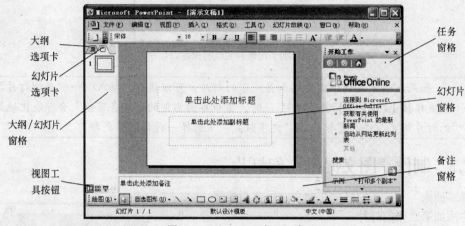

图 5-6 PowerPoint 窗口组成

### 1. 菜单栏

菜单栏提供了对 PowerPoint 主要命令的访问途径。它的右侧有一个提问文本框"键入需要帮助的问题"，输入问题并按回车键后，会在任务窗格中显示"搜索结果"。单击相应的问号，可链接并显示出系统提供的帮助信息。

### 2. 工具栏

工具栏提供了对常用命令的快捷单击访问方式。

### 3. 滚动块

滚动块的作用是在不同的幻灯片之间进行切换，而不是上下移动文本。

### 4. 状态栏

状态栏的作用是显示正在操作的幻灯片序号与总号，还显示幻灯片所用设计模板的名称及文本输入时所使用的语言。

### 5. 编辑区

在"普通"视图下，编辑区由大纲/幻灯片窗格、幻灯片窗格和备注窗格组成。

在"幻灯片浏览"视图下，编辑区由演示文稿中的所有幻灯片缩略图组成。

在"幻灯片放映"视图下，全屏显示某一张幻灯片。

### 6. 任务窗格

任务窗格是 PowerPoint 应用程序中提供常用命令和选项的一个窗口，位于界面右侧。PowerPoint 会随着不同的操作需要而显示相应的任务窗格。

任务窗格中经常用到的命令有：开始工作、帮助、剪贴画、新建演示文稿、幻灯片版式、幻灯片设计、自定义动画等。

调出任务窗格的方法有：选择"视图"→"任务窗格"命令或用【Ctrl+F1】组合键，能迅速打开如图 5-7 所示的任务窗格。"开始工作"标题栏右边的三角按钮用于打开"其他任务窗格"，单击它，可在下拉菜单中访问与特定任务相关的命令，而无需使用菜单和工具栏。通过单击任务窗格上的"关闭"按钮可以关闭任务窗格。

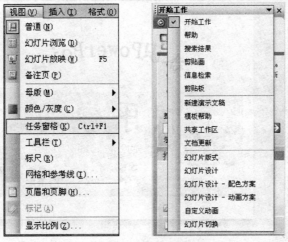

图 5-7 打开任务窗格

使用以下方法可以调出不同的任务窗格。

（1）选择"文件"→"新建"命令，调出"新建演示文稿"任务窗格。

（2）选择"插入"→"新幻灯片"命令（或按【Ctrl＋M】组合键），调出"幻灯片版式"任务窗格。

（3）选择"格式"→"幻灯片设计"命令，调出"幻灯片设计"任务窗格。

（4）选择"幻灯片放映"→"动画方案"、"自定义动画"或"幻灯片切换"命令，可分别调出"幻灯片设计"、"自定义动画"或"幻灯片切换"的不同任务窗格。

PowerPoint 窗口界面元素中，标题栏、菜单栏、工具栏的作用及使用方法同其他 Office 组件的应用程序相似，本章不再赘述。

## 5.2.2 PowerPoint 工作视图

PowerPoint 的人机交互工作环境是通过视图来建立的。视图是指在计算机屏幕上观看演示文稿的显示方式。

PowerPoint 提供了 3 种工作视图：普通视图、幻灯片浏览视图和幻灯片放映视图。每种视图都包含有该视图下的特定工作区、工具栏及相关按钮和其他工具。

在"视图"菜单中可以找到 3 个视图的子菜单命令。在"大纲/幻灯片"窗格底部也有 3 个视图工具按钮可供选择，依次为普通视图、幻灯片浏览视图和幻灯片放映视图，以方便用户利用鼠标单击，快速切换不同的视图方式。

### 1. 普通视图

普通视图是 PowerPoint 的默认视图，集成了 3 个编辑区域，如图 5-8 所示。所有幻灯片的制作都是在这 3 个编辑区完成的。普通视图方式下，既可以对幻灯片总体结构进行调整，也可以对单张幻灯片进行编辑。

（1）"大纲/幻灯片"窗格。普通视图下的"大纲/幻灯片"窗格分为"大纲"和"幻灯片"两种选项卡模式（见图 5-9 和图 5-10），编辑幻灯片时可以在"大纲"和"幻灯片"之间进行切换。

图 5-8　演示文稿的"普通视图"

图 5-9　"大纲"选项卡

图 5-10　"幻灯片"选项卡

在"大纲"选项卡中，用户可以键入演示文稿的一系列主题和所有文本，并按序号由小到大排列。还可以重新组织和修改文本内容，重新排列项目符号、标点和段落，使主体文本的序号与全部幻灯片的编号、标题和层次相对应。由于"大纲"选项卡中不显示图形和色彩，用户可以集中精力输入文本或编辑文稿，周到地考虑文本中要表达的观点。

"幻灯片"选项卡则集成了演示文稿中所有幻灯片的缩略图，用户在操作某一张幻灯片时，能对整体结构有明确把握。

通过窗格右侧的上下滚动箭头，可滚动显示大纲或幻灯片缩略图的全部内容。单击该窗格右边的"关闭"按钮可关闭窗格。

（2）幻灯片窗格。幻灯片窗格用来显示演示文稿中的单张幻灯片，以便查看幻灯片的文本和外观。在单张幻灯片中可以添加文本，插入图片、表格、图表、文本框、电影和声音，创建超链接以及向其中添加动画。窗格右侧的滚动块用作在相邻的不同幻灯片之间进行切换。

（3）备注窗格。备注窗格用于添加与观众共享的演说者备注或其他信息。

拖曳各窗格的灰色边框可以改变窗格的尺寸大小。

### 2. 幻灯片浏览视图

幻灯片浏览视图（见图 5-11）可以同时显示演示文稿中所有幻灯片按照由小到大的数字顺序排列的缩略图。

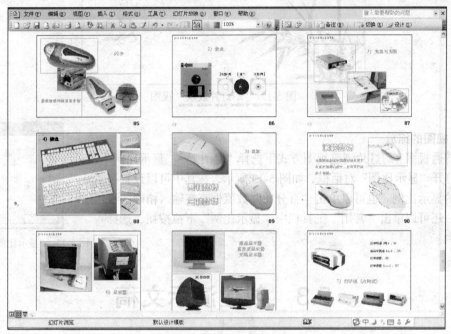

图 5-11　"幻灯片浏览"视图

这种视图方式能够浏览演示文稿中所有幻灯片的整体效果，调整其背景，还能在幻灯片之间进行添加、删除、移动、复制操作以及选择动画切换，还可以重新安排幻灯片的演示顺序，但不能编辑幻灯片中的具体内容。

在幻灯片浏览视图中，可以预览多张幻灯片上的动画效果，其预览方法是：选定要预览的若干张幻灯片，单击"幻灯片放映"菜单中的"自定义动画"命令，在屏幕右侧的"自定义动画"窗格下方区域中单击"播放"按钮，即可预览多张幻灯片上的动画效果。

### 3. 幻灯片放映视图

在创建演示文稿的任何时候，都可以通过"幻灯片放映视图"来启动从当前幻灯片开始的全屏放映方式（见图 5-12），就像播放真实的幻灯片一样。

用户可以按照预先定义的顺序一幅一幅地动态显示演示文稿中的幻灯片，还可以测试其中插入的动画和声音效果。

在幻灯片全屏放映状态下，当鼠标移动至屏幕的左下角时，会分别显示 4 个半透明的按钮，即"上一步"、"墨迹功能"、"幻灯片放映菜单"和"下一步"，用来完成幻灯片的切换、内容标记及结束放映等功能。

在全屏视图上单击鼠标右键，在弹出的快捷菜单中选择"结束放映"命令或按【Esc】键，可以结束幻灯片的播放。

图 5-12 "幻灯片放映"视图

### 4. 视图的缩放

在普通视图、幻灯片浏览视图方式下选择"视图"→"显示比例"命令，打开"显示比例"对话框，如图 5-13 所示，在其中可以设置视图不同的显示比例。也可以单击"百分比"数值框直接输入精确的百分比值。还可以单击"常用"工具栏中"显示比例"下拉按钮，选择显示比例。

图 5-13 "显示比例"对话框

# 5.3 创建演示文稿

演示文稿是由 PowerPoint 制作，由若干张幻灯片按一定的排列顺序组成的.PPT 文件。

启动 PowerPoint 后，系统会自动打开一个默认名称为"Microsoft PowerPoint-【演示文稿 1】"的空白演示文稿。如果需要另外创建一个新的演示文稿，则可以通过"文件"→"新建"命令，在屏幕右侧调出如图 5-14 所示的"新建演示文稿"任务窗格，在其中做相应选择。

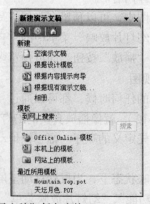

图 5-14 "新建演示文稿"任务窗格

创建演示文稿的常用方法有 4 种。

- 使用"空演示文稿"创建演示文稿。

- 使用"根据设计模板"创建演示文稿。
- 使用"根据内容提示向导"创建演示文稿。
- 使用"根据现有演示文稿"创建演示文稿。

## 5.3.1　创建"空演示文稿"

空演示文稿并非是空白文稿，而是在空白文稿上添加不同版式的幻灯片。选择"新建演示文稿"任务窗格中的"空演示文稿"或单击工具栏上的"新建"按钮后，会打开如图 5-15 所示的"空演示文稿"窗口，并打开"幻灯片版式"任务窗格。

图 5-15　创建"空演示文稿"

通过右侧的"幻灯片版式"任务窗格，可以设置不同版式的幻灯片。根据幻灯片上的提示文字，可以添加文本，添加其他内容。

## 5.3.2　"根据设计模板"创建演示文稿

模板是针对不同主题设计的、包含了多种样式的模块。单击"新建演示文稿"任务窗格中"根据设计模板"选项，会打开"幻灯片设计"任务窗格，单击其中的一个样式（如"Crayons"样式），屏幕上会出现放大的幻灯片背景，如图 5-16 所示。这时，如果插入其他的幻灯片，新幻灯片都具有同样的背景样式。

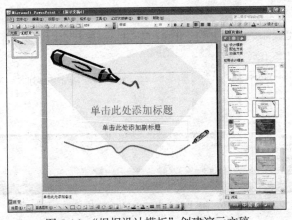

图 5-16　"根据设计模板"创建演示文稿

### 5.3.3 "根据内容提示向导"创建演示文稿

"根据内容提示向导"将围绕用户做出的选择创建一套基本的幻灯片，并以普通视图方式显示。虽然此方法是创建演示文稿的轻松途径，但比较呆板，缺少个性。

用户只需按照向导的引导做出一系列选择，并提供一些基本的信息即可。

使用"根据内容提示向导"创建演示文稿的步骤如下。

（1）在"新建演示文稿"任务窗格中单击"根据内容提示向导"选项，屏幕上显示如图 5-17 所示的"内容提示向导"对话框。

（2）单击"下一步"按钮，显示"内容提示向导—【通用】"对话框，如图 5-18 所示。在该对话框中选择所需要的演示文稿类别。例如，如果创建一个"销售/市场"类的演示文稿，则单击"销售/市场"按钮，然后在对话框右边的列表中选择一个主题，如市场计划。

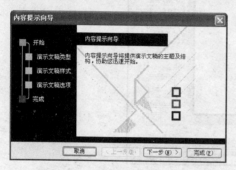
图 5-17 "内容提示向导"对话框

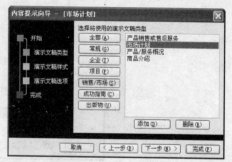
图 5-18 "内容提示向导—【通用】"对话框

（3）单击"下一步"按钮，在对话框中选择将要制作的演示文稿的输出类型。

（4）单击"下一步"按钮，在对话框中输入演示文稿的标题以及要在每一张幻灯片页脚处添加的信息。

（5）单击"完成"按钮，即"根据内容提示向导"完成了一个演示文稿，如图 5-19 所示。

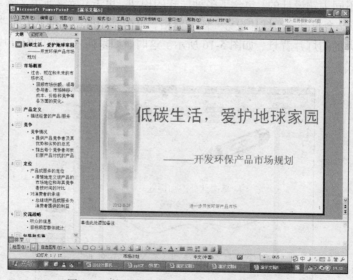
图 5-19 按"内容提示向导"新建的演示文稿

这套演示文稿由若干张幻灯片组成。图左边"大纲"选项卡中的 1，2，3，…是幻灯片序号，格式已经设置好，单击左边的文字或序号，即可进入相应幻灯片的编辑状态。幻灯片中的文字、图像等都可以根据需要进行更改。

### 5.3.4　"根据现有演示文稿"创建演示文稿

在"新建演示文稿"任务窗格中选择"根据现有演示文稿..."选项，弹出如图 5-20 所示的对话框。当执行以下操作时，可创建现有演示文稿的副本，以便在不改变原文的情况下，通过对其进行设计和内容更改来生成新的演示文稿。

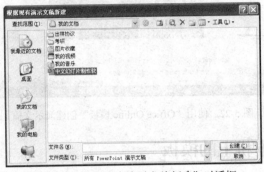

图 5-20　"根据现有演示文稿新建"对话框

（1）在文件列表中单击所要选择的演示文稿，再单击"创建"按钮。
（2）根据需要更改演示文稿内容，然后在"文件"菜单上单击"另存为"命令。
（3）在"文件名"文本框中输入新演示文稿的名称。
（4）单击"保存"按钮。

### 5.3.5　使用"Office Online 模板"

在网络连接状态下，选择"新建演示文稿"任务窗格中的"Office Online 模板"，会打开 Office Online 网页（见图 5-21），在"模板"选项卡下选择"模板类别"中的内容（见图 5-22），单击"下载"即可。

图 5-21　Office Online 网页

图 5-22　使用"Office Online 模板"创建演示文稿

### 5.3.6　使用"本机上的模板"

　　选择"新建演示文稿"任务窗格中的"本机上的模板"，打开"新建演示文稿"对话框，选择"设计模板"选项卡（见图 5-23）或"演示文稿"选项卡（见图 5-24）。在选项卡的模板列表框中选择需要的选项并单击"确定"按钮，即可完成创建。

图 5-23　"本机上的模板"中"设计模板"选项卡

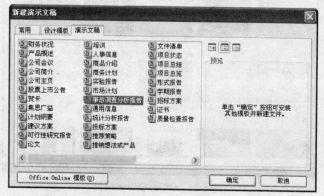

图 5-24　"本机上的模板"中"演示文稿"选项卡

# 5.4　设置幻灯片版式与外观

一份演示文稿是由多张幻灯片组合而成的。制作幻灯片主要包括有幻灯片版式、背景、配色、动画、声音等方面的设置，文本内容的输入、编辑以及在幻灯片中插入对象等操作，其中幻灯片版式的选择、幻灯片外观的设置对演示文稿的整体质量显得非常重要。

## 5.4.1　设置"幻灯片版式"

"幻灯片版式"是指幻灯片的内容在幻灯片上的排列方式，即幻灯片的布局方式，由占位符组成。占位符是幻灯片中带有虚线标记边框的方框，它分为文本占位符和内容占位符。文本占位符中只能输入文本，内容占位符中只能插入图形对象。"幻灯片版式"任务窗格如图 5-25 所示。

"幻灯片版式"有 4 组共 31 种形式，分为文字版式、内容版式、文字和内容版式、其他版式。

**文字版式**：规定了文字在幻灯片上的排列方式。

**内容版式**：规定了图形对象在幻灯片上的排列方式。图形对象包括表格、图片、图表、剪贴画、组织结构图和媒体剪辑，如图 5-26 所示。

图 5-25　"幻灯片版式"任务窗格

图 5-26　"内容版式"中的一种版式

图 5-27　在某个版式的下拉菜单中选定

**文字和内容版式**：指标题、文本与内容的混合版式。

**其他版式**：指标题、文本分别与剪贴画、媒体剪辑、表格、组织结构图等混合版式。

将鼠标指针指向某个版式，会显示该版式的说明，同时右侧出现一个向下箭头，如图 5-27 所示。单击该箭头，可在"应用于选定幻灯片"和"插入新幻灯片"之间进行选择。

选择"格式"→"幻灯片版式"命令，或在任务窗格的"其他任务窗格菜单"中都可以调出"幻灯片版式"任务窗格。

### 5.4.2 设置幻灯片背景

可以用以下4种方法设置与编辑幻灯片背景。

#### 1. 应用"设计模板"

"设计模板"是一个含有演示文稿背景样式的模块，包含了幻灯片的文本格式及背景图案。其中主要包含有特殊的图形元素、颜色、幻灯片背景和多种特殊效果，还包括项目符号和字体大小类型、占位符大小及位置以及幻灯片母版和可选的标题母版。

PowerPoint提供了多种专业设计模板供用户选择，人们也可以根据需要对这些模板加以修改。

选择"格式"→"幻灯片设计"命令，可以调出"幻灯片设计"任务窗格（见图5-28）。将鼠标指针指向某个模板缩略图，会显示该模板的名称，同时右侧出现一个向下箭头，如图5-29所示。通过鼠标单击，可在"应用于所有幻灯片"或"应用于选定幻灯片"等选项之间进行选择，以确定所选定的模板是仅应用于一张幻灯片还是应用于所有幻灯片。

图5-28 "幻灯片设计"任务窗格

图5-29 在某个模板的下拉菜单中选定

#### 2. 制作母版

如果要将同一背景、标志、标题文本及主要文字格式运用到整篇演示文稿的每张幻灯片中，可以使用PowerPoint幻灯片母版功能。演示文稿中所有幻灯片的最初格式都是由母版决定的。

母版类型有3种，分别是幻灯片母版、讲义母版和备注母版。

**幻灯片母版**：有几个不同的区域（见图5-30），用来控制幻灯片上输入的标题、文本格式与类型。"自动版式的标题区"，设置幻灯片母版标题的格式；"自动版式的对象区"，设置幻灯片主体部分的文本格式；下面的"日期区"、"页脚区"和"数字区"分别输入相应内容。

**讲义母版**：设置了按讲义格式打印演示文稿的方式，如图5-31所示。每个页面可以包含1、2、3、4、6、9张幻灯片，设置好后可以作为讲义稿打印并装订成册。

图5-30 幻灯片母版

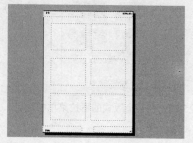

图5-31 讲义母版

**备注母版：** 用来控制备注窗格中文本的格式和位置，如图 5-32 所示。

在幻灯片母版中，通过 "格式"→ "背景" 命令将图片设置为母版背景，再用鼠标单击不同区域，重新设置文本样式，如字体、字号、字的颜色及修改日期，然后单击工具栏上的 "关闭母版视图" 按钮返回幻灯片普通视图，这时，幻灯片的标题字体、日期区等均发生了变化，效果如图 5-33 所示。插入新幻灯片时，PowerPoint 会按新设置的母版样式设置幻灯片。

图 5-32　备注母版

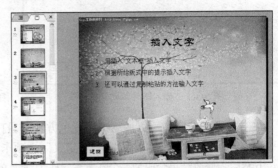

图 5-33　应用 "幻灯片母版" 效果图

### 3. 以图片作背景

（1）选择 "格式"→ "背景" 或右击幻灯片背景的任意一点，在弹出的快捷菜单中单击 "背景"，会弹出 "背景" 对话框。单击 "背景填充" 下方的箭头，在如图 5-34 所示的下拉列表中选择 "填充效果" 选项，打开 "填充效果" 对话框。

（2）在 "填充效果" 对话框（见图 5-35）中可以设置渐变的颜色、背景的纹理以及用某种图案（如波浪线、方砖、草皮、菱形）填充的背景。

图 5-34　"背景" 对话框

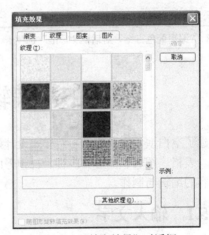

图 5-35　"填充效果" 对话框

（3）在 "填充效果" 对话框中选择 "图片" 选项卡，单击 "选择图片" 按钮，在打开的 "图片收藏"（或找到存储图片的文件夹）中选取图片（见图 5-36），单击 "插入" 按钮即可。

### 4. 修改 "配色方案"

如果用户经常使用同一个设计模板，并且要通过更改强调色或背景色使其略有不同，或希望将演示文稿颜色与事件（如贸易展览）的主题颜色相匹配，可以使用修改 "配色方案" 来解决。

"幻灯片设计" 任务窗格中的 "配色方案" 由 8 种颜色组成，这 8 种颜色用于背景、文本和线条、阴影、标题文本、填充、强调和超链接。演示文稿的配色方案由应用的设计模板决定，单击 "配色方案" 选项，会出现 12 种配色方案（见图 5-37）供用户选择。

图 5-36 "插入图片"对话框

图 5-37 "幻灯片设计"任务窗格中"配色方案"列表

单击配色方案区域下方的"编辑配色方案"，打开如图 5-38 所示的对话框。在"标准"选项卡中可以"删除配色方案"，而在"自定义"选项卡中可以更改配色方案，如图 5-39 所示。修改配色方案后，修改结果会成为一个新方案，作为演示文稿文件的一部分保存，便于以后再应用。

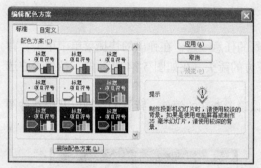

图 5-38 "编辑配色方案"对话框"标准"选项卡

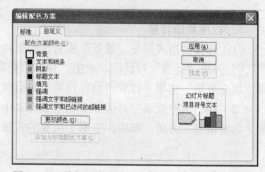

图 5-39 "编辑配色方案"对话框"自定义"选项卡

# 5.5 编辑幻灯片内容

创建了空白演示文稿或按一定样式设计好幻灯片背景后，就可以在幻灯片中输入文字，插入艺术字、表格、图表、图形、声音、视频等内容了，同时还要对其进行格式化处理，完成对演示文稿内容的编辑与制作。

## 5.5.1 输入文字

在"幻灯片版式"中选择"文字版式"的一种形式，幻灯片内会出现"单击此处添加标题"或"单击此处添加文本"等提示，表明在虚线框中可以输入文字。PowerPoint 将按显示的字体格式处理输入的文字。虚线框的范围为输入文字显示的范围，当输入的文字超出这个范围时，就需要自己动手调节范围的大小，或重新设置字号。

## 5.5.2 插入文本框

如果要在幻灯片中插入其他文本，则需单击屏幕下方"绘图"工具栏上的"文本框"按钮。此时鼠标指针变成"细十字线"状，按住鼠标左键在幻灯片中拖曳，可插入一个文本框。然后将文本输入到文本框内。

文本框呈"虚线"边框时，进入文本编辑状态，可设置文字的大小和颜色。再次单击文本框，使文本框呈"网状"显示（见图 5-40），此时进入文本框操作状态，可设置文本框线条的颜色、样式等。右击文本框，在弹出的快捷菜单中选择"设置文本框格式"命令，也可以对文本框的边框颜色、粗细进行设置。

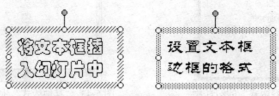

图 5-40 幻灯片中"文本框"的操作

### 5.5.3 插入艺术字

选择"插入"→"图片"→"艺术字"命令，或单击屏幕下方"绘图"工具栏中的"插入艺术字"按钮，可在幻灯片中插入艺术字。

### 5.5.4 插入图片

选择"空白"版式，选择"插入"→"图片"→"来自文件"命令，打开"插入图片"对话框，将选中的图片插入幻灯片中，如图 5-41 所示。

图 5-41 插入了图片与艺术字的幻灯片

实际上，可以将任意一幅被"复制"的图片"粘贴"到幻灯片中或作为幻灯片背景使用。如要在图片上面添加文字，用加文本框或艺术字的方式添加即可。

### 5.5.5 插入表格

在幻灯片中插入和编辑表格主要有两种方法：第一种方法是选择带有表格的版式；第二种方法是单击工具栏上"插入表格"按钮。

下面介绍第一种方法的操作步骤。

（1）单击"格式"菜单中的"幻灯片版式"命令，显示"幻灯片版式"任务窗格。

（2）选择其中含有"内容"的某一版式，如图 5-42 所示。

也可以选择"其他版式"中的"标题和表格"版式，如图 5-43 所示。

图 5-42　含有"内容版式"的幻灯片

图 5-43　"其他版式"中的"标题和表格"版式

（3）按文字提示，单击或双击幻灯片中间工具栏上的"插入表格"图标，弹出如图 5-44 所示的对话框，填入行数、列数并单击"确定"按钮，即会在幻灯片中出现一张表格。输入文字并设定格式后，一张含有表格的幻灯片就完成了，效果如图 5-45 所示。

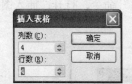

图 5-44　"插入表格"对话框

图 5-45　在幻灯片中插入表格

（4）选择"格式"→"设置表格格式"命令，打开如图 5-46 所示的"设置表格格式"对话框，在其中可对表格的边框、底纹进行设置。

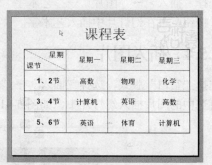

图 5-46　"设置表格格式"对话框

## 5.5.6　插入 Graph 图表和 Excel 工作表

幻灯片中插入图表有两种方法：一是在"幻灯片版式"中选择带有图表的版式，双击幻灯片中间工具栏上的"插入图表"图标；二是单击工具栏上的"插入图表"按钮或选择"插入"→"图表"命令。

下面介绍第二种方法的操作步骤。

（1）在"幻灯片版式"的"内容版式"中选择"空白"版式。

（2）单击工具栏上"插入图表"按钮，弹出如图 5-47 下部所示的示例数据表，并在幻灯片上显示图表。

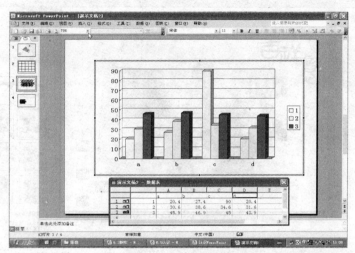

图 5-47　在幻灯片中插入图表

（3）修改示例数据表中的数据和文字，图表的形状和内容也随之变化。

（4）单击图表外的空白处，可关闭示例数据表。

（5）将鼠标放在图表上并右击，在弹出的快捷菜单中选择"图表对象/编辑"命令，可调出"数据表"进行修改。

若要在幻灯片中插入一张 Excel 工作表及相应图表，选择"插入"→"对象"命令，打开"插入对象"对话框，如图 5-48 所示，在"对象类型"列表框中选定"Microsoft Excel 工作表"，输入或复制相关数据即可，效果图如图 5-49 所示。

图 5-48　"插入对象"对话框

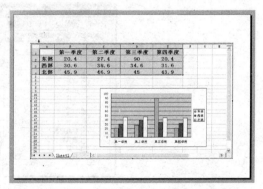

图 5-49　在幻灯片中插入 Excel 工作表

"插入对象"对话框的"对象类型"列表框中还包含有位图图像、日历控件、文档、幻灯片、声效等，供用户根据需要进行选择。

## 5.5.7　插入剪贴画

选择"插入"→"图片"→"剪贴画"命令，打开"剪贴画"任务窗格。在其中输入搜索文字如"学习"并单击"搜索"按钮，会调出相关主题剪贴画。单击某幅剪贴画，该画即出现在幻灯片中央，如图 5-50 所示。

图 5-50　在幻灯片中插入"剪贴画"

也可以使用"管理剪辑器"来创建收藏集。

单击窗格下方的"管理剪辑..."。第一次使用时，会出现"剪辑管理器"的进程窗口，显示正在创建收藏集。收藏集创建好后，使用时可直接单击"管理剪辑..."，会打开"剪辑管理器"窗口，如图 5-51 所示。选择收藏集列表中的"Web 收藏集"Office 系列（单击"+"号，展开文件夹），选取需要的剪贴画。单击图片右面的向下箭头，在下拉列表中选择"复制"后，在幻灯片上再"粘贴"，即可完成在幻灯片中插入剪贴画。

图 5-51　使用"剪辑管理器"选择剪贴画

剪贴画移动位置、改变大小等操作与"图片"相同。图 5-52 显示了在"云形标注"自选图形中插入了多张剪贴画的幻灯片效果图。

右击幻灯片中的剪贴画，选择"显示图片工具栏"命令，可调出"图片工具栏"，通过它来设置剪贴画的相关格式。单击某张剪贴画后再按【Delete】键，则可删除该剪贴画。

图 5-52　插入了"剪贴画"的幻灯片

## 5.5.8　插入自选图形

利用"插入"菜单或"绘图"工具栏，可以在幻灯片中插入多种图形对象，具体步骤如下。

（1）在"幻灯片版式"的"内容版式"中选择"空白"版式。

（2）选择"插入"→"图片"→"自选图形"命令，打开"自选图形"工具栏，或在"绘图"工具栏上单击"自选图形"按钮，弹出如图 5-53 所示的级联菜单列表。

（3）单击其中的某一项即打开下一级列表，选择其中的图形，当鼠标变成十字形状时，在幻灯片中拖曳，即可将所选图形插入幻灯片中，如图 5-54 所示。

图 5-53　"自选图形"菜单

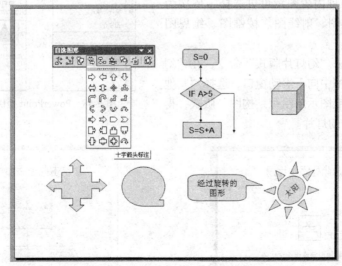

图 5-54　将"自选图形"插入幻灯片

单个图形大小及位置调整采用单击并拖动控制点及拖动整个图形的方法。

对多个图形进行操作，可利用"绘图"工具栏。在"绘图"按钮右边有一个呈空心箭头状的

"选择对象"按钮，如图 5-55 所示。单击这个按钮，在幻灯片上拖曳鼠标，让虚线框覆盖多个图形对象，松开鼠标后，这些图形对象均被选中，如图 5-56 所示。还可以用单击选中第一个对象，按住【Shift】键，再选中其他对象的方法来选中多个图形对象。

图 5-55　"绘图"工具栏上的按钮

被选中的多个图形对象可以用"绘图"下拉列表中的"组合"命令，将多个图片组合成一个大图片进行操作。

要在自选图形中添加文字和底纹颜色以及制作图文混排（见图 5-57）的幻灯片时，可右击操作对象，在弹出的快捷菜单中选择"添加文本"、"设置自选图形格式"等选项。还可以设置对象的"叠放次序"，对它们的显示状态进行调节，如"置于顶层"的对象就不会被其他对象遮盖等。

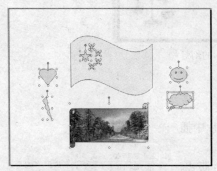

图 5-56　在幻灯片上同时选中多个图形对象

图 5-57　制作图文混排的幻灯片

## 5.5.9　应用组织结构图

利用 PowerPoint 提供的内置图示库（见图 5-58）可以方便地建立和编辑组织结构图。

选择"插入"→"图示"命令，打开"图示库"对话框，有 6 种内置图示可供选择，依次为组织结构图、循环图、射线图、棱锥图、维恩图和目标图。

选择"格式"→"幻灯片版式"命令，在"幻灯片版式"任务窗格中向下滚动窗口，选择"其他版式"内的"标题或图示与组织结构图"版式，得到如图 5-59 所示的幻灯片。

图 5-58　PowerPoint 提供的"图示库"

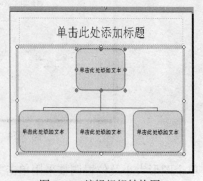

图 5-59　应用组织结构图的幻灯片

图 5-60　编辑组织结构图

双击幻灯片内"组织结构图"图标，打开"图示库"，单击第一个"组织结构图"并确定，得到如图 5-60 所示的界面。在标题和方框里输入文本，利用"组织结构图"工具栏（见图 5-61）中的功能按钮来完成其他操作。

图 5-61　"组织结构图"工具栏

如果想在组织结构图中加入新成员，可以单击工具栏中的"插入形状"按钮，下拉列表中有 3 个选项，分别是"下属"、"同事"和"助手"。

"版式"用来设置组织结构图的排列方式以及调整组织结构图的大小。

"选择"可以同时选择组织结构图中同一层次的所有组织方格。

"适应文字"右边是一个"自动套用格式"图标，单击它会打开组织结构图样式库，其中有 17 种样式可供选择，如图 5-62 所示。

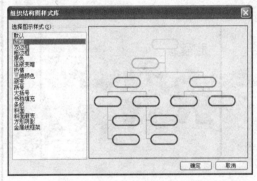

图 5-62　组织结构图样式库

图 5-63 给出各种图示的样例。每种样例都有自己的工具栏。

通常组织结构图用来说明层次关系；循环图用于显示具有连续循环的过程；射线图用于显示元素与核心元素的关系；棱锥图用于显示基于基础的关系；维恩图用于显示元素之间的重叠区域；目标图用于说明为实现目标而采取的步骤。

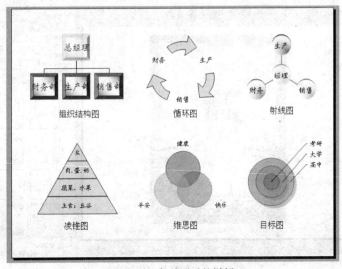

图 5-63　各种图示的样例

### 5.5.10　给幻灯片添加边框

给幻灯片添加边框的方法有两种：一种是通过在幻灯片上绘制一个未填充的矩形自选图形并编辑线条的线型、粗细和颜色来创建简单的边框；另一种是创建更精致的边框，可考虑使用"剪辑管理器"中提供的各种边框剪辑，将其插入幻灯片中，然后再进行旋转或调整大小。

#### 1．绘制矩形边框

在"绘图"工具栏中单击"矩形"按钮，在幻灯片中按所需尺寸拖出矩形长方框。右击"矩形"，调出"设置自选图形格式"对话框，在"颜色和线条"选项卡中单击"填充"→"颜色"右侧的下拉按钮，选择"无填充颜色"。单击"线条"→"颜色"右侧的下拉按钮，选择"自动"下的一种颜色，或单击"其他颜色"，以查看更多选项。

通过"绘图"工具栏上"线型"，"阴影样式"或"三维效果样式"的设置，插入图片、文本框并输入文字，即可创建如图 5-64 所示的一个简单矩形边框。

图 5-64　创建简单矩形边框

#### 2．使用"剪贴画"中的边框

选择"插入"→"图片"→"剪贴画"命令，在"剪贴画"任务窗格中搜索"边框"。在"结果集"中双击要使用的边框，然后复制、粘贴、旋转，以使其满足要求，如图 5-65 所示。

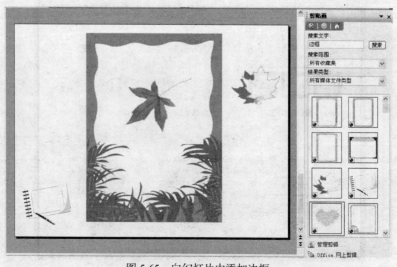

图 5-65　向幻灯片中添加边框

### 3. 使用 Office 收藏集中的边框

在"剪贴画"任务窗格下部单击"管理剪辑"，打开"剪辑管理器"窗口，选择"收藏集列表"按钮，在 Office 收藏集中选择"装饰元素"→"边框"命令，选定要使用的边框，然后复制、粘贴、旋转或翻转，制作出如图 5-66 所示的幻灯片边框。

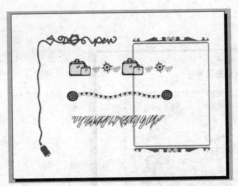

图 5-66　使用 Office 收藏集中的边框

## 5.5.11　插入媒体剪辑库中的动画和声音

PowerPoint 提供了在幻灯片中插入媒体剪辑的功能，使用户所创建的演示文稿声情并茂、丰富多彩。媒体剪辑是一个多媒体文件，它包含了图片、影片或声音的处理。下面介绍几种插入媒体剪辑的方法。

方法一：

（1）在"内容版式"幻灯片中有 6 个工具按钮，如图 5-67 所示。单击"插入媒体剪辑（摄像机图标）"按钮，弹出如图 5-68 所示的"媒体剪辑"对话框，其中以图标的方式列出了声音、动画和电影文件。

图 5-67　内容版式中的 6 个工具按钮

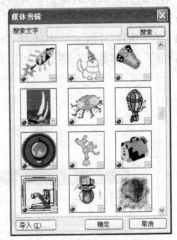

图 5-68　"媒体剪辑"对话框

（2）在"搜索文字"文本框中输入名称或类型，单击"搜索"按钮，或通过垂直滚动条找到所需要的内容，在"媒体剪辑"对话框的内容列表框中选择一个媒体剪辑图标，单击并按"确定"按钮，即可在幻灯片中插入所选媒体剪辑。

"动画"以图片显示，"声音"以喇叭显示。调整图片位置及大小，单击"幻灯片放映"视图工具按钮，即可显示动态效果及声音效果，如图 5-69 所示。

方法二：

（1）选择"插入"→"影片和声音"→"剪辑管理器中的影片"或"剪辑管理器中的声音"命令，弹出如图5-70所示的"剪贴画"任务窗格。

图5-69　在幻灯片中插入了10个动画和1个音频文件

图5-70　"剪贴画"任务窗格

（2）在包含影片或声音的"剪贴画"任务窗格中单击一个图标，即可插入该动画、影片或声音。如果有空内容占位符，影片或声音会插入到该占位符中，否则会自动放置在幻灯片中央。如有多个图标，可用鼠标拖曳定位。

（3）插入"声音"或"影片"媒体剪辑后，系统自动弹出如图5-71所示的对话框，询问"在幻灯片放映时如何开始播放"。单击"自动"按钮，则在幻灯片放映时自动播放；单击"在单击时"按钮，则在幻灯片放映时单击影片或声音图标后播放。

方法三：

（1）在"幻灯片版式"中选择"标题、文本及媒体剪辑"版式，得到如图5-72所示的版式。双击右侧的"媒体剪辑"图标，可以打开"媒体剪辑"对话框，插入影片或声音的方法同上。

图5-71　幻灯片放映时选择播放声音方式

图5-72　"标题、文本及媒体剪辑"版式

（2）"媒体剪辑"插入幻灯片后，单击图标，出现尺寸控制点，移动及改变图标大小的方法同图片操作。选定图标后按【Delete】键，可删除影片或声音。

### 5.5.12　插入外部的影片和声音

如果媒体剪辑中的影片和声音不能满足需要，还可以在幻灯片中插入来自文件的影片或声音，通常影片文件的扩展名为*.AVI，声音文件的扩展名为*.WAV、*.MIDI。操作步骤如下。

（1）选择"插入"→"影片和声音"→"文件中的影片"命令，会弹出"插入影片"对话框。

（2）选择"插入"→"影片和声音"→"文件中的声音"命令，则出现"插入声音"对话框。

以上两个操作均可以通过"查找范围"找到事先存放了相关文件的文件夹（图 5-73 所示的"舒缓音乐"文件夹中存放了多个声音文件）。

图 5-73　"插入声音"对话框

（3）双击文件夹中的一个图标或单击图标并单击"确定"按钮，系统会询问该文件"在幻灯片放映时如何开始播放"，选择"自动"或"单击时"，就可将它插入幻灯片中了。

 插入影片和声音的效果必须在"幻灯片放映"视图中才能生效。

## 5.5.13　创建超链接

超链接是指从一个幻灯片指向另一个目标的连接关系。这个目标可以是当前演示文稿中某个位置的幻灯片、一个网页、一张图片、一个电子邮件地址或是一个文件，甚至是一个应用程序。当使用者单击已经创建了链接的文字或图片后，链接目标将显示在窗口上，并且根据目标的类型来打开或运行。

（1）链接到当前演示文稿中某个位置的幻灯片。先选定当前幻灯片中的某段文字或某张图片，用于代表超链接的文本或对象，然后选择"插入"→"超链接"命令，或单击工具栏中的"插入超链接"按钮，或按【Ctrl+K】组合键，都会打开"插入超链接"对话框，如图 5-74 所示。

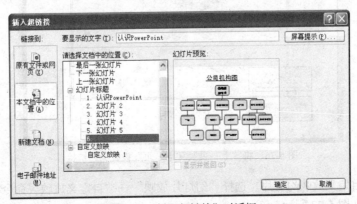

图 5-74　"插入超链接"对话框

在"链接到"区域中单击"本文档中的位置"，在"请选择文档中的位置"列表框中选择幻灯片的标题并单击"确定"按钮，即可建立文字或图片指向当前演示文稿中某个位置的超链接。

建立了超链接的文字会自动加上一条蓝色下划线。

例如，图 5-75 中的"认识 PowerPoint"文字就已经建立了与 6 号幻灯片的超链接。在幻灯片放映视图方式下，将鼠标指针放在该文字上会变成"小手"形状，单击"认识 PowerPoint"链接，可立即切换到 6 号幻灯片界面上。

图 5-75　建立了超链接的文字

在图 5-76 所示幻灯片左下角文本框中输入"上一页"、"下一页"。拖曳鼠标选定"上一页"3个字，选择"插入"→"超链接"命令，在"插入超链接"对话框的"链接到"区域中单击"本文档中的位置"按钮，在"请选择文档中的位置"列表框中选择"上一张幻灯片"，单击"确定"按钮。同理，设置"下一页"。将这两个文本框分别复制到其他幻灯片上，即可在放映状态下进行幻灯片的前后切换。

图 5-76　将"上一页"、"下一页"设置为超链接

（2）链接到自定义放映幻灯片。选择"幻灯片放映"→"自定义放映"命令，打开"自定义放映"对话框，如图 5-77 所示。

单击"新建"按钮，打开"定义自定义放映"对话框，如图 5-78 所示。将演示文稿中的某张幻灯片添加到自定义放映的幻灯片列表中。

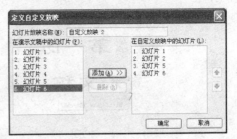

图 5-77　"自定义放映"对话框　　　　　　　　图 5-78　"定义自定义放映"对话框

选择"插入"→"超链接"命令，在"插入超链接"对话框的列表框中选择"自定义放映 1"内容并选中"显示并返回"复选框，则可将代表超链接的文本或对象链接到自定义放映上，如图 5-79 所示。

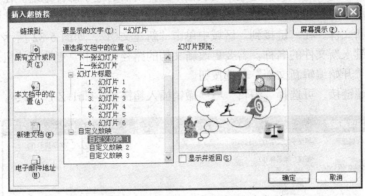

图 5-79　链接到"自定义放映"的幻灯片

（3）链接到网页。选定文本或对象，单击工具栏上的"插入超链接"按钮，在"插入超链接"对话框的"链接到"区域中单击"原有文件或网页"（见图 5-80），定位并选择文件或网页后单击"确定"按钮，即可导航至所需的网页或文件。

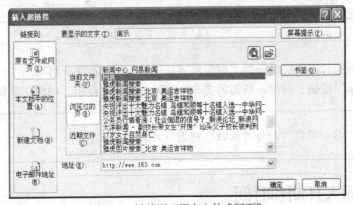

图 5-80　链接到"原有文件或网页"

例如，在图 5-81 所示的幻灯片中单击"演示"二字，即可链接到"http://www.163.com"网站（前提是 Internet 为连接状态）。

图 5-81　链接到"http://www.163.com"网站

（4）链接到电子邮件。选择用于代表超链接的文本或对象，选择"插入"→"超链接"命令。在"链接到"区域中单击"电子邮件地址"。在"电子邮件地址"文本框中键入所需的电子邮件地址，或者在"最近用过的电子邮件地址"列表框中选择所需的电子邮件地址。在"主题"文本框中键入电子邮件消息的主题（计算机上必须已安装演示文稿正在查看的电子邮件程序）。

（5）链接到新文件。在"链接到"区域中单击"新建文档"，如图 5-82 所示。在"新建文档名称"文本框中键入新文件的名称。若要更改新文档的路径可单击"更改"按钮，选择"以后再编辑新文档"或"开始编辑新文档"单选按钮。

如果要撤销超链接，可选择"编辑"→"撤销插入超链接（Ctrl+Z）"命令。

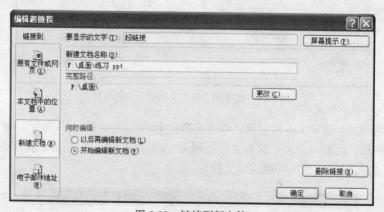

图 5-82　链接到新文件

若要创建鼠标指针停留在超链接上时显示屏幕提示或简短批注，可单击"插入超链接"对话框中的"屏幕提示"按钮，再键入所需的文本。如果没有指定提示，则使用默认提示。

注意　超链接必须在"幻灯片放映"视图中才能生效。

### 5.5.14　插入日期和时间

选择"插入"→"日期和时间"命令，打开"页眉和页脚"对话框，如图 5-83 所示。在"幻灯片"选项卡中设置日期与时间、幻灯片编号和页脚。

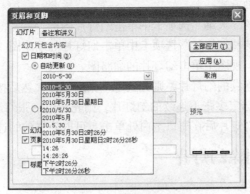

图 5-83　"页眉和页脚"对话框

### 5.5.15　连接到 Microsoft Office Online

作为对客户反馈的响应，Microsoft 公司经常向 Microsoft Office Online 添加新增的和更新的信息。同时还定期更新 Office Online 上的搜索索引以帮助查找所需内容。

使用 Internet 联机工作时，用户有权访问 Microsoft Office Online 中可用的"帮助"主题、模板、培训、文章和剪贴画，这将有助于使用 Office。这些资源可在用户搜索内容时从"搜索结果"任务窗格获得，也可以通过单击 Office 程序的其他各种任务窗格中的链接来获得。

例如，在"剪贴画"任务窗格的下边单击"Office 网上剪辑"，可在线链接到 Office Online"剪贴画和多媒体主页"，如图 5-84 所示。

图 5-84　链接到 Microsoft Office Online

# 5.6　管理幻灯片

幻灯片的管理包括幻灯片选定、插入、移动、复制、删除等编辑操作及演示文稿的保存、幻灯片打包等。

## 5.6.1　选定幻灯片

在对幻灯片进行移动、复制、删除等编辑操作前，一般要先选定幻灯片。

选定单张幻灯片有 3 种方式。

（1）在"普通"视图的"大纲"选项卡中单击幻灯片图标。

（2）在"普通"视图的"幻灯片"选项卡中单击幻灯片的缩略图。

（3）在"幻灯片浏览"视图中单击幻灯片的缩略图。

如果要同时选定多张连续的幻灯片，则先选定一张幻灯片，然后按住【Shift】键再单击最后一张幻灯片；如果要同时选定多张不连续的幻灯片，则先选定一张幻灯片，然后按住【Ctrl】键再单击其他幻灯片。选定幻灯片后在窗口空白处单击，可取消先前的选定。

## 5.6.2　插入或删除幻灯片

### 1．插入幻灯片

在演示文稿中插入幻灯片的方法如下。

（1）选定某张幻灯片，选择"插入"→"新幻灯片"命令，即可在该幻灯片后面插入一张幻灯片，如图 5-85 所示。

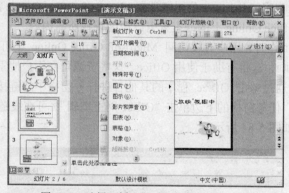

图 5-85　选择"插入"→"新幻灯片"命令

新插入的空幻灯片的默认版式是"标题和文本"版式。如果要改变版式，可在"幻灯片版式"任务窗格中选择所需要的版式。

（2）在"幻灯片浏览"视图中单击两张幻灯片缩略图中间的空白处，会出现一条光标，再选择"插入"→"新幻灯片"命令，即可在光标处插入一张新幻灯片。

（3）在"普通"视图下"大纲幻灯片"窗格中单击"幻灯片"选项卡中的某张幻灯片缩略图，按回车键，则在该幻灯片下方插入了一张新幻灯片。

### 2．删除幻灯片

删除幻灯片的方法是：选定某张或多张幻灯片，按【Delete】键或【Backspace】键；或在"编辑"菜单中选择"删除幻灯片"命令。

## 5.6.3　移动或复制幻灯片

移动幻灯片的方法有：

（1）拖曳幻灯片的图标或缩略图，将幻灯片移动到目标位置。

（2）选定要移动的幻灯片，单击"剪切"按钮，在目标位置定位再单击"粘贴"按钮。

（3）选定要移动的幻灯片，用【Ctrl+X】组合键剪切，再用【Ctrl+V】组合键粘贴。

复制幻灯片的方法有：

（1）按住【Ctrl】键，拖曳幻灯片的图标或缩略图，将幻灯片复制到目标位置。

### 2. 方便快捷的主题和快速样式

提供了新的多样主题，即主题颜色、主题字体和主题效果三者组合，如图 5-132 所示。主题简化了专业演示文稿的创建过程。用户只需选择所需的主题，PowerPoint 便会执行其余的任务。单击一次鼠标，背景、文字、图形、图表和表格全部都会发生变化，以确保演示文稿中的所有元素能够互补，反映用户选择的主题。

图 5-132　多样的主题

快速样式可以更改各种颜色、字体和效果的组合方式以及占主导地位的颜色、字体和效果。当指针停留在快速样式缩略图上时，可以看到快速样式是如何对表格、SmartArt 图形、图表或形状产生影响的。过去，演示文稿格式设置工作非常耗时，必须分别为表格、图表和图形选择颜色和样式，并要确保它们能相互匹配。

应用主题之后，"快速样式"库（图 5-133 所示为文字样式）将发生变化，以适应该主题。结果，在该演示文稿中插入的所有新 SmartArt 图形、表格、图表、艺术字或文字均会自动与现有主题匹配。由于具有一致的主题颜色，所有材料就会具有一致而专业的外观。

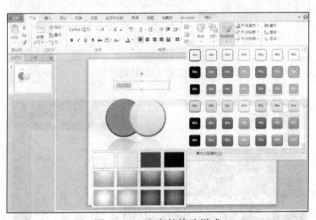

图 5-133　文字的快速样式

### 3. 设计师水准的 SmartArt 图形

要创建设计师水准的图示和图表，可利用"插入"→"SmartArt 图形"，如图 5-134 所示，能够在演示文稿中以简便的方式创建信息的可编辑图示。

### 4. 自定义幻灯片版式

不再受预先打包的版式的局限，可以创建包含任意多个占位符的自定义版式，包括各种元素，如图表、表格、电影、图片、SmartArt 图形和剪贴画乃至多个幻灯片母版集。此外，还可以保存自定义和创建的版式，以供将来使用。

图 5-134　SmartArt 图形

### 5. 外观形状新效果和改进效果

在幻灯片对象的形状、SmartArt 图形、表格、文字和艺术字及图表上可添加绝妙的视觉效果，包括添加阴影、反射、辉光、柔化边缘、扭曲、棱台和 3-D 旋转等效果，并可自行修改效果。图 5-135 所示为图形形状的效果，图 5-136 所示为艺术字的形状效果。

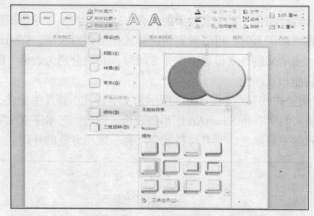

图 5-135　图形形状的效果

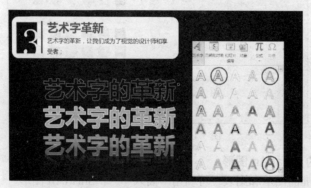

图 5-136　艺术字的形状效果

### 6. 更方便、更丰富、更灵活的"公式"符号系统

### 7. 表格和图表编辑功能增强

表格和图表经过了重新设计，更加易于编辑和使用。功能区提供了许多显见的选项，供用户编辑表格和图表。快速样式库提供创建具有专业外观的表格和图表所需的全部效果和格式选项，

如图 5-137 所示。

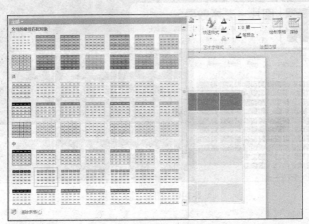

图 5-137　表格的快速样式库

### 8．节点和形状编辑功能

在 PowerPoint 2010 中，每一个形状都提供了节点的操作，使用"编辑顶点"可将图形变化成任何形状，如图 5-138 所示是将一个矩形改变了形状。对形状的编辑引入了几个新命令：形状组合、形状联合、形状交点及形状剪除，大大方便了复杂形状的制作。

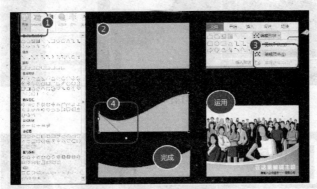

图 5-138　编辑顶点

### 9．图片处理手段更丰富

图片的版式和裁剪，图片的背景移除，图片的着色方案、艺术效果，图片的更换、删除背景等，处理手段更丰富、更强大，如图 5-139～图 5-142 所示。

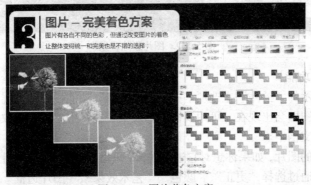

图 5-139　图片着色方案

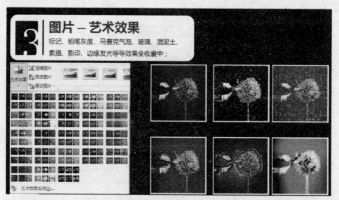

图 5-140　图片艺术效果

图 5-141　更换图片

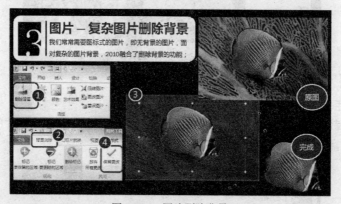

图 5-142　图片删除背景

**10．方便的截图功能**

在如图 5-143 所示的"插入"主选项卡中单击"图像"功能栏中的"屏幕截图"按钮，所有目前打开的窗口缩略图即会出现在"可用视窗"列表中，在其中单击要截取的窗口，该窗口即会被截取并插入当前的文档中。

对于插入文档中的图片，如果你想对它进行编辑，只需双击图片，界面上方即会出现一个"图片工具"主选项卡，通过选择"更正"、"颜色"、"艺术效果"、"图片边框"和"图片效果"等按钮对图片进行处理。

图 5-143　屏幕截图

### 11. 丰富的视频和音频编辑功能

在 PowerPoint 2010 中，可以对视频执行更多操作，如添加标签、淡入淡出、裁剪、音量大小调整等；通过鼠标悬停，直接在幻灯片上预览影像；对整个视频重新着色或轻松应用视频样式；在演示文稿中嵌入视频，让视频绝不再丢失。PowerPoint 2010 还会自动压缩视频，更适合演示用途，并支持多种视频格式包括：AVI、WMV、WMA、MP3、MOV、H.264。另外，还允许安装DirectShow 类编码器，以便拓展支持的视频类型。图 5-144 和图 5-145 所示为音频视频淡入淡出和剪辑功能。多媒体处理引擎使视频与音频有了可以同 PPT 动画无缝结合的机会。

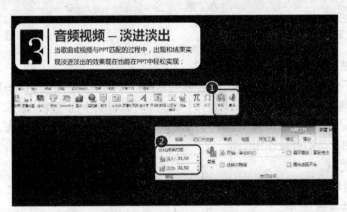

图 5-144　音频视频的"淡入淡出"

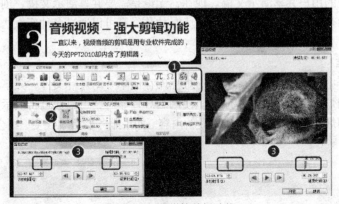

图 5-145　多媒体剪辑功能

**12. 推出"切换"标签**

PowerPoint 2010 增加了一个"切换"标签（见图 5-146），与"动画"标签分别负责"换页"和"对象"的动画设置。由于两者功能不同，面板上的设计也略有差别。同时摒弃了原有的"慢速"、"中速"和"快速"三档速度设计，转而直接采用秒数标记，让幻灯片切换更精确！

**13. 广播幻灯片，在线观看幻灯播放**

"广播幻灯片"是 PowerPoint 2010 中新增加的一项功能，即允许其他用户通过互联网同步观看主机的幻灯片播放，这与电子教室中经常使用的视频广播颇为类似。如图 5-147 所示，使用前首先单击"幻灯片放映"标签下的"广播幻灯片"，然后再单击弹出对话框中的"启动广播"，稍后 PowerPoint 将会自动分配给用户一个共享网址（可能需要输入 Windows Live ID）将其发送给其他接收者，其后通过浏览器打开，即能与主机同步观看正在播放的幻灯片了。

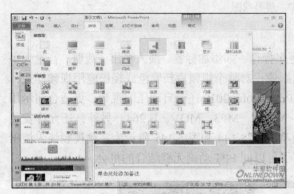

图 5-146  "切换"标签

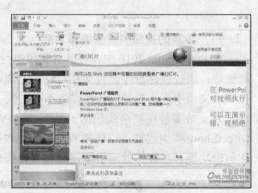

图 5-147  广播幻灯片

**14. 文档一键压缩**

庞大的文件不但会占用更多空间，还会影响到幻灯片的播放性能。PowerPoint 2010 在"文件"→"信息"标签下提供了一项"压缩媒体"功能。可以根据不同环境压缩成"演示文稿质量"、"互联网质量"和"低质量"3 种级别。不过由于影音视频大多属于高压缩格式，因此这项功能更多地还是对那些图片类幻灯片作用明显。

**15. 动画格式刷**

动画格式刷可以让用户更快速地把一个对象上的动画移植到另一个对象上。

**16. 有效地共享信息**

过去，如果文件较大，则难以共享内容或通过电子邮件发送演示文稿，也无法以可靠方式与使用不同操作系统的用户共享演示文稿。现在，无论是需要共享演示文稿、创建审批、审阅工作流，还是需要与没有使用 PowerPoint 的联机人员协作，都可以通过多种新方法实现与他人的共享和协作。

**17. 幻灯片库**

可以通过位于中心位置（服务器）的幻灯片库存储单个幻灯片文件，共享和重复使用幻灯片内容。也可以将幻灯片发布到幻灯片库中。使用幻灯片库时，可以通过将演示文稿中的幻灯片与服务器上存储的幻灯片相链接，确保拥有最新内容。如果服务器版本改变，则会提示更新幻灯片。

# 第6章
# 关系数据库管理软件 Access

Microsoft Access 是 Microsoft Office 组件中的一个重要的组成部分，是目前最普及的关系数据库管理软件之一，它提供了一个能在办公环境下使用的、操作简单、易学易用的数据库集成开发环境。

# 6.1 Access 概述

## 6.1.1 Access 系统简介

Access 是一种关系型数据库管理系统，它是一个面向对象的开发工具，利用面向对象的方式将数据库系统中的各种功能对象化，将数据库管理的各种功能封装在各类对象中。在 Access 中，一个应用系统是由一系列对象组成的，对每个对象它都定义一组方法和属性，以定义该对象的行为和功能。这种基于面向对象的开发方式极大地简化了用户的开发工作，使得开发应用程序更为简便。

Access 中管理的对象有表、查询、窗体、报表、页、宏和模块，以上对象都存放在后缀为.mdb 的数据库文件中，便于用户的操作和管理。

Access 基于 Windows 操作系统下的集成开发环境，该环境集成了各种向导和生成器工具，极大地提高了开发人员的工作效率。

Access 可以将数据从 Access 中导出到 Excel、Word 和文本文件中，提供了不同软件间数据的共享，为进行数据分析提供了更多方法和环境。

Access 为用户提供了一些示范数据库，用户可以参照全功能数据库（Northwind）制作和复制相应的数据库。

Access 支持 ODBC（Open Data Base Connectivity，开放数据库互连），利用 Access 强大的 DDE（动态数据交换）和 OLE（对象的联接和嵌入）特性，可以在一个数据表中嵌入位图、声音、Excel 表格、Word 文档，还可以建立动态的数据库报表、窗体等。

Access 还可以将程序应用于网络，并与网络上的动态数据相连接。利用数据库访问页对象生成 HTML 文件，轻松构建 Internet/Intranet 的应用。

## 6.1.2 Access 的操作环境

启动 Access，进入 Access 系统的主界面窗口，如图 6-1 所示。

Access 用户操作界面由标题栏、菜单栏、工具栏、工作区和状态栏组成。

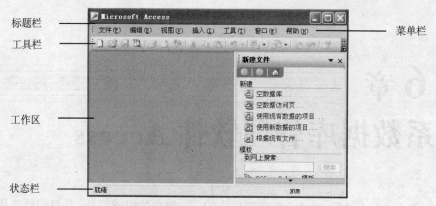

标题栏
工具栏
工作区
状态栏
菜单栏

图 6-1　Microsoft Access 2003 系统主界面

　　用户对 Access 的操作既可以通过菜单进行，也可以用工具按钮完成。Access 提供了多种工具栏，系统根据操作环境不同，激活不同的工具栏，用户也可以根据操作需要激活相应的工具栏。

# 6.2　Access 数据库概述

　　在 Access 中，只有建立了数据库，才能创建数据库中的对象。
　　Access 数据库中包含表基本对象，同时还包含在基本对象表基础上创建的其他数据库对象。在数据库中可以创建多表之间的关联关系，解决复杂的数据处理问题。

## 6.2.1　Access 数据库对象

　　Access 数据库中包含表、查询、窗体、报表、数据访问页、宏和模块 7 种对象，不同的对象在数据库中起着不同的作用，每一个数据库对象可以完成不同的数据库功能。

### 1. 表

　　表（table）是数据库中最重要的基本对象，是数据库的核心与基础，表中存放数据库中的全部数据，是整个数据库系统的数据源，一个数据库中可以建立多个表。

### 2. 查询

　　查询（query）也是一个"表"，是以表为基础数据源的"虚表"。
　　在进行数据库操作时，有时可能需要对一个表中的部分数据进行处理，也可能需要对多个表中的数据进行处理，此时可用查询的方法来检索和查看数据。

### 3. 窗体

　　窗体（form）是用户自己定义的用来输入/显示数据的窗口，是用户与数据库应用系统进行人机交互的界面。通过窗体用户可以轻松直观地查看、输入或更改表中的数据。

### 4. 报表

　　报表（report）最终是为了数据的打印输出。报表可以将数据以设定的格式进行显示和打印，同时还可以对数据库中的数据分析、处理，实现汇总、求平均、求和等操作。

### 5. 宏

　　宏（macro）是数据库中一个特殊的数据库对象，它是一个或多个操作命令的集合，其中每个命令实现一个特定的操作。
　　利用宏可以使大量的重复性操作自动完成，以方便对数据库的管理和维护。

#### 6. 数据访问页

数据访问页（web）又称页，是数据库中另一个特殊的数据库对象，它可以实现互联网与用户数据库中的数据相互访问。

#### 7. 模块

Access 中的模块（module）是用 Access 支持的 VBA（Visual Basic for Application）语言编写的程序段的集合。若想使用模块这一数据库对象，就要对 VBA 有一定的了解，但模块只是提供了一种便捷的操作数据库的方法和途径，在 Access 中，不使用模块仍可完成 Access 数据库系统的开发设计。

### 6.2.2　Access 数据库操作

一个 Access 数据库就是一个扩展名为.mdb 的 Access 文件。在 Access 中创建数据库可以使用数据库向导、使用模板和创建一个空数据库 3 种方法创建。

#### 1. 创建数据库

（1）利用数据库向导创建数据库。利用向导创建数据库，用户可以在系统的提示下完成操作。操作步骤如下。

① 打开"文件"菜单，选择"新建"命令，打开"新建文件"任务窗格，在"新建文件"任务窗格上选择"本机上的模板"命令，打开"模板"对话框，如图 6-2 所示。

图 6-2　"模板"对话框

② 在"模板"对话框中选择"数据库"选项卡，在"数据库"列表框中选择所需要的数据模板，单击"确定"按钮，打开"文件新建数据库"对话框，如图 6-3 所示。

图 6-3　"文件新建数据库"对话框

③ 在"文件新建数据库"对话框中的"保存位置"下拉列表中选择数据文件的保存位置，输入数据库文件名（联系人管理），单击"创建"按钮，打开"数据库向导"对话框，如图 6-4 所示。

④ 在"数据库向导"对话框中列出了新建数据库中将要保存的信息（如联系信息、通话信息），这些信息是由"向导"确定的，用户无法选择，如果生成的信息不能满足要求，要在数据库创建完成后再进行修改。

⑤ 在"数据库向导"对话框中单击"下一步"按钮，在"数据库中的表"列表框中选择作为向导的表（这里选择了联系信息表），再在"表中的字段"列表框中选择表中可用的字段，其中，可选的字段用斜体显示，否则是必选字段，如图 6-5 所示。

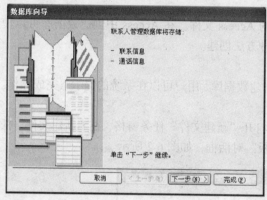

图 6-4 "数据库向导"对话框

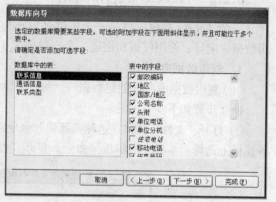

图 6-5 选择作为向导的表和字段

⑥ 单击"下一步"按钮，在"数据库向导"对话框中确定窗体的显示样式，如图 6-6 所示。

⑦ 单击"下一步"按钮，在"数据库向导"对话框中选择报表打印的样式，如图 6-7 所示。

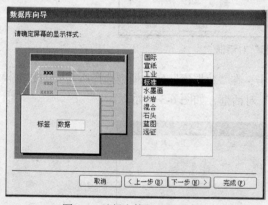

图 6-6 选择窗体的显示样式

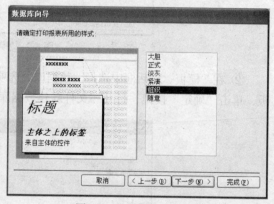

图 6-7 选择报表打印的样式

⑧ 单击"下一步"按钮，在"数据库向导"对话框中确定数据库的标题、打印报表是否要加图片，若需要可单击"图片"按钮，选择插入的图片，插入的图片将出现在报表左上角的位置，如图 6-8 所示。

单击"下一步"按钮，在"数据库向导"对话框中单击"完成"按钮返回数据库窗口。在数据库窗口中，一个包含表、窗体、报表等数据库对象的数据库已创建完成，如图 6-9 所示。

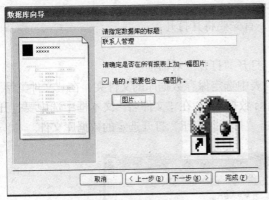

图 6-8　数据库的标题样式

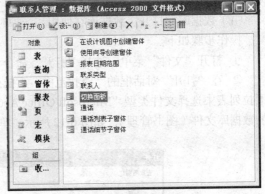

图 6-9　"数据库"窗口

（2）直接创建空数据库。直接创建一个空数据库，然后逐步向数据库中添加表、查询、窗体和报表等，这种方法灵活通用，但操作较复杂，用户必须自主建立数据库应用系统所需的每一个对象。

操作步骤如下。

① 打开"文件"菜单，选择"新建"命令，打开"新建文件"任务窗格，在"新建文件"任务窗格上选择"空数据库"命令，打开"文件新建数据库"对话框，在"保存位置"下拉列表中选择空数据库文件的保存位置，输入新建数据库的文件名（如图书管理），如图 6-10 所示。

图 6-10　"文件新建数据库"对话框

② 在"文件新建数据库"对话框中单击"创建"按钮，打开"数据库"窗口，如图 6-11所示。

③ 在"数据库"窗口中，可以看到"对象"栏中的表、查询、窗体、报表、页、宏和模块数据库对象。

用此种方法创建的数据库不含有任何具体的表、查询、窗体等数据库对象，用户需根据实际要求逐步添加。

**2．数据库的操作**

在使用数据库时，要先打开数据库，数据库

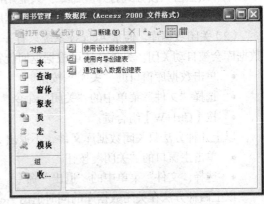

图 6-11　"数据库"窗口

使用后要关闭数据库。

（1）数据库的打开。数据库在使用和维护时，首先要将其打开。

操作步骤如下。

① 打开"文件"菜单，选择"打开"命令，打开"打开"对话框。

② 在"打开"对话框的"查找范围"下拉列表中选定保存数据库的文件夹，在"文件类型"下拉列表中选择文件类型"Microsoft Office Access 数据库"，在"文件名"文本框中选中要打开的数据库文件（图书管理），如图 6-12 所示。单击"打开"按钮，打开选定的数据库文件。

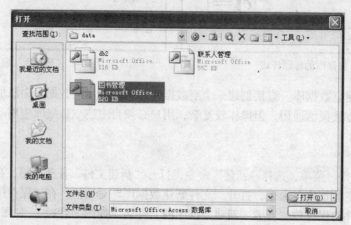

图 6-12 "打开"对话框

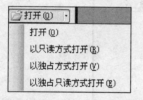

图 6-13 "打开"按钮的下拉菜单

数据库文件有不同的打开方式，在图 6-12 所示的"打开"对话框中单击"打开"右侧的下拉按钮，将弹出一个菜单，如图 6-13 所示，可以在菜单中选择数据库的打开方式。

• "打开"命令：默认的打开方式，被打开的数据库文件与其他用户共享。若打开的数据库保存在局域网中，为了数据安全，最好不选择这种打开方式。

• "以只读方式打开"命令：只能使用、浏览数据库对象，不能修改。这种打开方式是数据安全的防范方法，适合对数据库操作级别较低的用户。

• "以独占方式打开"命令：用户可以使用、浏览数据库对象，也可以修改。但其他用户不能使用该数据库，是一种常用的打开方式。

• "以独占只读方式打开"命令：只能用户自己使用、浏览数据库对象，不能修改数据库，其他用户不能使用数据库。一般只是在对数据库进行浏览、查询操作时才用这种方式。

（2）关闭数据库。通常 Access 系统只有一个当前数据库。当打开一个数据库时，此前打开的数据库会被自动关闭。另外，还可根据返回位置的不同关闭数据库。

• 单击数据库窗口的"关闭"按钮。

• 选择"文件"菜单中的"关闭"命令。

• 按【Ctrl+W】组合键。

以上几种方法只关闭数据库文件，不退出 Access。

• 单击主窗口的"关闭"按钮。

• 选择"文件"菜单中的"退出"命令。

以上两种方法在关闭数据库的同时退出 Access。

## 6.2.3　Access 数据库的管理

### 1. 设置数据库的默认文件夹

为方便管理、操作数据库文件，常通过设置数据库的默认文件夹把数据库放在一个指定的"专用"文件夹中。

操作步骤如下。

① 打开"工具"菜单，选择"选项"命令，弹出"选项"对话框，如图 6-14 所示。

② 选择"常规"选项卡，在"默认数据库文件夹"文本框中输入默认文件夹名称（例如 E:\access\date），单击"确定"按钮。

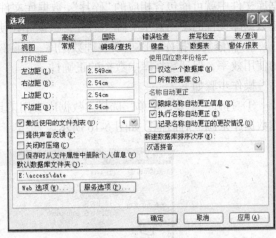

图 6-14　"选项"对话框

### 2. 备份和恢复数据库

为了加强对数据库存储的安全管理，对重要的数据库应该经常进行备份。一旦发生意外，可以通过备份的数据库进行恢复。

（1）备份数据库。操作步骤如下。

① 打开要备份的数据库，确保其中所有对象已关闭。

② 打开"文件"菜单，选择"备份数据库"命令，弹出"备份数据库另存为"对话框，如图 6-15 所示。

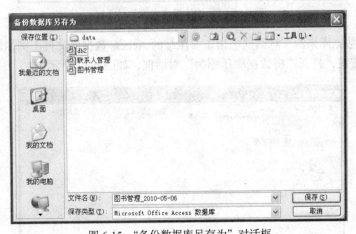

图 6-15　"备份数据库另存为"对话框

③ 在"文件名"文本框中指定备份数据库的文件名，在"保存位置"下拉列表中选择保存位置，然后单击"保存"按钮。默认的文件名为"原数据库名_当前日期.mdb"。

一般情况下，备份数据库应保存在其他位置。

④ 原数据库重新自动打开，备份结束。

⑤ 如果数据库应用了用户级安全机制，工作组信息文件也应同时备份。

采用文件复制的方法也可以达到备份数据库的目的。

（2）恢复数据库。使用文件复制的方法将备份数据库文件和工作组信息文件复制到所需位置，然后改为正确的名称即可。

当数据库文件夹中已有的数据库文件和备份数据库文件重名时，若想保存已有文件，应在复制备份文件之前先进行文件的重命名，以免已有数据库文件被替换。

（3）数据库压缩/修复。用户经常要对数据库中的对象进行增加、修改、删除等操作，这时数据库文件中就可能包含相应的"碎片"，数据库文件变得很大，导致系统不能有效地使用磁盘空间，使数据库文件的使用效率下降。另外，数据库在使用过程中，若遭到破坏也会导致数据不正确。

压缩/修复数据库可以重新整理数据库，消除磁盘碎片，修复遭到破坏的数据库，提高数据库的使用效率，保证数据库中数据的正确性。

操作步骤如下。

① 打开"工具"菜单，选择"数据库实用工具"中的"压缩和修复数据库"命令，打开"压缩数据库来源"对话框，如图 6-16 所示。

图 6-16 "压缩数据库来源"对话框

② 在"压缩数据库来源"对话框中指定要压缩的 Access 数据库文件（例如联系人管理），然后单击"压缩"按钮，打开"将数据库压缩为"对话框，如图 6-17 所示。

图 6-17 "将数据库压缩为"对话框

③ 在"将数据库压缩为"对话框中为压缩后的 Access 文件指定名称、驱动器和文件夹，单击"保存"按钮，数据库开始压缩。

压缩/修复数据库文件时应注意以下几点。

● 在进行压缩/修复数据库文件前，必须保证磁盘有足够的存储空间存放数据库压缩/修复产生的文件，若磁盘空间不够，将导致数据库压缩/修复失败。

- 如果压缩/修复后的数据库文件与源文件同名且同路径，压缩/修复后的文件将替换源文件。
- 如果压缩/修复当前数据库文件，可直接选择"工具"菜单下的"数据库实用工具"选项，再选择"压缩和修复数据库"命令，系统将对打开的数据库文件进行压缩/修复。

# 6.3　表

Access 是一种关系型数据库管理系统，在关系型数据库管理系统中用表来存储和管理数据，表是数据库的对象之一，它是整个数据库的基础，也是数据库其他对象操作的依据。

本节将介绍表的相关概念、表的操作方法、表的使用及多表操作的相关概念及操作方法。

## 6.3.1　表的相关概念

在 Access 中，大量的数据存储在表中，表的使用效果如何，决定于表结构的设计。在创建表之前，要根据实际问题的需求进行调查分析，根据具体的数据管理需要规划和设计一个适合需要的，而且能满足关系型数据库特征的表，同时在设计表时还应该考虑表中数据的冗余度、共享性及完整性。

### 1. 表的构成

在 Access 中，表必须是一个满足关系模型的二维表。

所谓的二维表，就是由纵横两个坐标表示和反映某一事物（实体）状况或信息的数据集合。例如，表 6-1 所示的"图书表"即为一张反映图书信息的二维表。

表 6-1　　　　　　　　　　　　　　　图书表

| 书号 | 书名 | 出版社 | 书类 | 作者 | 出版日期 | 库存 | 单价 | 备 注 |
|------|------|--------|------|------|----------|------|------|-------|
| s0001 | 傲慢与偏见 | 海南 | 小说 | 简·奥斯汀 | 2009-02-04 | 2300 | 23.5 | 已预定300册 |
| s0002 | 安妮的日记 | 译林 | 传记 | 安妮 | 2008-05-08 | 1500 | 18.5 | |
| s0003 | 悲惨世界 | 人民文学 | 小说 | 雨果 | 2007-08-09 | 1200 | 30.00 | |
| s0004 | 都市消息 | 三联书店 | 百科 | 红丽 | 2007-10-12 | 1000 | 20.00 | |
| s0005 | 黄金时代 | 花城 | 百科 | 崔晶 | 2009-05-25 | 800 | 15.00 | |
| s0006 | 我的前半生 | 人民文学 | 传记 | 溥仪 | 1995-08-09 | 850 | 29.00 | |
| s0007 | 茶花女 | 译林 | 小说 | 小仲马 | 1998-10-21 | 1300 | 35.00 | |

在二维表中，称表中的行为记录（表的内容），称表中的列为字段或属性（表的栏目），称字段或属性的名字为字段名（表栏目名）。

表都是以二维表的形式构成的，对应的表结构由表名、字段或属性构成。

（1）表名。表名是该表存储到磁盘的唯一标识，即表存储到磁盘的文件名，它是用户访问数据的唯一标识。

（2）表的字段属性。表的字段属性即表的组织形式，它包括表中的字段个数，每个字段的名称、类型、宽度及是否建立索引等。

（3）表中的记录。表的记录是表中的数据，记录的内容是表所提供给用户的全部信息。

向表输入记录，就是为表中记录的每一个字段赋值。一个表的大小主要取决于它拥有记录的多少。表的名字及表中每个字段的名字、类型、宽度构成表的结构，表结构一旦确定，表即设计完成。通常把不包含记录的表称为空表。

**2. 字段类型**

计算机在存储处理数据时，需要将数据分成各种数据类型，数据类型决定了数据的存储和使用方式。字段是用来存储各种数据的，在 Access 系统中，字段分成以下几种数据类型。

（1）文本型。文本型是最常用的字段数据类型之一，也是 Access 系统默认的数据类型。它用来存储文字、字符以及不具有计算能力的数字字符组成的数据。

文本型的数据由汉字和 ASCII 字符集中可打印字符（英文字符、数字字符、空格及其他专用字符）组成。文本字段数据的最大长度为 255 个字符，系统默认的字段长度为 50 个字符。

（2）备注型。备注字段数据类型用于存放较长的文本数据，是文本字段数据类型的特殊形式，它没有数据长度的限制，仅受限于现有的磁盘空间。

备注字段数据类型不能进行排序或索引。

（3）数字型。数字型数据由数字（0~9）、小数点和正负号组成，可进行数学运算。根据数字型数据存储的数据精度和范围不同，数字型数据又分为整型、长整型、单精度型、双精度型等类型，分别为 1、2、4、8 字节。Access 默认的数字型类型为长整型。

（4）日期/时间型。日期/时间字段数据类型用来存储表示日期/时间的数据，其长度为 8 字节。根据日期/时间字段数据类型的显示格式不同，又分为常规日期、长日期、中日期、短日期、长时间、中时间、短时间等类型。

（5）货币型。货币字段数据类型用来存储货币值。在货币型字段输入数据时，Access 系统会自动添加货币符号和千位分隔符，当数据的小数位超过两位时，系统自动完成四舍五入。

（6）自动编号型。自动编号用来存储递增数据和随机数据，其长度为 4 字节。在记录数据输入时，每增加一个新记录，自动编号字段数据类型的数据自动加 1 或随机编号，用户不能给自动编号字段数据类型的字段输入数据，也不能编辑数据。

（7）是/否型。是/否字段数据类型用来存储只包含两个值的数据，其长度为 1 字节。是/否字段数据类型用来存储逻辑型数据，不能用于索引。

（8）OLE 对象型。OLE 对象数据类型用于链接或嵌入其他应用程序所创建的对象，其最大长度可为 1GB。其他应用程序所创建的对象可以是电子表格、文档、图片等。

（9）超链接。超链接字段类型用于存储超链接地址。

（10）查阅向导型。查阅向导字段数据类型用于存放从其他表中查阅的数据。

## 6.3.2　表的操作

大量的数据要存储在表中，用户完成了数据的收集及二维表的设计，便可在 Access 中创建表。表 6-2 所示为"图书表"的表结构定义，表 6-1 为"图书表"的记录数据。

表 6-2　　　　　　　　　　　"图书表"结构

| 字　段 | 字　段　名 | 类　型 | 宽　度 | 小　数　位 | 索　引 |
|---|---|---|---|---|---|
| 1 | 书号 | 文本型 | 5 | | 主索引 |
| 2 | 书名 | 文本型 | 20 | | |
| 3 | 出版社 | 文本型 | 16 | | |
| 4 | 书类 | 文本型 | 6 | | |
| 5 | 作者 | 文本型 | 14 | | |
| 6 | 出版日期 | 日期/时间型 | 8 | | |
| 7 | 库存 | 数字型 | 整型 | | |

续表

| 字　段 | 字 段 名 | 类　型 | 宽　度 | 小 数 位 | 索　引 |
|---|---|---|---|---|---|
| 8 | 单价 | 数字型 | 单精度型 | 2 | |
| 9 | 备注 | 备注型 | 最多 65 536 | | |

### 1. 创建表

在 Access 中，创建表有以下几种方法。

- 数据表视图创建表。
- 设计视图创建表。
- 表向导创建表。
- 导入表创建表。
- 链接表创建表。

（1）使用数据表视图创建表。操作步骤如下。

① 打开或新建数据库，打开"数据库"窗口。

② 在"数据库"窗口中选择数据库对象"表"，单击"新建"按钮，打开"新建表"对话框，如图 6-18 所示。

③ 在"新建表"对话框中选择"数据表视图"，单击"确定"按钮，打开表"浏览"窗口，如图 6-19 所示。

④ 在表"浏览"窗口中可直接输入表的记录，系统将根据输入的数据内容定义新表的结构。

⑤ 打开"文件"菜单，选择"保存"命令，打开"另存为"对话框，在"表名称"文本框中输入表名，如图 6-20 所示。

图 6-18　"新建表"对话框

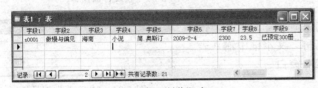

图 6-19　表"浏览"窗口

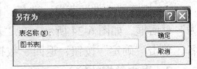

图 6-20　"另存为"对话框

⑥ 单击"另存为"对话框中的"确定"按钮，返回"数据库"窗口，如图 6-21 所示。

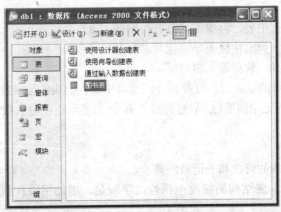

图 6-21　"数据库"窗口

此时新表的结构已定义完成，保存表结束表的创建。

用数据表视图创建的表不能输入字段名，需要再次修改字段名，或给字段定义标题，才能完成表的设计。

（2）使用设计视图创建表。利用"设计视图"创建表，表的结构基本不用修改，可以一步到位。

操作步骤如下。

① 建立或打开已有的数据库。

② 在"数据库"窗口中选择"表"为操作对象，如图 6-22 所示。

③ 在"数据库"窗口中选择"使用设计器创建表"，单击"设计"按钮，打开"表设计器"窗口，如图 6-23 所示。

④ 在"表设计器"窗口中逐一定义每个字段的字段名、类型、长度、索引等，如图 6-23 所示。

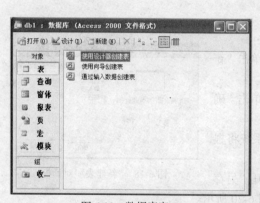

图 6-22　数据库窗口

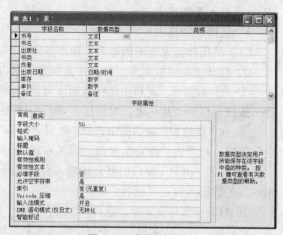

图 6-23　表设计器窗口

⑤ 打开"文件"菜单，选择"保存"命令，打开"另存为"对话框，如图 6-24 所示。在"表名称"文本框中输入表名，单击"确定"按钮，返回"数据库"窗口。

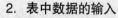

图 6-24　"另存为"对话框

**2. 表中数据的输入**

将记录数据输入表中，只要把表打开便可操作。

在"数据库"窗口中，打开表有以下几种方法。

（1）双击表的图标。

（2）单击表的图标选中表，再单击"打开"按钮。

（3）右击表的图标，弹出快捷菜单，选择"打开"命令。

（4）拖曳表的图标到"数据库"窗口。

表打开后进入"表"浏览窗口，可看到在该窗口中输入的表的记录数据，如图 6-25 所示。在"表"浏览窗口中，有的记录前有▯或▯符号，其中▯表示正在输入数据的记录行，▯表示可以在该行输入数据。

**3. 表的维护**

表的维护包括表结构的修改和表记录的修改。

（1）表结构的修改。表结构的修改包括修改字段名，增加字段，删除字段，修改字段的属性等。

打开"表设计器"窗口可以修改表的结构。

● 修改字段名。

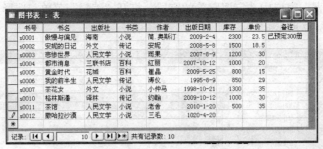

图 6-25　"表"浏览窗口

操作步骤如下。

① 打开数据库。

② 在"数据库"窗口中选定要修改的表，单击"设计"按钮，打开"表设计器"窗口。

③ 在"表设计器"窗口中选定要更改的字段，修改其字段名。

④ 保存表。

- 插入新字段。

操作步骤如下。

① 打开数据库，在"数据库"窗口中选定要修改的表，单击"设计"按钮，打开"表设计器"窗门。

② 在"表设计器"窗口中选定待插入字段的位置，打开"插入"菜单，选择"行"命令，插入一个新字段，如图 6-26 所示。

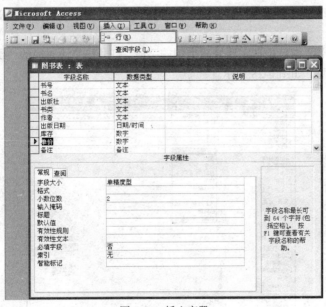

图 6-26　插入字段

③ 保存表。

- 删除字段。

操作步骤如下。

① 打开数据库，在"数据库"窗口中选定要修改的表，单击"设计"按钮，打开"表设计器"窗口。

② 在"表设计器"窗口中选定要删除的字段，打开"编辑"菜单，选择"删除"命令，删除选定的字段，如图 6-27 所示。

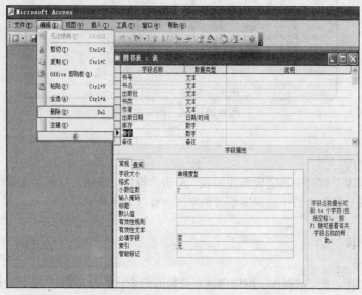

图 6-27　删除字段

- 修改字段类型。

操作步骤如下。

① 打开数据库，在"数据库"窗口中选定要修改的表，单击"设计"按钮，打开"表设计器"窗口。

② 在"表设计器"窗口中选定要修改类型的字段，打开该字段对应的"数据类型"下拉列表，选择所需的字段类型，如图 6-28 所示。

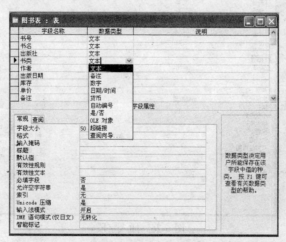

图 6-28　修改字段类型

③ 保存表。

- 修改字段长度。

操作步骤如下。

① 打开数据库，在"数据库"窗口中选定要修改的表，单击"设计"按钮，打开"表设计器"。

② 在"表设计器"中选定要修改长度的字段，选择"常规"选项卡。

③ 在"常规"选项卡中选中"字段大小"编辑框中的数据，修改字段长度；或打开其"字段大小"对应的下拉列表，选择所需要的字段类型，如图 6-29 所示。

④ 保存表。

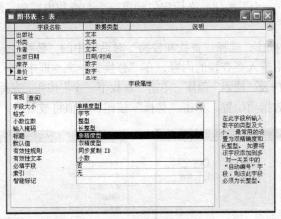

图 6-29　修改字段长度

（2）表记录的修改和编辑。表中的记录数据可以手工修改，也可以用命令成批修改。

• 记录数据的修改。

要修改表中的记录数据，可以打开表，在表的浏览窗口选择要修改的数据直接手工修改。

用手工修改数据的操作，数据的安全性较差。为了保证数据的安全，在进行数据修改时，通常采用数据替换的方式或设计一个用于修改数据的窗体，在窗体中修改，对有规律的成批修改数据，也可以用命令的方式修改。

• 记录数据的复制。

数据的复制内容可以是一条记录、多条记录、一列数据、多列数据、一个数据项、多个数据项或一个数据项的部分数据。利用数据复制操作可以减少重复数据或相近数据的输入。

操作步骤如下。

① 打开表的浏览窗口（在如图 6-21 所示的"数据库"窗口中选择要操作的表，单击"打开"按钮即可打开表的浏览窗口）。

② 选定要复制的内容，单击鼠标右键，在弹出的快捷菜单中选择"复制"命令。

③ 选定复制内容的去向，单击鼠标右键，在弹出的快捷菜单中选择"粘贴"命令。

• 记录数据的删除。

表中错误的或无用的数据可以删除，删除操作只能删除记录，即删除一个记录或多个记录。

打开表的浏览窗口，可以用以下几种方法删除表中的记录数据。

① 选定要删除的记录，按键盘上的【Delete】键。

② 选定要删除的记录，打开"编辑"菜单，选择"删除记录"命令。

③ 选定要删除的记录，单击鼠标右键，在弹出的快捷菜单中选择"删除记录"命令。

④ 选定要删除的记录，按键盘上的【Ctrl+ —】组合键。

在执行删除操作时，系统将询问用户是否要删除选定的记录，若要删除则选择"是"按钮，选定的记录将被删除。

• 数据的查找/替换。

利用查找/替换操作可以在数据表中快速查看数据信息，或方便、准确地修改数据。

操作步骤如下。

① 打开表。

② 打开"编辑"菜单，选择"查找"或"替换"命令，打开"查找和替换"对话框，选择"查找"选项卡，在"查找内容"文本框中输入要查找的内容，选择"查找范围"、"匹配"条件及"搜索"方向，单击"查找下一个"按钮，光标定位到第一个与查找内容相"匹配"的数据项的位置，如图 6-30 所示。

③ 若进行"替换"操作，选择"查找和替换"对话框中的"替换"选项卡，如图 6-31 所示。在"查找内容"文本框中输入要查找的内容，在"替换为"文本框中输入要替换的数据，再确定"查找范围"、"匹配"条件及"搜索"范围。单击"查找下一个"按钮，光标将定位到第一个与"查找内容"相"匹配"的数据项位置，单击"替换"按钮，该值将被替换。

图 6-30　查找操作　　　　　　　　　　　　　图 6-31　替换操作

## 6.3.3　表的使用

表建立后，用户就可以对表进行记录定位、排序、筛选等操作，实现对数据的处理。

### 1. 记录定位

表中有许多条记录，将当前正在操作的记录称为当前记录。用户要对哪一个记录进行浏览、编辑，就要先将其确定为当前记录，通常把这一操作称为记录定位。

操作步骤如下。

① 打开表。

② 打开"编辑"菜单，选择"定位"命令，打开一个级联子菜单，如图 6-32 所示。

③ 选择子菜单中的"首记录"命令，将第一个记录定义为当前记录；选择"尾记录"命令，将最后一个记录定义为当前记录；选择"下一记录"命令，将当前记录的下一个记录定义为当前记录；选择"上一记录"命令，将当前记录的上一个记录定义为当前记录。

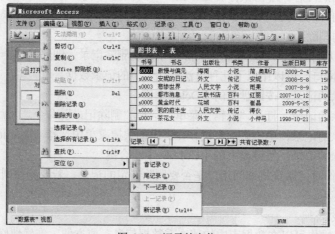

图 6-32　记录的定位

### 2. 记录排序

在浏览表中的数据时，记录输入的先后顺序为记录默认的显示顺序。数据表中的记录可以按字段值排列，改变记录的显示顺序，以满足记录按不同需要排列的需求。

操作步骤如下。

① 打开表。

② 选定用于排序的字段，打开"记录"菜单，选择"排序"选项，选择"升序排序"或"降序排序"命令，如图 6-33 所示。也可用"常用"工具栏中的"升序"按钮和"降序"按钮实现排序。

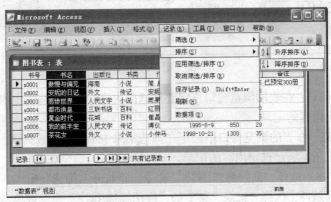

图 6-33 按"书名"字段排序

③ 选择"降序排序"命令后，表中记录的显示顺序发生改变，如图 6-34 所示。

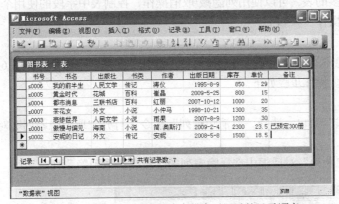

图 6-34 按"书名"字段降序排序后记录的显示顺序

### 3. 记录筛选

用筛选操作可以在数据表中查找一个或一组满足规定条件的记录。

操作步骤如下。

① 打开表。

② 选定用于筛选的字段，打开"记录"菜单，选择"筛选"选项，打开级联菜单，如图 6-35 所示。

* 按窗体筛选：选择"按窗体筛选"命令，将打开"按窗体筛选"窗口，确定每个字段的筛选条件，选择"记录"菜单的"应用筛选/排序"命令或单击"常用"工具栏上的按钮执行筛选，显示满足筛选条件的记录。

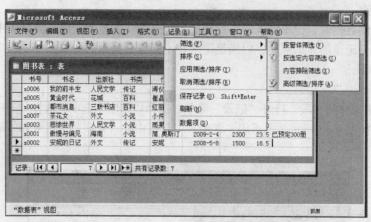

图 6-35　记录的筛选

- 按选定内容筛选：在表的浏览窗口选定要筛选的内容，选择"按选定内容筛选"命令执行筛选，显示满足选定内容的记录。

- 内容排除筛选：在表的浏览窗口中选定在筛选结果中不出现的数据项，选择"内容排除筛选"命令执行筛选显示不满足选定内容的记录。

- 高级筛选/排序：选择"高级筛选/排序"命令，将打开"筛选"窗口，在"筛选"窗口中设定每个字段的筛选条件，选择"记录"菜单的"应用筛选/排序"命令或单击"常用"工具栏上的 按钮执行筛选，筛选出满足条件的记录。

### 4. 字段隐藏/取消隐藏

对于字段比较多的表，可以使用列隐藏/取消操作，控制表中字段的使用个数。

（1）隐藏列。操作步骤如下。

① 打开表。

② 选定需要隐藏的列，打开"格式"菜单，选择"隐藏列"命令，如图 6-36 所示。

（2）取消隐藏。操作步骤如下。

① 打开表。

② 打开"格式"菜单，选择"取消隐藏列"命令，打开"取消隐藏列"对话框，如图 6-37 所示。

③ 在"取消隐藏列"对话框中选择隐藏列的字段名，取消隐藏列。

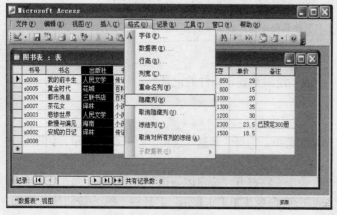

图 6-36　字段的隐藏

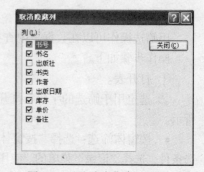

图 6-37　"取消隐藏列"对话框

### 5. 字段冻结/解冻

在浏览或编辑表中的数据时，若表中的字段比较多，为了让某些字段总是在"表"浏览窗口内显示，可以用字段冻结操作。

（1）冻结列。操作步骤如下。

① 打开表。

② 选定需要冻结的列，打开"格式"菜单，选择"冻结列"命令，如图 6-38 所示。

（2）解冻列。操作步骤如下。

① 打开表。

② 打开"格式"菜单，选择"取消对所有列的冻结"命令。

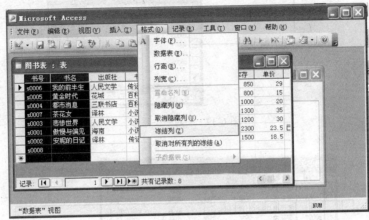

图 6-38　冻结列

## 6.3.4　多表操作

在用数据库解决具体问题时，需要建立若干个相关联的表，通常将这些表存放在同一个数据库中，通过建立表间的关联关系，使表之间保持相关性。

### 1. 表间关联关系及关联类型

（1）关联的概念。每个打开的表都形象地有一个记录指针，用以指示正在操作的记录，即当前记录。所谓关联，就是令不同工作区的记录指针建立一种联动关系，使一个表的记录指针移动时，另一个表的记录指针能随之移动。

（2）关联条件。关联条件通常要求比较不同表的两个字段表达式值是否相等。

建立关联的两个表，总有一个是父表，一个是子表。在执行涉及这两个表数据的命令时，父表的记录指针移动，会使子表记录指针自动移到满足关联条件的记录上。

（3）关联类型。关联的数据库表之间的关系有一对一、一对多和多对一 3 种关联关系。

① 一对一关系。一对一关系，即在两个表中选一个相同属性的字段（字段名不一定相同）作为关联条件，依据关联字段的值，使得前一个表（父表）中的一个记录与后一个表（子表）的至多一个记录关联；反之，后一个表的一个记录至多与前一个表的一个记录相关联，这两个表之间的关系为一对一关系，如图 6-39 所示。

② 一对多关系。一对多关系，即在两个表中选一个相同属性的字段（字段名不一定相同）作为关联条件，依据关联字段的值，使得前一个表（父表：该表中作为关联条件的字段值是唯一的）中的一个记录可以与后一个表（子表）中的多个记录关联；反过来，后一个表中的一个记录至多与前一个表的一个记录关联，这两个表之间的关系为一对多关系，如图 6-40 所示。

③ 多对一关系。按照相同的关联规则，若出现在子表的唯一记录对应父表的多条记录，这种关联为多对一关系。

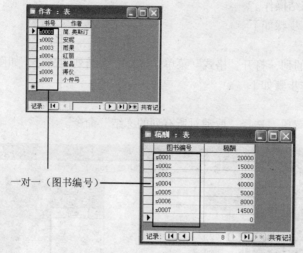

一对一（图书编号）

图 6-39 一对一关系

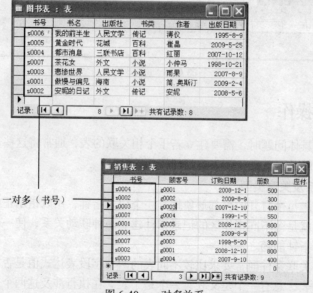

一对多（书号）

图 6-40 一对多关系

## 2. 建立索引

（1）索引及索引类型。索引是将表中的记录按照某个字段或字段表达式进行逻辑排序。

在 Access 中，表中记录的存储顺序通常是建表时记录的录入顺序。在查询、显示、打印等数据处理过程中，为了加快数据的处理速度，需要将记录数据按一定的标准排序，索引技术是实现这一要求最为可行的办法。另外，同一个数据库中的多个表，若想建立表间的关联关系，必须按照关联字段建立索引。

表记录索引后将产生相应的索引文件，索引文件中用来存放表中记录按照某个字段或字段表达式索引后的逻辑顺序，一个表可以建立多个索引，但不能对 OLE 对象型、备注型及逻辑型字段建立索引。

在 Access 中，按索引的功能分，有以下 3 种类型。

① 唯一索引：索引字段的值不能相同，即不允许有重复值。若给创建唯一索引的字段输入重复值，系统会提示操作错误，若该字段已经有重复值，则不能创建唯一索引。

② 普通索引：索引字段的值允许有重复值。

③ 主索引：在同一个表中可以创建多个唯一索引，可以将其中一个设为主索引，一个表只能有一个主索引。

（2）建立索引。操作步骤如下。

① 打开数据库。

② 在数据库窗口中选择要创建索引的表，单击"设计"按钮，打开"表设计器"窗口。

③ 在"表设计器"窗口中选择要建立索引的字段，在"常规"选项卡中打开"索引"下拉列表，选择其中的索引选项，如图 6-41 所示。

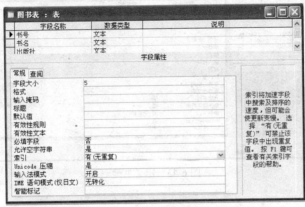

图 6-41　创建索引

索引选项的说明如下。

- 无：表示没有按该字段建立索引。
- 有（有重复）：表示按该字段创建索引，索引的类型为普通索引。
- 有（无重复）：表示按该字段创建索引，索引的类型为唯一索引。

在"表设计器"窗口中创建的索引只能是唯一索引或普通索引，不能创建主索引，其索引名称、索引字段、排序方向都是系统根据字段设定的，是升序排列。若要创建主索引、更改索引名称或进行降序排序，在"表设计器"窗口中创建索引后，还需打开"视图"菜单，选择"索引"命令，打开"索引"对话框，如图 6-42 所示。

图 6-42　"索引"对话框

"索引"对话框的说明如下。

- 主索引：设置该字段是否是主索引。
- 唯一索引：设置该字段是否是唯一索引。若该字段设为主索引，必须设为唯一索引。
- 忽略 Nulls：确定以该字段建立索引时，是否排除带有 Null 的记录。
- 当主索引、唯一索引选项都选择"否"时，该索引是普通索引。

④ 保存表，结束表索引的创建。

### 3. 设置主关键字

主关键字（主键）是一种特殊的索引，它是能够唯一确定每个记录的一个字段或一个字段集，一个表只能有一个主键，主键一旦确立，便不允许输入与已有主键相同的数据。主索引或唯一索引也可以确定记录的唯一性，但是，若表有主键，表中的记录存取顺序就依赖于主键，通过主键可以创建表间的关联关系。

操作步骤如下。

① 打开表。

② 在数据库窗口中选定要定义主键的表，单击"设计"按钮，打开"表设计器"窗口。

③ 在"表设计器"窗口中选定可作为主键的字段，打开"编辑"菜单，选择"主键"命令，选定字段就被定义为主键，如图6-43所示。定义为主键的字段前有一个标识。

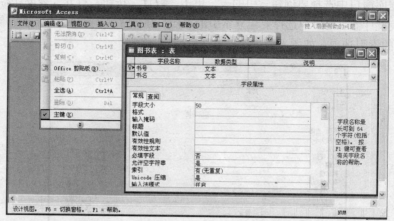

图6-43　定义主键

④ 保存表。

### 4. 建立表间关联

数据库中可以有多个相关的表，根据需要可以建立表间的关联关系。

建立数据库中表间的关联关系，首要条件是两个表必须有属性相同的字段（可以同名，也可以不同名）作为关联字段，其次要根据关联的类型，分别在父表和子表中建立不同类型的索引。若两个表之间要建立"一对一"的关系，父表和子表中的关联字段均应定义为主键或唯一索引（字段不允许有重复值）；若两个表之间要建立"一对多"关系，父表中关联字段定义为主键或唯一索引（字段不允许有重复值），子表中关联字段定义为普通索引（字段允许有重复值）；若两个表之间要建立"多对一"关系，父表中关联字段定义为普通索引（字段允许有重复值），子表中关联字段要定义为主键或唯一索引（字段不允许有重复值）。

**例6-1** 在图书管理数据库中有"图书表"和"销售表"，如图6-44所示，建立两个表的关联关系。

（a）图书表　　　　　　　　　　　　　　（b）销售表

图6-44　建立两个表的关联关系

分析：将两个表中属性相同的"书号"字段作为关联字段建立"一对多"的关联关系，图书表为父表，其"书号"字段设为主键，销售表为子表，其"书号"字段设为普通索引。

操作步骤如下。

① 打开"图书管理"数据库。

② 将"图书表"的"书号"字段设为主键，"销售表"的"书号"字段设为普通索引。

③ 打开"工具"菜单，选择"关系"命令，打开"显示表"对话框，同时打开"关系"窗口，如图 6-45 所示。

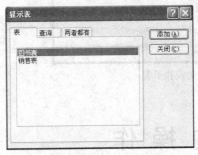
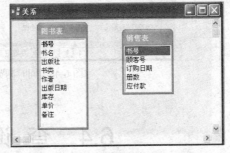

（a）"显示表"对话框　　　　　　（b）"关系"窗口

图 6-45　"显示表"对话框及"关系"窗口

④ 在"显示表"对话框中选中"图书表"，单击"添加"按钮，将"图书表"添加到"关系"窗口，使用同样的操作将"销售表"添加到"关系"窗口。

⑤ 在"关系"窗口中，将"图书表"的关联字段"书号"拖到"销售表"的关联字段"书号"位置上，打开"编辑关系"对话框，如图 6-46 所示。

⑥ 在"编辑关系"对话框中选中"实施参照完整性"复选框，再单击"创建"按钮，创建两个表间的关联，如图 6-47 所示。

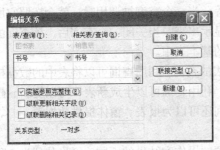
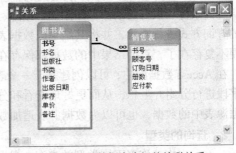

图 6-46　"编辑关系"对话框　　　　　　图 6-47　数据库表间的关联关系

⑦ 关闭"关系"窗口，保存数据库，结束数据库表间关联关系的建立。

两个表建立了关联关系后，子表的记录指针会随着父表的记录指针移动，在浏览父表的记录时，可以同时浏览子表的记录。

**例 6-2**　同时浏览例 6-1 中的父表"图书表"和子表"销售表"。

操作步骤如下。

① 打开"图书管理"数据库。

② 在"数据库"窗口中选择"图书表"，单击"打开"按钮，打开"图书表"的浏览窗口。

③ 在"表"浏览窗口中单击"或"按钮，可以打开或关闭"子"表，如图 6-48 所示。

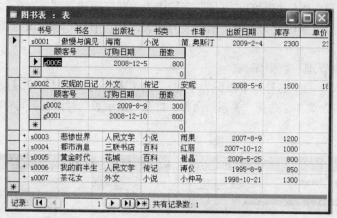

图 6-48　同时浏览父表和子表

# 6.4　查　询　操　作

表是数据库的对象，查询也是数据库的对象。利用查询可以实现对数据库中的数据进行浏览、筛选、排序、检索、统计计算等操作，也可以为其他数据库对象提供数据来源。

## 6.4.1　查询概述

### 1. 查询的作用

在 Access 中，查询与数据表相似，查询对象与表对象有着密切的关系，只有一个数据库有表对象存在，才会有查询；如果没有表，则不会有查询。从表现形式上看，查询的结果与表的形式是一致的，但它们之间存在着本质的区别。查询只是一个临时表，在查询中只记录该查询的方式，包括查询条件、执行的动作，如添加、删除、更新表等。当一个查询被调用时，就会按照它所记录的查询方式进行查找，并将其结果以数据表的形式显示出来。当关闭一个查询后，该查询的结果便不复存在了，查询结果中的数据都保存在其原来的基本表中。

在 Acccss 数据库中，可以创建基于一个表、多个表的查询。利用查询可以将表中的数据按某个字段进行分组并汇总，从而更好地查看和分析数据；利用查询可以生成新表，可以更新、删除数据源表中的数据，也可以为数据源表追加数据；查询还可以为报表、窗体提供数据源。

### 2. 查询的类型

Access 中支持许多不同类型的查询，根据对数据源的操作和结果的不同，可将其分为 5 种基本类型：选择查询、参数查询、交叉表查询、动作查询和 SQL 查询。

（1）选择查询：按给定的条件从一个或多个表中选取信息，主要用于浏览、检索、统计数据库的数据，是最基本的查询。

（2）参数查询：在运行查询时，通过设置查询参数，形成一种交互式的查询方式。

参数查询在选择查询中增加了可变化的条件，即"参数"。执行参数查询时，Access 会显示一个或多个预定义的对话框，提示用户输入参数值，并根据该参数值给出相应的查询结果。

（3）交叉表查询：通过交叉表查询向导创建，主要用于创建"电子表格显示格式"，并能对表中的数据进行总计、求平均值、计数等交叉汇总。

（4）动作查询：通过查询设计视图创建，主要用于数据库中数据的追加、更新、删除或生成新表等操作。

这种查询能够创建新表或修改现有表中的数据，与选择查询的区别在于，当修改选择查询中的记录时，一次只能修改一条记录。使用动作查询，则可以一次修改一组记录。

（5）SQL 查询：即通过 SQL 语句创建的选择查询、参数查询、数据定义查询及动作查询。

SQL 是一种通用的且功能极其强大的关系数据库的标准语言，具有数据查询、数据定义、数据操纵、数据控制等功能，包括对数据库的所有操作，可以通过书写 SQL 命令实现查询功能。

## 6.4.2　创建查询

在 Access 中，可以使用设计视图创建查询，使用简单查询向导创建查询，使用交叉表查询向导创建查询等多种方法创建查询。这里主要介绍使用设计视图创建查询。

### 1. 选择查询

创建选择查询可以使用设计视图创建，也可以用查询向导创建。

（1）使用设计视图创建选择查询。操作步骤如下。

① 打开数据库，在数据库窗口中选择"查询"对象，单击"新建"按钮，打开"新建查询"对话框，如图 6-49 所示。

② 在"新建查询"对话框中选择"设计视图"选项，打开"选择查询"设计窗口，同时打开"显示表"对话框，如图 6-50 所示。

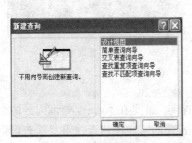

图 6-49　新建查询

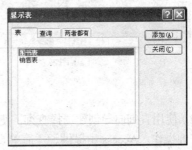

图 6-50　"显示表"对话框

③ 在"显示表"对话框中选择可作为查询数据源的表或查询，将其添加到"选择查询"设计窗口中，关闭"显示表"对话框，返回"选择查询"设计窗口，如图 6-51 所示。

④ 在"选择查询"设计窗口中多次打开"字段"下拉列表，选择所需要的字段，或者将数据源中的字段字节拖到字段列表框内，如图 6-52 所示。

图 6-51　"选择查询"设计窗口

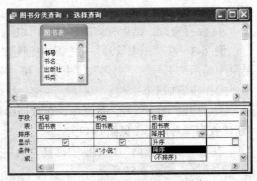

图 6-52　选择所需字段及"排序"

⑤ 在"选择查询"设计窗口中可以打开"排序"下拉列表，指定由某一字段值决定查询结果的顺序，如图 6-52 所示。

⑥ 在"选择查询"设计窗口中选中"显示"复选框，可以指定被选择的字段是否在查询结果中显示，如图 6-51 所示。若不选择某字段对应的"显示"复选框，当打开查询时，该字段就不在查询结果中显示。

⑦ 在"选择查询"设计窗口中，可以在"条件"文本框中输入查询条件，或按【Ctrl+F2】组合键打开表达式生成器，在表达式生成器中输入查询条件，然后单击"常用"工具栏中的"运行"按钮 运行查询，查询结果中只有满足查询条件的记录数据。

图 6-53 "另存为"对话框

⑧ 关闭"选择查询"窗口，保存查询，在"另存为"对话框中输入查询名称，单击"确定"按钮结束查询的创建，如图 6-53 所示。

⑨ 打开表，打开查询，如图 6-54 所示，比较表中的数据和查询的数据，在查询中，只显示满足查询条件的记录数据。

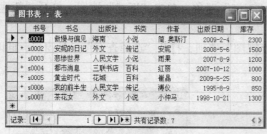

（a）图书表

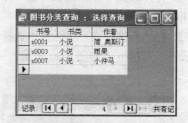

（b）查询结果

图 6-54 打开表和查询

（2）使用查询向导创建选择查询。使用查询向导创建查询，就是在 Access 查询向导的引导下完成查询操作。Access 中提供了"简单查询向导"、"交叉表查询向导"、"查找重复项查询向导"、"查找不匹配项查询向导" 4 个查询向导，其操作方法基本相同，用户可以根据查询需要选择相应的向导完成查询。

操作步骤如下。

① 打开要进行查询操作的数据库，在"数据库"窗口中选择"查询"对象。

② 在"数据库"窗口中单击"新建"按钮，打开"新建查询"对话框。

③ 在"新建查询"对话框中选择所需的查询向导，按照查询向导创建提示的操作一步步完成查询。

④ 保存查询，结束查询的创建。可以运行查询或打开查询浏览查询结果。

**例 6-3** 在"图书管理"数据库中创建查询，从"图书表"中查询图书的库存情况，在查询结果中显示"书号"、"书名"、"书类"和"库存"字段。

操作步骤如下。

① 打开"图书管理"数据库，在数据库窗口中选择"查询"对象，单击"新建"按钮，打开"新建查询"对话框（见图 6-49）。

② 在"新建查询"对话框中选择"简单查询向导"，单击"确定"按钮，打开"简单查询向导"对话框，如图 6-55 所示。

③ 按照向导提示完成查询，如图 6-55（a）～（d）所示。

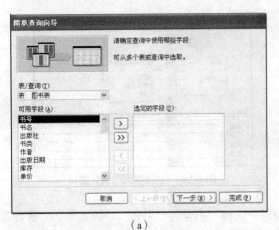

（a）

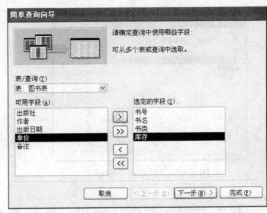

（b）

（c）

（d）

图 6-55 用简单查询向导查询

④ 查询结果如图 6-56 所示。

**2．创建参数查询**

参数查询就是将选择查询中的字段条件替换为一个带有
参数的条件，其参数值在创建查询时不需要定义，当运行查询
时再定义，系统根据运行查询时给定的参数值进行查询。

参数查询是一个特殊的选择查询，利用参数查询，通过输
入不同的参数值，可以在同一个查询中获得不同的查询结果。
参数的随机性使参数查询具有较大的灵活性，因此，参数查询
常常作为窗体、报表、数据访问页的数据源。

图 6-56 查询结果

**例 6-4** 在"图书管理"数据库中创建查询，从"图书表"和"销售表"中查询出某种图书
的订购情况，要求在查询运行后输入要查询的图书名称，在查询结果中显示该图书对应的"书号"、
"书名"、"顾客号"、"册数"字段，以"参数查询"为查询名保存查询。

操作步骤如下。

① 打开数据库"图书管理"，在数据库窗口中选择"查询"对象，单击"新建"按钮，打开
"选择查询"设计窗口，同时打开"显示表"对话框，如图 6-57 所示。

② 在"显示表"对话框中选择"图书表"和"销售表"，单击"添加"按钮添加到"选择查
询"设计窗口，如图 6-58 所示。

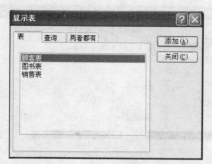

图 6-57 "显示表"对话框

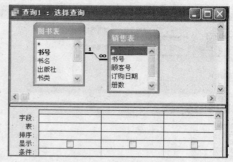

图 6-58 "选择查询"设计窗口

③ 在"选择查询"设计窗口的"字段"列表框中选择"书号"、"书名"、"顾客号"、"册数"字段，选中"书名"字段的"排序"列表框，选择降序排序，选中"显示"复选框，操作结果如图 6-59 所示。

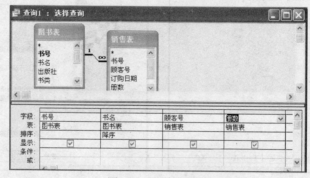

图 6-59 查询的设置

④ 打开"查询"菜单，选择"参数"命令，打开"查询参数"对话框。在"查询参数"对话框中输入参数名称，确定参数类型，如图 6-60 所示。单击"确定"按钮关闭对话框，返回"选择查询"设计窗口。

⑤ 打开"表达式生成器"对话框，确定字段条件，参数可视为条件中的一个变量，如图 6-61 所示（注意：参数"图书名称"必须加[ ]括号），单击"确定"按钮，关闭该对话框。

图 6-60 "查询参数"对话框

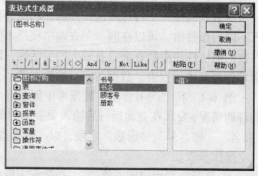

图 6-61 "表达式生成器"对话框

⑥ 打开"文件"菜单，选择"另存为"命令保存查询，查询名为"参数查询"，如图 6-62 所示。

图 6-62　保存查询

⑦ 在"数据库"窗口中选择"参数查询",在"输入参数值"对话框中输入参数,如图 6-63(a)所示,单击"确定"按钮,显示查询结果,如图 6-63(b)所示。

（a）输入参数　　　　　　　　　（b）查询结果

图 6-63　查询图书

若要查询其他图书的订购情况,可再次打开查询,重新输入查询参数。由此可见,参数查询的查询结果具有灵活性。

### 3. 创建动作查询

在对表中的记录及字段进行修改时,可以使用动作查询。动作查询包括生成表查询、更新查询、追加查询、新字段查询和删除查询。

（1）生成表查询。使用生成表查询,可以利用数据库中现有的表、查询创建新表,实现数据的重新组合。生成查询的运行结果以表的形式存储,按照查询条件生成一个新表。

**例 6-5**　根据"图书管理"数据库中的"图书表",利用生成表查询创建一个新表,在新表中只包含"书号"、"书名"、"书类"、"库存"字段及"书类"为"传记"的记录,新表名称为"传记类图书"。

操作步骤如下。

① 打开"图书管理"数据库,创建一个选择查询,如图 6-64 所示。

② 打开"查询"菜单,选择"生成表"命令,"选择查询"设计窗口变为"生成表查询"设计窗口,同时打开"生成表"对话框。在"生成表"对话框中定义新表名"传记类图书",选择保存新表的数据库,如图 6-65 所示。

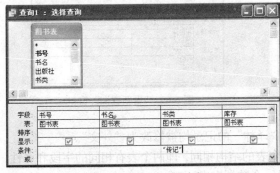

图 6-64　"选择查询"设计窗口

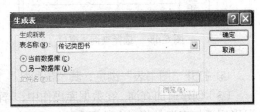

图 6-65　"生成表"对话框

③ 单击"生成表"对话框中的"确定"按钮，返回"生成表查询"设计窗口，如图 6-66 所示。

④ 打开"查询"菜单，选择"运行"命令，新表创建完成。打开新创建的表"传记类图书"，如图 6-67 所示。

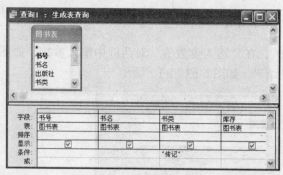

图 6-66 "生成表查询"设计窗口

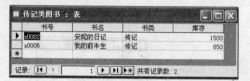

图 6-67 传记类图书

打开源表"图书表"，比较新表"传记类图书"和源表"图书表"的记录内容。

（2）创建更新查询。当数据表中的数据需要大量修改时，若用手工的方法修改，效率低且准确性差。利用更新查询可以快速准确地完成对大批量数据的修改。

**例 6-6** 利用更新查询修改"图书管理"数据库中的"图书表"，将表中所有"出版社"为"译林"的记录改为"外文"。

操作步骤如下。

① 打开"图书管理"数据库，创建一个选择查询，在字段中必须含有要更新的字段（"出版社"字段），如图 6-68 所示。

② 打开"查询"菜单，选择"更新"命令，"选择查询"设计窗口变为"更新查询"设计窗口，增加了一个"更新到"列表行。

③ 在"更新查询"设计窗口中，在对应字段的"更新到"行中输入更新数据"外文"，在"条件"行中输入更新限制条件"译林"，如图 6-69 所示。

④ 运行查询，"图书表"中的数据则被更新。

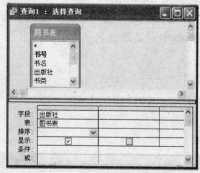

图 6-68 "选择查询"窗口

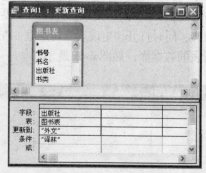

图 6-69 "更新查询"窗口

⑤ 打开"图书表"浏览，其"出版社"为"译林"的记录均被修改为"外文"。

（3）创建追加查询。在数据库操作中，若两个表的结构相同，即两个表有相同的字段和属性，可以用追加查询，将一个数据表的记录添加到另一个数据表中。

例 6-7　在"图书管理"数据库中，表"图书 1"和表"图书表"具有相同的字段和属性，即结构相同，如图 6-70 所示，利用追加查询，将表"图书 1"的记录添加到"图书表"中。

（a）表"图书 1"

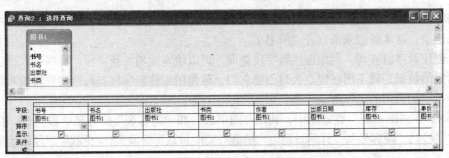

（b）表"图书表"

图 6-70　表"图书 1"和表"图书表"

操作步骤如下。

① 打开"图书管理"数据库，根据表"图书 1"创建一个选择查询，如图 6-71 所示。

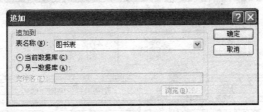

图 6-71　"选择查询"设计窗口

② 打开"查询"菜单，选择"追加查询"命令，"选择查询"设计窗口变为"追加查询"设计窗口，同时打开"追加"对话框，如图 6-72 所示。

图 6-72　"追加"对话框

③ 在"追加"对话框中输入追加到的表名"图书表"，选定"当前数据库"，单击"确定"按钮，返回"追加查询"设计窗口。

④ 在"追加查询"设计窗口中增加一个"追加到"列表行，该行显示与字段行对应的字段名，如图 6-73 所示。

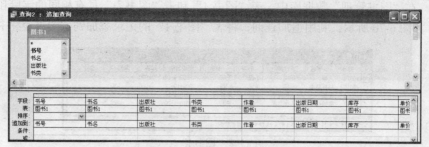

图 6-73  "追加查询"设计窗口

⑤ 运行查询，"图书表"中增加了 4 条记录，如图 6-74 所示。

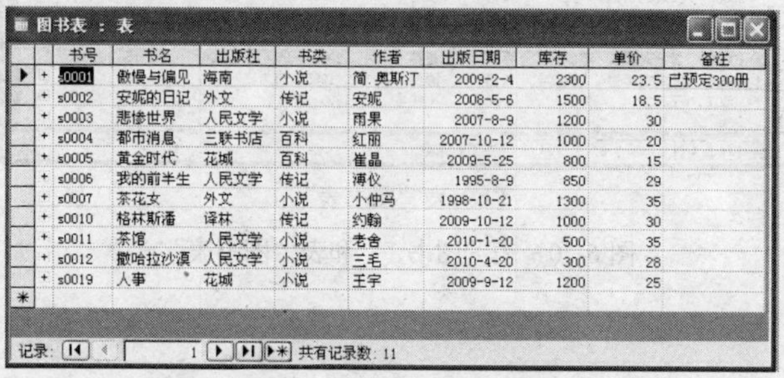

图 6-74  追加记录后的"图书表"

将图 6-70（b）所示的"图书表"与图 6-74 所示的"图书表"比较，图 6-74 的"图书表"增加了 4 条记录，这 4 条记录来自表"图书 1"。

（4）创建新字段查询。利用创建新字段查询，可以给查询增加新字段，有些可以通过已知字段计算出来的数据，就不用在建立表时创建它们，可使用创建新字段查询达到数据输入的目的，大大减少了数据输入的工作量。

**例 6-8**  在"图书表"数据库中，利用"图书表"和"销售表"创建新字段查询，在查询结果中有"书号"、"顾客号"、"订购日期"、"册数"、"应付款"字段，"应付款"字段的值等于单价*册数。

操作步骤如下。

① 打开"图书管理"数据库，创建"选择查询"，如图 6-75 所示。

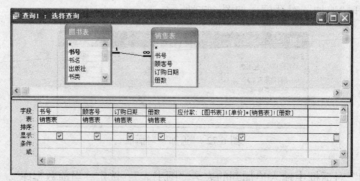

图 6-75  "选择查询"设计窗口

② 在"选择查询"设计窗口定义查询所需的字段，定义新字段（"应付款"字段）及新字段数据的计算规则（[图书表]![单价]*[销售表]![册数]）。

③ 保存查询，结束新字段查询的创建。

④ 运行查询，查询结果如图 6-76 所示。

将图 6-76 创建新字段查询中的数据和图 6-77 销售表中的数据比较，该查询增加了"应付款"字段，并自动填入了字段值。

| 书号 | 顾客号 | 订购日期 | 册数 | 应付款 |
|---|---|---|---|---|
| s0001 | g0005 | 2008-12-5 | 800 | 18800 |
| s0002 | g0002 | 2009-8-9 | 300 | 5550 |
| s0002 | g0001 | 2008-12-10 | 800 | 14800 |
| s0003 | g0003 | 2007-12-10 | 400 | 12000 |
| s0003 | g0004 | 2007-9-10 | 400 | 12000 |
| s0004 | g0001 | 2008-12-1 | 500 | 10000 |
| s0004 | g0005 | 2009-8-9 | 300 | 6000 |
| s0006 | g0006 | 2010-1-20 | 500 | 14500 |
| s0006 | g0006 | 2010-2-20 | 200 | 5800 |
| s0007 | g0004 | 1999-1-5 | 550 | 19250 |
| s0007 | g0003 | 1999-5-20 | 300 | 10500 |

记录：共有记录数：11

图 6-76　创建新字段查询

| 书号 | 顾客号 | 订购日期 | 册数 |
|---|---|---|---|
| s0001 | g0005 | 2008-12-5 | 800 |
| s0002 | g0002 | 2009-8-9 | 300 |
| s0002 | g0001 | 2008-12-10 | 800 |
| s0003 | g0003 | 2007-12-10 | 400 |
| s0003 | g0004 | 2007-9-10 | 400 |
| s0004 | g0001 | 2008-12-1 | 500 |
| s0004 | g0005 | 2009-8-9 | 300 |
| s0006 | g0006 | 2010-1-20 | 500 |
| s0006 | g0006 | 2010-2-20 | 200 |
| s0007 | g0004 | 1999-1-5 | 550 |
| s0007 | g0003 | 1999-5-20 | 300 |
| | | | 0 |

记录：共有记录数：11

图 6-77　销售表

（5）创建删除查询。在数据库操作中，为了保证表中数据的有效性和有用性，需要清除一些"无用"的数据。利用删除查询，可以删除满足某一特定条件的记录或记录集，减少操作误差，提高数据的删除效率。

**例 6-9**　利用删除操作，删除表"图书 1"中"书类"为"小说"的记录。

表"图书 1"的记录如图 6-78 所示。

| 书号 | 书名 | 出版社 | 书类 | 作者 | 出版日期 | 库存 | 单价 | 备注 |
|---|---|---|---|---|---|---|---|---|
| s0019 | 人事 | 花城 | 小说 | 王宇 | 2009-9-12 | 1200 | 25 | |
| s0010 | 格林斯潘 | 译林 | 传记 | 约翰 | 2009-10-12 | 1000 | 30 | |
| s0011 | 茶馆 | 人民文学 | 小说 | 老舍 | 2010-1-20 | 500 | 35 | |
| s0012 | 撒哈拉沙漠 | 人民文学 | 小说 | 三毛 | 2010-4-20 | 300 | 28 | |

记录：共有记录数：4

图 6-78　表"图书 1"

操作步骤如下。

① 打开"图书管理"数据库，建立一个"选择查询"，如图 6-79 所示。

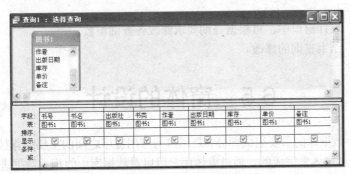

图 6-79　"选择查询"设计窗口

② 打开"查询"菜单，选择"删除查询"命令，"选择查询"设计窗口变为"删除查询"设计窗口，并增加一个"删除"列表行。

③ 在"删除查询"设计窗口中，在对应字段（"书类"）的"条件"行中输入要删除记录的条件，如图 6-80 所示。

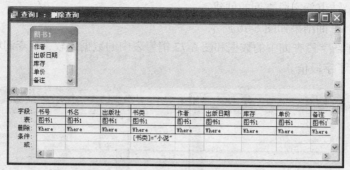

图 6-80 "删除查询"设计窗口

④ 保存查询，结束"删除查询"的创建。

⑤ 运行查询，打开执行"删除查询"后的表"图书 1"，如图 6-81 所示。

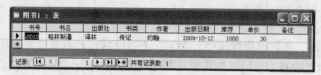

图 6-81 执行"删除查询"后的表"图书 1"

比较执行"删除查询"前后表"图书 1"的记录情况，可以看出利用"删除查询"删除了表中指定条件的记录。在利用"删除查询"删除记录时，若两个表建立了关联关系，当子表中有和父表相关的记录时，不能删除父表的指定记录。

### 6.4.3 修改查询

查询创建完成后，当查询条件改变时，需要修改查询，利用查询"设计"窗口可以修改查询。

操作步骤如下。

① 打开保存查询的数据库。

② 在"数据库"窗口中选择"查询"操作对象，选中要修改的查询，单击"设计"按钮，打开"查询"设计窗口。

③ 在"查询"设计窗口中，可根据查询要求修改各查询参数。

④ 保存查询，结束查询的修改。

# 6.5 窗体的设计

窗体是 Access 数据库的重要组成部分，是用户与应用程序之间的主要操作接口。数据的使用与维护大多都是通过窗体来完成的，通过窗体用户可以对数据库中的相关数据进行显示、添加、删除、修改，以及设置数据的属性等各种操作。

### 6.5.1 窗体的组成

在窗体设计视图中，窗体的工作区主要由页眉、主体和页脚 3 部分组成，其结构如图 6-82 所示。

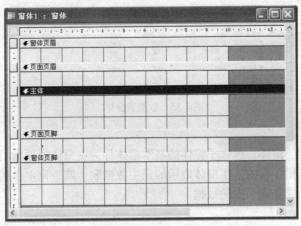

图 6-82　窗体的组成

　　页眉位于窗体的最上方，又称页眉节，分为窗体页眉和页面页眉。页脚位于窗体的最下方，又称页脚节，分为窗体页脚和页面页脚。窗体页眉/页脚在执行窗体时显示，页面页眉/页脚只在打印时输出。

　　页眉与页脚中间部分称为主体，又称为主体节，它是窗体的核心。所有窗体必有主体节，其他节可通过设置确定有无。

## 6.5.2　窗体的类型

　　大多数窗体是由表和查询作为基础数据源而创建的。基于窗体的功能不同，窗体可分为数据窗体、开关面板窗体及自定义对话窗体，以下主要介绍数据窗体。

　　根据数据记录的显示方式，Access 提供了 6 种类型的数据窗体，分别是纵栏式窗体、表格式窗体、数据表窗体、主/子窗体、图表窗体和数据透视表窗体。

### 1. 纵栏式窗体

　　纵栏式窗体一页显示一条完整的记录，该记录中的每个字段都显示在一个独立的行上，并且左边有一个说明性的标签，如图 6-83 所示。

### 2. 表格式窗体

　　表格式窗体的特点是在一个窗体中可以显示多条记录，每条记录的所有字段显示在一行上，每个字段的标签都显示在窗体顶端，可通过滚动条来查看和维护所有记录，如图 6-84 所示。

图 6-83　纵栏式窗体

图 6-84　表格式窗体

### 3. 数据表窗体

　　数据表窗体从外观上看与数据表和查询的数据表视图相同，在数据表窗体中，每条记录的字段以列和行的形式显示，即每个记录显示为一行，每个字段显示为一列，且字段名称显示在每一列的顶端。数据表窗体的主要作用是作为一个窗体的子窗体，如图 6-85 所示。

图 6-85　数据表窗体

### 4. 主/子窗体

窗体中的窗体称为子窗体，包含子窗体的基本窗体称为主窗体。通常情况下，主窗体中的数据与子窗体中的数据是相关联的，主窗体表示的是主数据表（或查询）中的数据，而子窗体表示的是被关联的数据表（或查询）中的数据。

### 5. 图表窗体

图表窗体就是利用 Microsoft Office 提供的 Microsoft Graph 程序以图表方式显示用户的数据，这样在进行数据比较时更直观方便。在 Access 中，用户既可以单独使用图表窗体，也可以将它嵌入其他窗体中作为子窗体。

### 6. 数据透视表窗体

Access 以指定的数据表或查询为数据源产生一个 Excel 的分析表，为此分析表所创建的窗体称为数据透视表窗体。数据透视表窗体允许用户对表格内的数据进行操作，改变透视表的布局，以满足不同的数据分析方式和需要。

## 6.5.3　创建窗体

在 Access 中，用户既可以用自动窗体、窗体向导等快速创建窗体的工具创建窗体，也可以用"窗体设计"视图创建窗体。

### 1. 使用自动窗体创建窗体

使用自动窗体创建的窗体格式是由系统规定的，其格式可以通过"窗体设计"视图来修改。使用自动窗体可以创建数据窗体时，通常有纵栏式、表格式、数据表式等样式。

操作步骤如下。

① 打开数据库。

② 在"数据库"窗口中选择"窗体"为操作对象，单击"新建"按钮，打开"新建窗体"对话框，如图 6-86 所示。

③ 在"新建窗体"对话框中选择新建窗体所需的数据源（表或查询），选择窗体的样式，这里选择"自动创建窗体：纵栏式"，单击"确定"按钮，系统将自动创建一个纵栏式窗体，如图 6-87 所示。

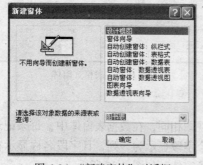

图 6-86　"新建窗体"对话框

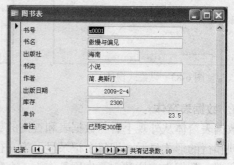

图 6-87　纵栏式窗体

若选择"自动创建窗体：表格式"，系统将自动创建一个表格窗体，如图 6-88 所示。

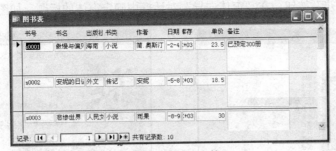

图 6-88　表格式窗体

若选择"自动创建窗体：数据表"，系统将创建一个数据表式窗体，如图 6-89 所示。

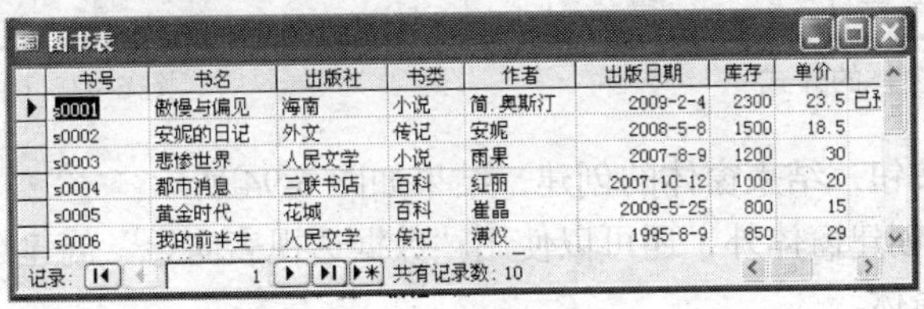

图 6-89　数据表式窗体

④ 保存窗体，结束窗体的创建。

**2. 使用窗体向导创建窗体**

使用自动窗体可以快速创建窗体，但所建窗体只适用于简单的单列窗体，作为数据源的表或查询中的字段默认方式为全部选中，窗体布局的格式也已确定，更主要的是这种方法只能够显示来自一个数据源（表或查询）的数据。如果用户要选择数据源中的字段、窗体的布局、窗体样式等，可以使用窗体向导来创建窗体。

操作步骤如下。

① 打开数据库。

② 在"数据库"窗口中选择"窗体"对象，单击"新建"按钮，打开"新建窗体"对话框（见图 6-86）。

③ 在"新建窗体"对话框中选择数据源，再选择"窗体向导"，单击"确定"按钮，打开"窗体向导"对话框，确定窗体所需的字段，如图 6-90 所示。

④ 单击"下一步"按钮，在"窗体向导"对话框中选择窗体的布局格式，如图 6-91 所示。

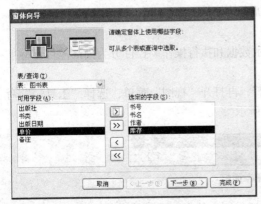

图 6-90　"窗体向导"对话框

图 6-91　选择窗体的布局格式

⑤ 单击"下一步"按钮，在"窗体向导"对话框中选择窗体的样式，如图 6-92 所示。
⑥ 单击"下一步"按钮，在"窗体向导"对话框中确定窗体的标题，如图 6-93 所示。

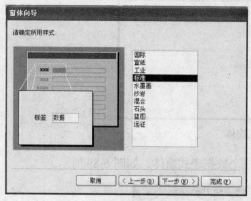

图 6-92　选择窗体的样式

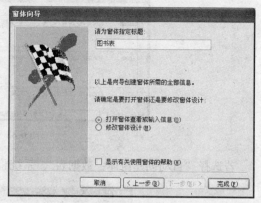

图 6-93　确定窗体标题

⑦ 单击"完成"按钮，结束窗体的创建，结果如图 6-94 所示。

除了使用窗体向导创建窗体外，还可以使用"数据透视表向导"创建数据透视表窗体，使用"图表向导"创建图表窗体。

图 6-94　利用向导创建的"图书表"窗体

## 6.5.4　使用设计视图创建窗体

使用"自动窗体"或"窗体向导"创建窗体只能满足一般的显示和简单的功能要求，而应用程序的功能要求是复杂的、多样的，若要满足应用程序的不同需求，需使用"设计视图"创建窗体。使用"设计视图"可以直接创建窗体，也可以对已有的窗体进行修改，从而设计出个性化的、美观的窗体。

使用窗体"设计视图"可以创建数据维护窗体、开关面板窗体及自定义对话框窗体。

使用"自动窗体"或"窗体向导"创建窗体，其窗体控件是自动添加到窗体上的，而使用"设计视图"创建窗体，用户需根据窗体的需要自己添加窗体控件。

### 1. 窗体控件

控件是窗体设计的主要对象，其功能主要是显示数据和执行操作。控件分为内部控件（标准控件）和 Activate 控件，以下只介绍内部控件。

（1）"工具箱"中的控件。打开窗体"设计视图"，再打开"视图"菜单，选择"工具箱"命令，可以打开窗体控件"工具箱"面板，如图 6-95 所示。

图 6-95　"工具箱"面板

"工具箱"面板中的控件为内部控件，使用时需添加到窗体中，并对其属性加以定义。

（2）内部控件的功能。

- 选取对象：其作用是选择一个或一组控件。当该控件按钮被按下时，只要在窗体内拖曳一个方框，方框内的所有控件将被选中，也可以用【Shift】键控制多控件的选取。

- 向导启动：其作用是在其他控件使用期间启动对应的辅助向导。

- 标签：其作用是按一定格式在窗体上显示文本信息，通常用来显示各种说明和提示信息。标签控件的主要属性为标签的大小、颜色、显示的文本内容、字体的大小和风格等。

- 文本框控件：文本框主要用于表或窗体中非备注型和通用性字段值的输入/输出等操作。其属性主要包括文本框的大小、输入/输出字体的大小、风格、颜色等，可通过"文本框向导"对话框设置。

文本框控件和标签控件的主要区别在于数据源的不同，标签控件的数据源来自标签的标题属性，文本框控件的数据源来自表或键盘输入的信息。

- 命令按钮：命令按钮主要用于控制程序的执行过程以及控制对窗体中数据的操作等。其属性主要包括命令按钮的大小、显示的文本、显示文本字体的大小、字体风格和颜色等。

在窗体设计时，可以在窗体上添加不同功能的命令按钮，当窗体运行时，触发某一命令按钮控件，将执行该命令按钮的事件代码，完成指定的操作。利用"命令按钮向导"可以设置其属性，输入和编辑命令按钮的事件代码。

- 列表框：列表框控件以表格式的显示方式输入/输出数据。

打开窗体时，可以在列表框的表格中输入或修改数据，其属性主要是表格的列数，可以使用"列表框向导"设置。

- 组合框：组合框控件由一个列表框和一个文本框组成，主要用于从列表框中选取数据，并将数据显示在编辑窗口中操作。

组合框控件的主要属性包括组合框控件的大小以及组合框输出信息字体的大小风格等。

- 选项按钮：选项按钮用于显示数据源中是/否字段的值。

如果选择了选项按钮，则字段值为"是"；若未选择选项按钮，则字段值为"否"。

选项组控件：选项组控件用于控制在多个选项卡中只选择其中一个选项卡的操作。

通常情况下，程序中选项组控件是成组出现在窗体中的，用户可以选择其中的一个选项完成程序的某一操作。

- 复选框：复选框控件与选项按钮控件的作用相同。

- 绑定对象：绑定对象控件主要用于绑定的 OLE 对象的输出。

- 页框：页框控件用来把多个不同格式的数据操作窗体封装在一个页框中，或者说，它是能够使一个页框中包含多页数据操作的窗体，而且在每页窗体中又可以包含若干控件。

- 子窗体：子窗体控件用来在主窗体中显示与其数据来源相关的子数表中数据的窗体。

- 图像：图像控件用于显示一个静止的图形文件。

- 矩形：矩形控件用于在窗体或报表中绘制矩形。

- 直线：直线控件用于在窗体或报表上绘制直线。

- 未绑定对象框：未绑定对象向窗体或者报表添加一个 OLE 对象。

- 分页符：分页符使打印机在窗体或者报表上分页符所在的位置开始新页。在窗体或者报表的运行模式下，分页符是不显示的。

- 切换按钮：切换按钮创建一个在单击时可以在开和关两种状态之间切换的按钮，开的状态对应于 Yes(1)，而关的状态对应于 No(0)。

- 其他控件：单击其他控件按钮，将打开一个可以在窗体或报表中使用的 ActivateX 控件的列表，可以从该列表中选择需要的 ActivateX 控件添加到"工具箱"中。

（3）窗体控件的操作。设计窗体时，通常要考虑窗体需要完成的功能、窗体的布局、窗体所需的控件，以及窗体、控件相应属性的设置等。

① 添加控件。打开"窗体"后，再打开"工具箱"，单击工具箱中要添加到窗体上的控件，将鼠标放到窗体上拖曳，则该控件被添加到窗体上。

② 选择控件。

• 选中单个控件：在窗体上单击某一控件的任何地方都可以选中该控件，一旦控件被选中，在控件四周（4个角和边缘的中间）显示8个句柄，表示该控件处于选中状态，如图6-96所示。

• 选中多个控件：选中多个控件有两种操作方法。

方法一：按住【Shift】键的同时单击所要选择的控件。

方法二：拖曳鼠标使它经过所要选择的控件，如图6-97所示。

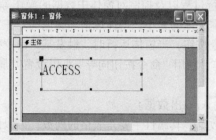
图6-96　选中单个控件

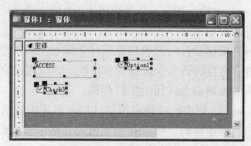
图6-97　选中多个控件

③ 取消控件。单击窗体上不包含任何控件的区域，可取消控件的选中状态。

④ 移动控件。

方法一：选中某个控件后，待鼠标指针显示状态出现手形图标，拖曳鼠标到指定的位置。

方法二：把鼠标放在控件左上角的移动句柄上，待出现手形图标，拖曳鼠标到指定的位置。用这种方法只能移动单个控件。

⑤ 对齐控件。在设计窗体布局时，有时需要将多个控件排列整齐，选中需要排列的控件后，可打开"格式"菜单，选择"对齐"命令，可将选中的多个控件对齐。

⑥ 复制控件。选中需要复制的某个控件或多个控件，打开"编辑"菜单，选择"复制"命令，确定要复制的控件的位置，再次打开"编辑"菜单，选择"粘贴"命令，将已选中的控件复制到指定的位置上，修改复制后的控件的相关属性，使用控件复制的方法可加快控件的设计。

⑦ 删除控件。

方法一：选中窗体中的某个控件或多个控件，按【Delete】键即可删除选中的控件。

方法二：选中窗体中的某个控件或多个控件，打开"编辑"菜单，选择"删除"命令，可删除已选中的控件。

⑧ 设置控件的属性。控件的特性即控件的属性，控件的属性决定了控件外观及操作行为，可通过"属性"窗口设置。

打开窗体的设计视图，打开"视图"菜单，选择"属性"命令或单击"窗体设计工具栏"上的"属性"按钮打开属性窗口，如图6-98所示。

在属性窗口中可以直接为控件设置属性，也可以通过下拉列表提供的参数选择对象的设置属性，如图6-99所示，还可以通过"选择生成器"对话框为对象设置属性，如图6-100所示。

⑨ 控件向导。利用控件向导可以快速方便地进行控件属性及相应操作的设置，但其设置的功能有限。

图 6-98 窗体的属性窗口

图 6-99 通过下拉列表设置控件的属性

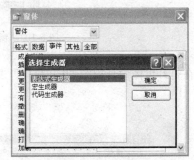

图 6-100 通过"选择生成器"对话框设置对象的属性

单击"工具箱"中的"向导启动"按钮，再将控件添加到窗体上时，向导自动启动。

**例 6-10** 利用控件向导设置文本框控件的属性。

操作步骤如下。

① 单击"工具箱"中的"向导启动"按钮。

② 在"工具箱"中选择文本框控件 abl 。

③ 将文本框控件添加到窗体上时，同时启动"文本框向导"对话框，如图 6-101 所示。

④ 在"文本框向导"对话框中设置文本框的相应属性。

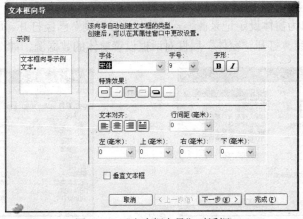

图 6-101 "文本框向导"对话框

### 2. 使用设计视图创建窗体

使用设计视图创建窗体，可以按照下例所示步骤操作。

（1）进入窗体设计视图。打开数据库，在"数据库"窗口中选择"窗体"对象，然后通过下面两种方式之一进入窗体设计视图。

① 双击窗体对象列表框中的"在设计视图中创建窗体"。

② 单击"数据库"窗口工具栏中的"新建"按钮，弹出"新建窗体"对话框，在列表中选择"设计视图"，然后单击"确定"按钮。

图 6-102 所示即为新窗体（空白窗体）的设计视图。

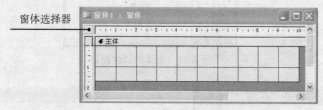

图 6-102  窗体设计视图（空白窗体）

③ 在打开窗体设计视图的同时打开"窗体设计"工具栏，如图 6-103 所示。

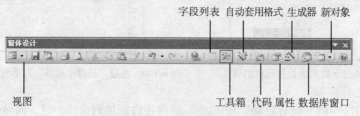

图 6-103  "窗体设计"工具栏

（2）为窗体设定记录源。如果创建的窗体用作切换面板或自定义对话框，不必设定记录源。如果创建的窗体用来显示或输入数据表的数据，必须为窗体设定记录源。

可以用以下两种方式为窗体设定记录源。

① 在"数据库"中选择"窗体"对象，单击"新建"按钮，打开"新建窗体"对话框，在"请选择该对象数据的来源表或查询"组合框中选择一个表或查询，在打开窗体设计视图的同时将设定窗体的记录源，如图 6-104 所示。

② 通过属性窗口为窗体设定记录源。若窗体"设计视图"已经打开，可单击"窗体设计"工具栏中的"属性"按钮，打开"窗体"属性对话框设置窗体的数据源，如图 6-105 所示。

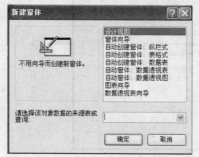

图 6-104  在"新建窗体"对话框中设定记录源

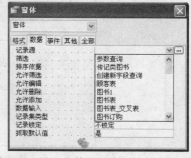

图 6-105  在"窗体"属性窗口中设置记录源

（3）在窗体上添加字段。当窗体设定了记录源，便可以显示表或查询中的字段值。

添加字段的操作步骤如下。

① 单击"窗体设计"工具栏中的"字段列表"按钮，显示字段列表，如图 6-106 所示。

② 使用以下方法选择列表中的字段。

- 选择一个字段：单击该字段。
- 选择连续的字段：单击其中的第一个字段，按住【Shift】键，然后单击最后一个字段。
- 选择不连续的字段：按住【Ctrl】键并单击所要包含的每一个字段的名称。
- 选择所有字段：双击字段列表的标题栏。

③ 从字段列表中将所选字段拖到窗体中，结果如图 6-107 所示。从图 6-107 可看出，每个字段都对应着相应的控件，且控件的属性已设置。

图 6-106　显示表的字段列表

图 6-107　添加了字段的窗体

（4）调整控件位置。调整控件到窗体的合适位置，包括选定控件、移动控件、调整控件大小、对齐控件、修改控件间隔等，使窗体控件的摆放符合操作习惯。

（5）设置窗体和控件的属性。Access 中提供的属性窗口可以对窗体、节和控件进行属性设置，以更改特定项目的外观和行为。

（6）切换视图。在窗体设计视图下单击"窗体设计"工具栏中的"视图"按钮，可以切换窗体视图。

Access 为窗体提供了 5 种视图，用户可以根据需要在 5 种视图之间进行切换。

- 窗体设计视图：用于设计窗体的结构、布局和属性，如图 6-108 所示。

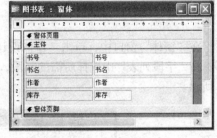

图 6-108　窗体设计视图

- 窗体视图：用于测试窗体的设计效果，使用导航按钮可以在记录之间快速切换，如图 6-109 所示。
- 数据表视图：可以查看以行与列格式显示的记录，如图 6-110 所示。

图 6-109　窗体视图

图 6-110　数据表视图

- 数据透视表视图：用于汇总并分析数据表或窗体中的数据。
- 数据透视图视图：以图形方式显示数据表或窗体中的数据。

（7）保存窗体。在窗体视图或窗体设计视图下单击窗体右上角的"关闭"按钮，可以为窗体命名，保存窗体。

**3. 窗体设计实例**

下面以具体的实例介绍窗体的设计过程。

**例 6-11** 利用已知的"图书表"设计一个窗体，实现为"图书表"添加新数据的功能，窗体运行结果如图 6-111 所示。

操作步骤如下。

① 打开数据库。

② 在"数据库"窗口中选择"窗体"对象，单击"新建"按钮，打开"新建窗体"对话框。

③ 在"新建窗体"对话框中选择"设计视图"，同时选择"图书表"为该窗体的数据源，如图 6-112 所示，单击"确定"按钮，打开"窗体"窗口。

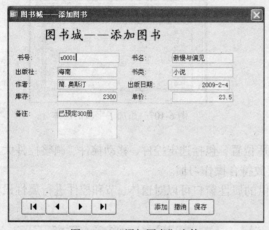

图 6-111 "添加图书"窗体

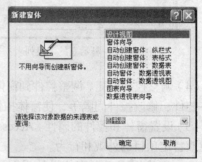

图 6-112 "新建窗体"对话框

④ 在"窗体"窗口中，单击"窗体设计"工具栏中的"字段列表"按钮，打开字段列表。

⑤ 在"字段列表"中选择所需的字段，逐一拖到窗体的主体中，并定义各控件的属性，如图 6-113 所示。

图 6-113 添加字段

⑥ 若要修改窗体控件的属性，可单击"窗体设计"工具栏中的"属性"按钮，打开"窗体"属性对话框设置。

⑦ 在"窗体"窗口中打开"视图"菜单，选择"窗体页眉/页脚"选项，在"窗体"窗口中加入"窗体页眉"和"窗体页脚"节，在"窗体页眉"处加一个标签，并定义其"标题"属性为

"图书城——添加图书",并在属性窗口中修改其字体名称、字号属性,如图 6-114 所示。

⑧ 在"窗体页脚"处添加一组命令按钮控件,并定义其属性和事件代码,如图 6-115 所示。

图 6-114  添加窗体页眉/页脚

图 6-115  添加命令按钮控件

⑨ 在"窗体"窗口中每个命令按钮的属性和事件代码是通过命令按钮向导设置的,以"添加"按钮为例,设置过程如图 6-116 所示,在图 6-116(a)、(b)、(c)所示的步骤中,分别对按钮的动作、样式和名称进行设置。

⑩ 在"窗体"窗口中定义窗体的属性,如图 6-117 所示。

在"窗体"属性窗口中,将"标题"设置为"图书城——添加图书","记录选择器"设置为"否","导航按钮"设置为"否","边框样式"设置为"对话框边框","分隔线"设置为"否"。

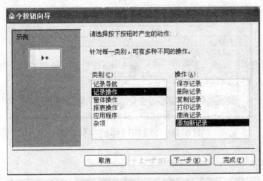

(a)设置按钮的动作

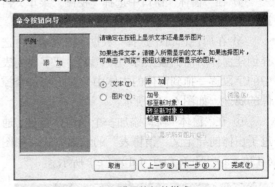

(b)设置按钮的样式

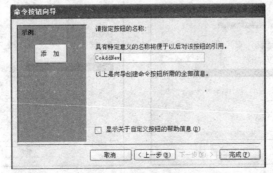

(c)设置按钮的名称

图 6-116  命令按钮控件属性的设置

⑪ 保存窗体，结束"添加图书"窗体的创建。

**例 6-12** 设计一个数据浏览窗体，功能是根据"图书表"和"销售表"浏览与某一图书相关的基本信息及销售情况，窗体的运行结果如图 6-118 所示。

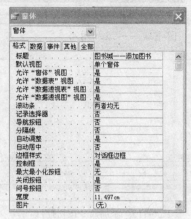

图 6-117　定义窗体属性

图 6-118　图书城——图书销售窗体

操作步骤如下。

① 打开数据库。

② 在"数据库"窗口中选择"窗体"为操作对象，单击"新建"按钮，打开"新建窗体"对话框。

③ 在"新建窗体"对话框中选择"设计视图"，打开"窗体"窗口。

④ 在"窗体"窗口中选择"视图"菜单，再选择"属性"命令，打开属性窗口。

⑤ 在属性窗口中选择"数据"选项卡，再选择创建窗体所需的数据源"图书表"，把字段列表中的字段逐一拖到窗体的主体中，并定义每个控件的属性，如图 6-119 所示。

⑥ 在"窗体"窗口添加一个子窗体控件，通过子窗体向导定义"销售表"的输出方式，如图 6-120（a）、（b）、（c）、（d）、（e）所示。

图 6-119　添加窗体的主体字段

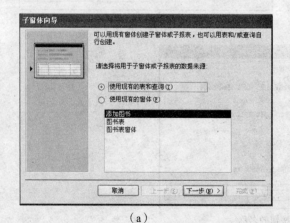

（a）

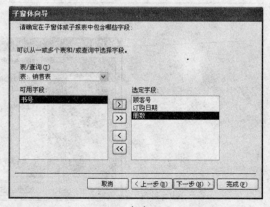

（b）

图 6-120　添加子窗体

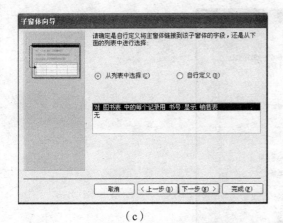

（c）

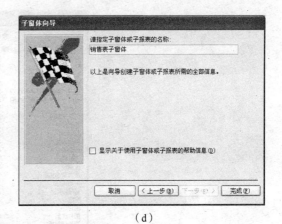

（d）

（e）

图 6-120　添加子窗体（续）

在图 6-120（c）中定义了"图书表"与"销售表"的关联属性。

⑦ 在"窗体"窗口添加一个矩形控件，可通过属性窗口设置其属性，如图 6-121 所示。

图 6-121　矩形控件属性的设置

⑧ 在"窗体"窗口中打开"视图"菜单，选择"窗体页眉/页脚"选项，在"窗体"窗口加入"窗体页眉"和"窗体页脚"节，在"窗体页眉"处添加一个标签控件，利用属性窗口将其"标题"属性修改为"图书城——图书销售"，并设置其字体、字形和字号。

⑨ 在"窗体"窗口的"窗体页脚"处添加一组命令按钮控件，用向导定义其属性和事件，参考图 6-116（a）、（b）、（c）所示的命令按钮控件属性的设置。

⑩ 在"窗体"窗口中定义窗体属性，如图 6-122 所示。

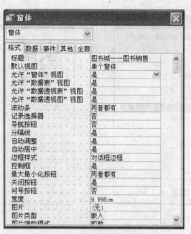

图 6-122　定义窗体属性

⑪ 保存窗体，结束"图书销售"窗体的创建。

# 6.6　报表的设计

报表是 Access 数据库的对象之一，报表可以按用户要求组织数据，以不同的输出形式将数据库中的数据信息和文档通过屏幕或打印机输出。

在 Access 中创建报表的方法很多，其创建方法与创建窗体相似，如果掌握了窗体的创建和设计方法，学习报表的设计将是一件较容易的事情。

在创建报表的过程中，可以控制数据输出的内容、输出对象的显示或打印格式，还可以在报表制作的过程中对数据进行统计计算。

## 6.6.1　报表的基本概念

### 1. 报表的类型

报表主要分为 4 种类型：纵栏式报表、表格式报表、图表报表和标签报表。

（1）纵栏式报表。纵栏式报表将数据表的记录以垂直方式排列，然后在排列好的字段内显示数据。其主要特点是：一次只显示一个记录的多个字段，字段标题信息不是在页面页眉中，而是在主体节中。

（2）表格式报表。表格式报表以行、列的形式显示记录数据，通常一行显示一条记录、一页显示多条记录，记录数据的字段标题信息放在页面页眉中。

（3）图表报表。图表报表是指包含图表显示的报表类型。在报表中使用图表，可以更直观地表示出数据之间的关系。

（4）标签报表。标签报表是一种特殊类型的报表。在实际应用中经常会用到标签，如物品标签、客户标签等，利用标签报表可以创建标签。

### 2. 报表的视图

Access 报表操作提供了 3 种视图，即"设计视图"、"打印预览"视图和"版面预览"视图。

3 种视图可以通过"报表设计"工具栏中"视图"工具按钮的 3 个选项"设计视图"、"打印预览"视图和"版面预览"视图进行切换。

各视图的功能如下。

- "设计视图"：用于创建报表或修改已有报表的结构。
- "打印预览"视图：用于预览报表打印输出的页面格式。
- "版面预览"视图：用于查看报表的版面设置。

### 3. 报表的组成

报表的结构和窗体类似，也是由节组成的。报表由报表页眉/页脚、页面页眉/页脚、组页眉/页脚和主体 7 部分组成，每一个节都有其特定的用途并按照一定的顺序出现在报表中，如图 6-123 所示。

新建的报表设计视图窗口只包括页面页眉/页脚和主体节，选择"视图"菜单中的"报表页眉/页脚"或"页面页眉/页脚"命令，可根据需要添加或删除对应的"节"，选择"视图"菜单中的"排序与分组"命令，可根据需要添加或删除组页眉/页脚。

报表各节的功能如下。

（1）报表页眉/页脚。报表的页眉/页脚内容仅在报表的首页输出。"报表页眉"主要用于打印报表

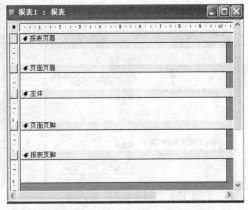

图 6-123 "报表"窗口

的封面、制作时间、制作单位等只需输出一次的内容，可以包含图形和图片，通常把报表的页眉设置为单独的一页；"报表页脚"主要用来打印数据的统计结果信息，它的内容只在报表的最后一页底部打印出来。

（2）页面页眉/页脚。页面页眉/页脚内容在报表的每页输出。"页面页眉"的内容在报表的每页头部输出，主要用于定义报表输出的每一列的标题，也包含报表的页标题；"页面页脚"主要用来输出报表的页号、制表人、审核人等信息。

（3）组页眉/页脚。组页眉/页脚的内容在报表的每组头部输出，同一组的记录会在主体节中显示。"组页眉"主要用于定义输出报表每一组的标题；"组页脚"主要用于输出每一组的统计计算结果。

（4）主体。"主体"是报表的关键内容，是不可缺少的项目。"主体"用于输出表或查询中的记录数据，该节对每个记录而言都是重复的，数据源中要输出的每条记录都放置在主体节中。

## 6.6.2 创建报表

在 Accsee 中创建报表有以下 3 种方法。
（1）利用"自动报表"创建报表。
（2）利用"报表向导"创建报表。
（3）利用"报表设计视图"创建报表。

对于较简单的报表，可以利用前两种方法创建，对于较复杂的报表，可在前两种方法创建的基础上，利用"报表设计视图"按照用户的需要修改已有的报表，完成报表的设计。

### 1. 利用"自动报表"创建报表

"自动报表"功能是一种快速创建报表的方法，用这种方法创建的报表格式是由系统规定的，可创建纵栏式或表格式的报表。

**例 6-13** 利用"自动报表"创建一个报表，输出"销售表"的全部记录。

操作步骤如下。

① 打开数据库。

② 在"数据库"窗口中选择"报表"对象，单击"新建"按钮，打开"新建报表"对话框，如图 6-124 所示。

③ 在"新建报表"对话框中，选择创建报表所需的数据源（销售表），再选择"自动创建报表：纵栏式"，系统将自动创建一个纵栏式的报表，如图 6-125 所示。

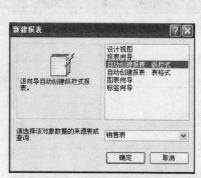

图 6-124 "新建报表"对话框

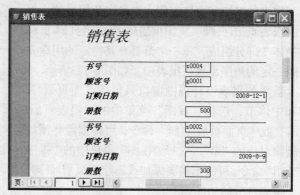

图 6-125 纵栏式报表

若选择"自动创建报表：表格式"，系统将自动创建一个表格式报表，如图 6-126 所示。

图 6-126 表格式报表

④ 保存报表，结束报表的创建。

**2. 利用"向导"创建报表**

Access 提供了"报表向导"、"图表向导"及"标签向导"，利用不同的向导可创建不同的报表。

"自动创建报表"的数据源只能是一个表或查询，并且报表中包含表或查询中的全部字段，报表使用 Access 默认的布局，不够美观。使用"报表向导"可以创建来自多个数据源的报表，并且可以有选择地显示字段，确定报表样式。

**例 6-14** 利用"报表向导"为"销售表"创建一个报表，在报表中只显示书号、订购日期和册数字段。

操作步骤如下。

① 打开数据库。

② 在"数据库"窗口中选择"报表"对象，单击"新建"按钮，打开"新建报表"对话框。

③ 在"新建报表"对话框中选择创建报表所需的数据源（销售表），再选择"报表向导"，打开"报表向导"对话框，如图 6-127 所示。

④ 在"报表向导"对话框中选定报表所需的字段，单击"下一步"按钮。

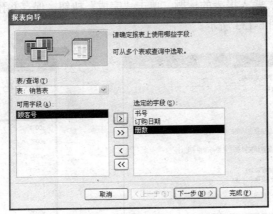

图 6-127　"报表向导"对话框

⑤ 如图 6-128 所示，选择报表的分组级别，单击"下一步"按钮。

⑥ 如图 6-129 所示，选择报表中数据的排列顺序，单击"下一步"按钮。

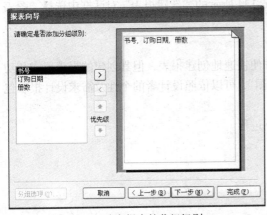

图 6-128　确定报表的分组级别

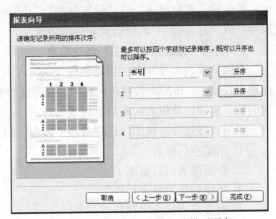

图 6-129　确定报表中数据的排列顺序

⑦ 如图 6-130 所示，选择创建报表的布局方式，单击"下一步"按钮。

⑧ 如图 6-131 所示，选择创建报表的样式，单击"下一步"按钮。

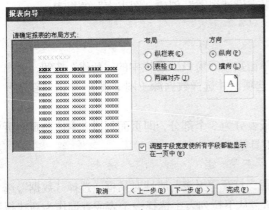

图 6-130　确定报表的布局方式

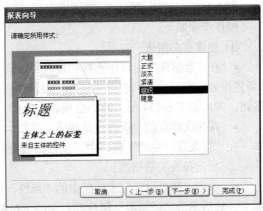

图 6-131　选择报表的样式

⑨ 如图 6-132 所示，输入报表的标题，单击"完成"按钮，保存并预览报表，结束报表的创建。创建完成的报表如图 6-133 所示。

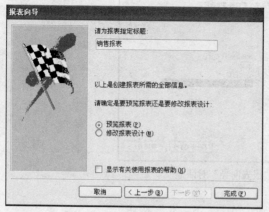

图 6-132　输入报表的标题

图 6-133　创建完成的报表

若创建"图标报表"或"标签报表"，可在图 6-124 所示的"新建报表"对话框中选择"图表向导"或"标签向导"，根据向导提示创建。

### 3. 利用"报表设计视图"创建报表

利用"报表向导"和"自动创建报表"可以方便快速地创建报表，但其创建的报表形式和功能都比较单一，布局也较简单。利用"报表设计视图"，可以依照设计者的个性及需求设计报表包含的数据来源以及报表的布局、报表的样式。

利用"报表设计视图"创建报表一般包含以下过程。

① 创建空白报表。

② 指定报表的数据源。

③ 添加和删除报表控件。

④ 对报表进行排序和分组。

⑤ 计算汇总数据。

⑥ 设置报表和控件外观格式、大小位置、对齐方式等。

⑦ 保存报表。

其中第③步～第⑤步可根据问题的具体需要选择。

**例 6-15**　在"图书管理"数据库中，利用"报表设计视图"创建"图书表"的报表。

操作步骤如下。

① 创建空白报表。

• 在"数据库"窗口中选择"报表"对象，单击数据库窗口工具栏中的"新建"按钮，弹出"新建报表"窗口，在列表框中选择"设计视图"选项，并选择数据源（图书表），单击"新建"按钮，弹出如图 6-134 所示的空白报表。

• 在初次建立的"报表设计视图"窗口中，报表分为 3 个部分，即页面页眉、主体和页面页脚，在"报表设计视图"窗口中还包括报表控件工具箱。

② 指定报表的数据源。

• 单击"报表设计"工具栏中的"属性"按钮，打开"报表"属性对话框，选择"数据"选项卡，然后单击"记录源"属性框右侧的下拉按钮，从下拉列表中选择一个表或查询作为新建报表的记录源，这里选择"图书表"，如图 6-135 所示。

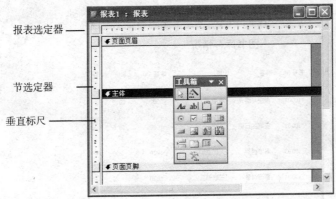

图 6-134　空白报表

- 上述方法是指定报表数据源最基本的方法，它只能选择来自单个表或查询中的数据。如果要选择来自多个表或查询中的数据，可单击"记录源"属性框右侧的"生成器"按钮，利用"查询生成器"把多个表或查询中的数据放到一个动态数据集中。

③ 添加和删除各种控件。

- 使用"字段列表"选择框：单击工具栏中的"字段列表"按钮，显示字段列表。将选中字段拖至"主体"节，然后删除字段文本框前的附加标签，如图 6-136 所示。

- 使用手动设计方法：选择"工具箱"中的"标签"控件，在"页面页眉"中建立报表的列标题；选择"工具箱"中的"文本框"控件，在"主体"节中建立相应控件，用来显示报表中的各个字段。主体中的控件顺序应与"页面页眉"中的列标题相对应。

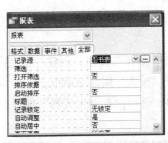

图 6-135　设置报表数据源

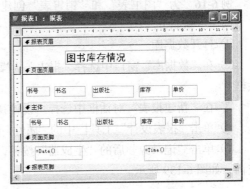

图 6-136　添加控件

- 添加报表标题：单击"视图"菜单中的"报表页眉/页脚"命令，在报表中添加"报表页眉"和"报表页脚"。在"报表页眉"节中添加一个标签控件，输入报表标题"图书库存情况"；在"页面页脚"节中添加报表日期和时间（添加 2 个文本框控件，分别将文本框控件的"记录源"属性设置为"Date()"和"Time()"），如图 6-136 所示。

④ 保存并预览报表，结束报表的创建，结果如图 6-137 所示。

**4. 将窗体转换为报表**

报表设计和窗体的设计方式有许多共同之处，因此，可以将窗体转换为报表。

操作步骤如下。

① 打开数据库。

② 在"数据库"窗口中选择"窗体"为操作对象，单击"打开"按钮打开窗体。

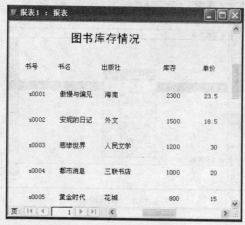

图 6-137　创建完成的报表

③ 在"窗体"窗口中打开"文件"菜单，选择"另存为"命令。

④ 在"另存为"对话框中输入报表名称，选择保存类型为"报表"，单击"确定"按钮。

⑤ 预览报表，结束"窗体"到"报表"的转换。

### 6.6.3　创建分组汇总报表

对报表进行排序与分组设置，可以使报表中的数据按一定的顺序和分组输出，这样的报表既有针对性又有直观型，更方便用户的使用。

**例 6-16**　为"图书表"和"销售表"创建分组报表，按"书类"统计输出销售数量。

操作步骤如下。

① 打开数据库。

② 在"数据库"窗口中选择"报表"为操作对象，单击"新建"按钮，打开"新建报表"对话框。

③ 在"新建报表"对话框中选择"设计视图"，单击"新建"按钮，创建一个空白报表。

④ 单击"报表设计"工具栏中的"属性"按钮，打开"报表"属性对话框，如图 6-138 所示。

⑤ 单击"记录源"后的"生成器"按钮，打开"SQL 语句：查询生成器"窗口，创建 SQL 查询，如图 6-139 所示。

图 6-138　"报表"属性对话框

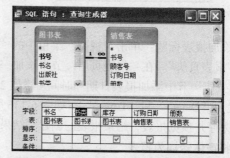

图 6-139　"SQL 语句：查询生成器"窗口

⑥ 单击"SQL 语句：查询生成器"窗口中的"关闭"按钮，该查询作为报表的数据源，如图 6-140 所示。

⑦ 在"报表"窗口中单击"报表设计"工具栏中的"字段列表"按钮，打开"字段列表"框，

将"字段列表"框中的相应字段拖到"主体节"中，并在"页面页脚"节添加相应的"标签"控件，修改其属性，如图 6-141 所示。

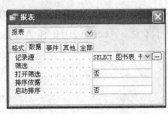

图 6-140　报表数据源

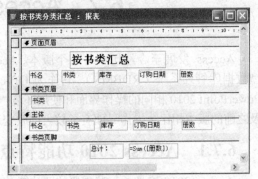

图 6-141　添加控件后的报表设计窗口

⑧ 在"报表"窗口中选择"视图"菜单，再选择"排序与分组"命令，打开"排序与分组"对话框，如图 6-142 所示。

图 6-142　对字段进行排序和分组

⑨ 在"排序与分组"对话框中选择指定的字段为分组字段，在"组属性"选项组中设置"组页眉"为"是"，"组页脚"为"是"。

⑩ 关闭"排序与分组"对话框，返回"报表"窗口，可以看到在报表中增加了一个以分组字段命名的书类页眉/页脚，在"书类页眉"和"书类页脚"节添加了相应的控件，如图 6-143 所示。

⑪ 预览报表，设计结果如图 6-144 所示。

⑫ 保存报表，完成报表的设计。

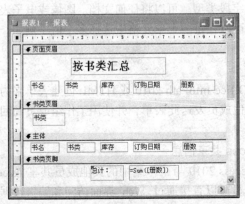

图 6-143　设置书类页眉/页脚节

图 6-144　设计完成的报表

# 6.7 Access 2010 简介

Access 发展至今经历了若干个版本，Access 2010 是 Microsoft 公司于 2010 年推出的关系型数据库管理系统（RDBMS），它作为 Office 的一部分，具有与 Word 2010、Excel 2010 和 PowerPoint 2010 相同的操作界面和使用环境，深受广大用户的喜爱。Access 2010 和 Access 2003 及之前的版本相比，操作界面有了较大的改变，其功能更强。

## 6.7.1 Access 2010 功能特点

Access 2010 增加了一些重要的新功能，并简化了界面。

**1. 使用 Office Fluent 用户界面更快地获得更好的结果**

Office Access 2010 通过其 Office Fluent 用户界面、新的导航窗格和选项卡式窗口视图，为用户提供全新的体验。即使用户没有数据库经验，也可以开始跟踪信息并创建报表，从而做出更明智的决策。

**2. 使用预制的解决方案快速入门**

通过内容丰富的预制解决方案库，用户可以立即开始跟踪自己的信息。为了方便用户，程序中已经建立了一些表单和报表，用户可以轻松地自定义这些表单和报表以满足业务需求，Office Access 2010 包含了一些现成的解决方案，例如联系人、问题跟踪、项目跟踪和资产跟踪方案等。

**3. 针对同一信息创建具有不同视图的多个报表**

在 Office Access 2010 中创建报表真正能体验到"所见即所得"（WYSIWYG，是 What You See Is What You Get 的首字母缩略词）。用户可以根据实时可视反馈修改报表，并可以针对不同观众保存不同的视图。新的分组窗格以及筛选和排序功能可以帮助显示信息，有助于用户做出更明智的业务决策。

**4. 可以迅速创建表，而无需担心数据库的复杂性**

借助自动数据类型检测，在 Office Access 2010 中创建表就像处理 Microsoft Office Excel 表格一样容易。键入信息后，Office Access 2010 将识别该信息是日期、货币还是其他常用数据类型。用户甚至可以将整个 Excel 表格粘贴到 Office Access 2010 中，以便利用数据库的强大功能开始跟踪信息。

**5. 使用全新字段类型，实现更丰富的方案**

Office Access 2010 支持附件和多值字段等新的字段类型。可以将任何文档、图像或电子表格附加到应用程序中的任何记录中。使用多值字段，可以在每一个单元格中选择多个值（例如，向多个人分配某项任务）。

**6. 直接通过源收集和更新信息**

通过 Office Access 2010，可以使用 Microsoft Office InfoPath 2010 或 HTML 创建表单来为数据库收集数据。然后，可通过电子邮件向工作组其他成员发送此表单，并使用工作组成员的回复填充和更新 Access 表，而无需重新键入任何信息。

**7. 通过 Microsoft Windows SharePoint Services 共享信息**

使用 Windows SharePoint Services 和 Office Access 2010 与工作组中的其他成员共享 Access 信息。借助这两种应用程序的强大功能，工作组成员可以直接通过 Web 界面访问和编辑数据以及查看实时报表。

8. 使用 Office Access 2010 的客户端功能跟踪 Windows SharePoint Services 列表

可将 Office Access 2010 用做客户端界面，通过 Windows SharePoint Services 列表分析和创建报表，甚至还可以使列表脱机，然后在重新连接到网络时对所有更改进行同步处理，从而可以随时轻松处理数据。

9. 将数据移动到 Windows SharePoint Services，增强可管理性

将数据移动到 Windows SharePoint Services，使数据更透明。这样，可以定期备份服务器上的数据，恢复垃圾箱中的数据，跟踪修订历史记录以及设置访问权限，从而可以更好地管理信息。

10. 访问和使用多个源中的信息。

通过 Office Access 2010，可以将其他 Access 数据库、Excel 电子表格、Windows SharePoint Services 网站、ODBC 数据源、Microsoft SQL Server 数据库和其他数据源中的表链接到数据库。然后，可以使用这些链接的表轻松地创建报表，从而根据更全面的信息来做出决策。

## 6.7.2　Access 2010 的工作界面

Access 2010 是 Microsoft Office 2010 的组成部分，Office 2010 展现了一个开放式的、充满活力的新外观，启动 Access 2010 后，其操作界面如图 6-145 所示。

图 6-145　Access 2010 操作界面

界面的各部分功能如下：

"标题栏"位于窗口的顶端，是 Access 应用程序窗口的组成部分，用来显示当前应用程序名称、编辑的数据库名称和数据库保存的格式。标题栏最右端有 3 个按钮，分别用来控制窗口的最大化/还原、最小化和关闭应用程序，如图 6-146 所示。

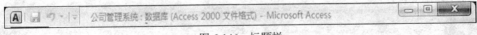

图 6-146　标题栏

导航窗格位于窗口左侧的区域，用来显示数据库对象的名称。导航窗格取代了 Access 早期版本中的数据库窗口，如图 6-147 所示，导航窗格中显示的内容和当前的操作对象有关。

状态栏位于程序窗口的底部，用于显示状态信息，并包括可用于更改视图的按钮，如图 6-148 所示。

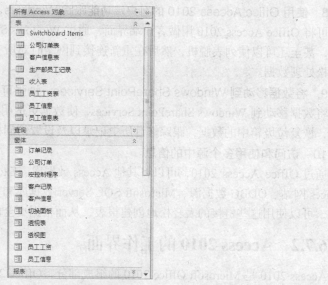

图 6-147　导航窗格

图 6-148　状态栏

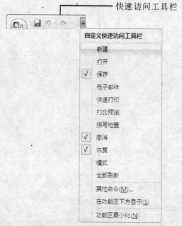

图 6-149　单击快速访问工具栏的状态

Access 2010 界面还包含了其他元素，这些元素的共同点是：新增元素，且能够帮助用户便捷地执行命令，如图 6-149 所示的快速访问工具栏。

Access 2010 支持自定义设置工作环境功能，用户可以根据自己的喜好安排 Access 的界面元素。单击如图 6-149 所示的快速访问工具栏右侧的下拉箭头，将弹出常用命令列表，选择需要的命令后，与该命令对应的按钮将自动添加到快速访问工具栏中，实现了自定义快速访问工具栏。

取消传统菜单操作方式而代之以功能区是 Access 2010 的明显改进之一，用户可以在功能区中进行绝大多数的数据库管理相关操作。Access 2010 默认情况下有 4 个功能区，每个功能区根据命令的作用又分为多个组。每个功能区具有的功能如下。

### 1."开始"功能区

"开始"功能区中包括视图、剪贴板、排序和筛选、记录、查找、窗口、文本格式、中文简繁转换 8 个分组，用户可以在"开始"能区中对 Access 2010 进行诸如复制粘贴数据、修改字体和字号、排序数据等操作。

图 6-150　"开始"功能区

## 2. "创建"功能区

"创建"功能区中包括模板、表格、查询、窗体、报表、宏与代码 6 个分组，"创建"功能区中包含的命令主要用于创建 Access 2010 的各种对象，如数据库、表、查询、窗体、报表等。

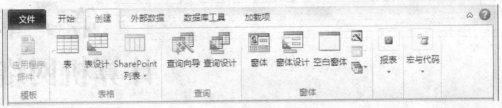

图 6-151 "创建"功能区

## 3. "外部数据"功能区

"外部数据"功能区包括导入并连接、导出、收集数据 3 个分组，在"外部数据"功能区中主要对 Access 2010 以外的数据进行相关处理。

图 6-152 "外部数据"功能区

## 4. "数据库工具"功能区

"数据库工具"功能区包括工具、宏、关系、分析、移动数据、加载项、管理 6 个分组，主要针对 Access 2010 数据库进行比较高级的操作。

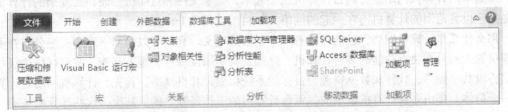

图 6-153 "数据库工具"功能区

除了上述 4 种功能区之外，还有一些隐藏的功能区默认没有显示。只有在进行特定操作时，相关的功能区才会显示出来。例如在执行创建表操作时，会自动打开"数据表"功能区。

Access 2010 简化了窗口管理界面，将窗口组织成整齐划一的选项卡。在窗口左侧的导航窗格，用户可以选择他们要处理的目标数据库。功能区占据了 Access 主窗口的顶部，功能区的外观更改取决于 Access 环境中的任务种类，不那么拥挤的新界面会使用户工作起来更加轻松愉快。

# 第7章
# 计算机网络

## 7.1 计算机网络概述

随着计算机技术的迅猛发展，计算机的应用逐渐渗透到各个技术领域和整个社会生活的方方面面。社会的信息化趋势、数据的分布处理以及各种计算机资源的共享等方面的要求推动了计算机技术向着群体化的方向发展，促使当代计算机技术和通信技术实现紧密的结合。计算机网络由此而生，代表了当前高新技术发展的一个重要方向。尤其是20世纪90年代以来全世界的信息化和网络化浪潮，使得"计算机就是网络"的概念逐渐深入人心。而如今，不仅仅是常见的有线网络已经遍布在社会生活的各个角落，而且无线网络（Wireless）也已深入人们的生活中。无论是娱乐场所还是办公室，无论是公共区域还是普通家庭，无线网络以令人惊叹的速度影响着人们。

### 7.1.1 计算机网络的概念

最简单的计算机网络是将两台计算机连接起来，共享文件和打印机。而相当复杂的计算机网络是把全世界范围的计算机连在一起的网络，如目前使用的Internet。

那么什么是计算机网络，目前还没有一个严格的定义。我们可以作如下理解：把分布在不同地理位置上的具有独立功能的多台计算机、终端及其附属设备在物理上互连，按照网络协议相互通信，以共享硬件、软件和数据资源为目标的系统称做计算机网络。首先，计算机网络是计算机的一个群体，是由多台计算机组成的，每台计算机的工作是独立的；其次，这些计算机是通过一定传输媒体（包括有线传输媒体和无线传输媒体）互连在一起的。这里所说的计算机之间的互连是指它们彼此之间能够进行信息的交换。

计算机网络是一个复杂的系统，包括一系列的软件和硬件。网络软件系统和网络硬件系统是计算机网络系统赖以存在的基础。

#### 1. 网络硬件系统

网络硬件是计算机网络系统的物质基础。要构成一个计算机网络系统，首先要将计算机及其附属硬件设备与网络中的其他计算机系统连接起来。不同的计算机网络系统在硬件方面是有差别的。随着计算机技术和网络技术的发展，网络硬件日趋多样化，功能更加强大、更加复杂。

服务器（Server）是指在计算机网络中提供服务的设备，它是整个网络的中心。因此，服务器应具有高性能、高可靠性、高吞吐能力、大内存容量等特点，应选择那些CPU、存储器等多方面性能都很好、系统配置较高的专业服务器来担当，以保证网络的效率和可靠性。服务器要为网络提供服务，根据服务器所提供的服务的不同，可划分为文件服务器、数据库服务器、邮件服务器等。

314

终端（Terminal）是指一台电子计算机或者计算机系统，位于网络终点，用来让用户输入数据及显示其计算结果的机器。当终端连接到网络上，可以为客户提供本地服务，从而与服务器相对，但需要与服务端互相配合。

在计算机网络中的连接设备种类非常多，但是它们完成的工作大都相似，主要是完成信号的转换和恢复，如网卡、调制解调器等。网络连接设备直接影响网络的传输效率。

### 2. 网络软件系统

在网络系统中，网络上的每个终端都可以使用系统中的各种资源，系统必须对用户进行控制，否则就会造成系统混乱、信息数据的破坏及丢失。为了协调系统资源，系统需要通过软件对网络资源进行全面的管理及安全保护，防止非法用户对数据和信息进行访问，避免数据和信息的破坏与丢失，因而网络软件是实现网络功能不可缺少的一部分。

类似于单个计算机需要操作系统（如 Windows 操作系统）管理一样，整个网络的资源和运行必须由网络操作系统来管理。它是用以实现系统资源共享、管理用户对不同资源访问的应用程序。目前主流的网络操作系统有 Windows Server 2008、Linux、UNIX 等。

## 7.1.2　计算机网络的功能

计算机网络技术使计算机的作用范围和本身的能力都有了突破性进展。虽然各种网络在数据传送、系统连接方式以及具体用途方面各不相同，但一般的网络都具有下述主要的功能与特点。

### 1. 资源共享

充分利用计算机资源是组建计算机网络的重要目的之一。资源共享除了共享硬件资源外，还包括共享数据和软件资源。只要是在正确的权限范围之内，网上的各个用户都可以非常方便地使用网络中各个计算机上所提供的共享软件、数据和硬件设备，而且不受实际地理位置的限制。资源共享使得网络中分散的资源能够互相使用，大大提高了资源利用率。

### 2. 数据通信

网络系统中的各计算机之间能快速可靠地相互传递数据及信息，根据需要可以对这些数据进行处理，这是计算机网络最基本的功能，这种数据通信功能使得地理位置分散的信息能按用户的要求进行快速的传输和处理。

### 3. 均衡负载互相协作

通过网络可以缓解用户资源缺乏的矛盾，使各资源的"忙"与"闲"得到合理调整。例如，当某台计算机的计算任务很重时，可以通过网络将某些任务传送给空闲的计算机去处理。

### 4. 分布式处理

在计算机网络中，可以把一项复杂的任务划分成若干个子模块，将不同的子模块同时运行在网络中不同的计算机上，使其中的每一台计算机分别承担某一部分工作。这样，多台计算机连成具有高性能的计算机系统来解决大型问题，大大提高了整个系统的效率和功能，从而使得只有小型机或微机的用户可以享受到大型机的工作性能。

### 5. 提高计算机的可靠性

计算机网络系统能实现对差错信息的重发，从而增强了可靠性。提高可靠性还表现在计算机网络中的每台计算机可以通过网络彼此互为后备机，一旦某台计算机出现故障，故障机的任务就可以由其他计算机代为处理，其所存储的数据也可以在其他计算机上找到备份，避免了在单机无后备机的使用情况下某台计算机故障导致系统瘫痪的现象。

## 7.1.3　计算机网络的发展

计算机网络的发展经历了由简单到复杂、由低级到高级的过程，是应用技术与通信技术密切结合的过程。一般来讲，计算机网络的发展可分为 4 个阶段。

第一阶段，远程终端联机阶段。计算机技术与通信技术相结合，形成计算机网络的雏形。20 世纪 50 年代初，由于美国军方的需要，美国半自动地面防空系统进行了计算机技术与通信技术相结合的尝试。它将远程雷达与其他测量设施测到的信息通过总长度达到上万千米的通信线路与一台计算机连接，进行集中的防空信息处理与控制。要实现这样的目的，首先要完成数据通信技术的基础研究。在这项研究的基础上，人们完全可以将地理位置分散的多个终端通信线路连到一台中心计算机上。用户可以在自己办公室内的终端输入程序，通过通信线路传送到中心计算机，分时访问和使用其资源进行信息处理，处理结果再通过通信线路回送到用户终端显示或打印。人们把这种以单个计算机为中心的联机系统称为面向终端的远程联机系统，它是计算机通信网络的一种。这一阶段为计算机网络的产生做好了技术准备，奠定了理论基础。

第二阶段，计算机网络阶段。在计算机通信网络的基础上完成网络体系结构与协议的研究，形成了计算机网络。在 20 世纪 60 年代，随着计算机应用的发展，出现了多台计算机互连的需求。这种需求主要来自军事、科学研究、地区与国家经济信息分析决策、大型企业经营管理。他们希望将分布在不同地点的计算机通过通信线路互连成为计算机—计算机网络。网络用户可以通过计算机使用本地计算机的软件、硬件与数据资源，也可以使用联网的其他地方的计算机软件、硬件与数据资源，以达到计算机资源共享的目的。这一阶段研究的典型代表是 1968 年美国国防部高级研究计划局（ARPA）提出研制 ARPANET 计划，1969 年建成 4 个节点的实验网。随后几年间，ARPANET 迅速发展，联入的主机数超过 100 台，地理范围已覆盖美国的很多州。ARPANET 是世界上第一个实现了以资源共享为目的的计算机网络，所以人们往往将它视为现代计算机网络诞生的标志。1972 年，美国 Xerox 公司开发出以太网（Ethernet）技术，局域网技术逐渐成熟。ARPANET 是计算机网络技术发展的一个重要的里程碑。

第三阶段，网络互连阶段。20 世纪 70 年代中期，国际上各种网络发展很快，各个计算机生产商纷纷推出自己的计算机网络系统，这就存在网络体系结构与网络协议的国际标准化问题。在解决计算机联网与网络互连标准化问题的背景下，提出开放系统互连参考模型与协议（OSI），促进了符合国际标准的计算机网络技术的发展。随之而来的是以 ARPANET 为主干发展起来的国际互联网，它的覆盖范围已遍及全世界，全球各种各样的计算机和网络都可以通过网络互连设备联入国际互联网，实现全球范围内的计算机之间的通信和资源共享。

第四阶段，信息高速公路阶段。Internet 目前已经联系着超过 160 个国家和地区的 1 亿多台主机，成为当今世界上信息资源最丰富的互连网络，被认为是未来全球信息高速公路的雏形。未来的信息高速公路，将是以光纤为传输媒体，传输速率极高，集电话、数据、电报、有线电视、计算机网络等所有网络为一体的信息高速公路网。从 20 世纪 90 年代开始，计算机网络向网络互连和高速的方向发展，目前计算机网络的发展正处于第四阶段。

## 7.1.4　计算机网络的分类

网络的分类标准有很多，如网络的拓扑结构、传输介质、速率、数据交换方式等，但这些标准只描述了网络某一方面的特征，不能反映网络技术的本质。事实上，有一种网络划分标准能反映网络技术的本质，这就是最常用的划分网络的标准——网络的覆盖范围。网络中的两个主要要素是硬件设备和网络协议。网络覆盖范围不同，其连网的硬件设备和技术都不同。计算机网络按照其覆盖的地理范围进行分类，可以很好地反映不同类型网络的技术特征。由于网络覆盖的地理范围不同，它们所采用的传输技术也就不同，因而形成了不同的网络技术特点与网络服务功能。按覆盖的地理范围进行分类，计算机网络可以分为 3 类：局域网（Local Area Network，LAN）、城域网（Metropolitan Area Network，MAN）、广域网（Wide Area Network，WAN）。

（1）局域网。局域网用于将有限范围内（如一个实验室、一幢大楼、一个校园）的各种计算机、终端与外部设备互连成网。局域网按照采用的技术、应用范围和协议标准的不同可以分为共享局域网与交换局域网。局域网技术发展迅速，应用日益广泛，是计算机网络中最活跃的领域之一。一般覆盖范围在 10km 以内，一座楼房或一个单位内部的网络。由于传输距离直接影响传输速度，因此局域网内的通信由于传输距离短，传输的速率一般都比较高。目前，局域网的传输速率一般可达到 10Mbit/s 和 100Mbit/s，高速局域网传输速率可达到 1 000Mbit/s。

（2）城域网。城市地区网络常称为城域网，它是介于广域网与局域网之间的一种高速网络。城域网设计的目的是要满足几十千米范围内的大量企业、机关、公司的多个局域网互连的需求，以实现大量用户之间的数据、语音、图形、视频等多种信息的传输功能。

（3）广域网。广域网也叫做远程网，它所覆盖的地理范围从几十千米到几千千米。广域网覆盖一个国家、地区或横跨几个洲，形成国际性的远程网络。广域网的通信子网主要使用分组交换技术。广域网的通信子网可以利用公用分组交换网、卫星通信网和无线分组交换网，它将分布在不同地区的计算机系统互连起来，达到资源共享的目的。

## 7.1.5 计算机网络的通信协议

协议是一组规则的集合，是进行交互的双方必须遵守的约定。数据通信双方能正确而自动地进行通信，针对通信过程的各种问题制定了一整套约定，这就是网络系统的通信协议。通信协议是一套语义和语法规则，用来规定有关功能部件在通信过程中的操作。通信协议具有层次性，这是由于网络系统体系结构是有层次的，在每个层次内又可以被分成若干子层次。协议各层次有高低之分。通信协议具有可靠性和有效性。如果通信协议不可靠，就会造成通信混乱和中断，通信协议有效，才能实现系统内的各种资源共享。网络协议主要由以下 3 个要素组成：①语法。语法是数据与控制信息的结构或格式，如数据格式、编码、信号电平等。②语义。语义是用于协调和进行差错处理的控制信息，如需要发出何种控制信息，完成何种动作，做出何种应答等。③同步（定时）。这是对事件实现顺序的详细说明，如速度匹配、排序等。协议只确定计算机各种规定的外部特点，不对内部的具体实现做任何规定，这同人们日常生活中的一些规定是一样的，规定只说明做什么，对怎样做一般不做描述。计算机网络软、硬件厂商在生产网络产品时，是按照协议规定的规则生产产品，使生产出的产品符合协议规定的标准，但生产厂商选择什么电子元件、使用何种语言是不受约束的。

计算机网络是一个复杂系统，网络中的计算机往往分散在不同的地点，网络设备由不同的厂家制造，各个厂家都有自己的通信规则，因而计算机网络上的通信相当复杂。如果用一个协议规定通信的整个过程，那么这个协议将极为复杂。为了将复杂的问题简单化，可把计算机网络的功能分解为多个子功能，相应的协议分为若干层，每层实现一个子功能。下面用一个实际生活中的简单例子来说明分层的意义。

假设 A 是甲公司的经理，D 是乙公司的经理，A 经理要和 D 经理通信。具体做法是：A 经理将信写好，交给秘书 B，秘书 B 把信投入信箱（她不必了解信的内容），邮局负责信的投递工作（它只管收信人和收信地址），乙公司的秘书 C 收到信件（她不必了解信的内容），把信交给经理 D。在这个过程中，A 只负责写信，B 只负责把信送到邮局，C 只负责从邮局取信，D 只负责看信。这样分工的好处是，每一个工作实现一种相对独立的功能，将复杂问题分解为若干比较简单的小问题。计算机系统之间的通信与以上寄信过程的分层思想是一致的。

分层的概念在计算机网络中是一个重要的概念。大多数的计算机网络都采用层次式结构，即将一个计算机网络分为若干层次，处在高层次的系统仅是利用较低层次的系统提供的接口和功能，无需了解低层实现该功能所采用的算法和协议；较低层次也仅是使用从高层系统传送来的参数，这就是层次间的无关性。因为有了这种无关性，层次间的每个模块可以用一个新的模块取代，只要新的模块与旧的模块具有相同的功能和接口，即使它们使用的算法和协议都不一样也没关系。

一个功能完善的计算机网络需要制定一套复杂的协议集合，对于这种协议集合，最好的组织方式是层次结构模型。我们将计算机网络层次结构模型与各层协议的集合定义为计算机网络体系结构。

网络体系结构是关于计算机网络应设置哪几层，每个层次应提供哪些功能的精确定义。至于功能如何实现则属于网络体系结构部分。换句话说，网络体系结构只是从功能上描述计算机网络的结构，而不涉及每层硬件和软件的组成，也不涉及这些硬件或软件的实现问题。出此看来，网络体系结构是抽象的。

世界上第一个网络体系结构是 1974 年由 IBM 公司提出的"系统网络体系结构"（SNA）。之后许多公司纷纷提出了各自的网络体系结构。所有这些体系结构都采用了分层技术，但层次的划分、功能的分配及采用的技术均不相同。随着信息技术的发展，不同结构的计算机网络互连已成为人们迫切需要解决的问题。由于各种网络分层结构不统一，一个公司的计算机网络很难与另一个公司的计算机网络进行互相通信。为解决这一问题，1977 年，国际标准化组织（ISO）制定并公布了开放系统互连参考模型（Open System Interconnection，OSI）。世界上任何一个系统只要遵循 OSI 标准，就可以和世界上位于任何地方的也遵循着同一标准的其他系统进行通信。OSI 参考模型采用了 7 个层次的体系结构，从下到上依次为物理层、数据链路层、网络层、传输层、会话层、表示层和应用层，如图 7-1 所示。

建立 7 层模型的主要目的是为解决不同类型网络互连时所遇到的兼容性问题。它的最大优点是将服务、接口和协议这 3 个概念明确地区分开来：服务说明某一层为上一层提供些什么功能，接口说明上一层如何使用下一层的服务，而协议涉及如何实现本层的服务。这样各层之间具有很强的独立性，互连网络中各实体采用什么样的协议是没有限制的，只要向上提供相同的服务并且不改变相邻层的接口即可。网络 7 层的划分也是为了使网络的不同功能模块（不同层次）分担起不同的职责，从而带来更多的好处。

图 7-1　OSI 体系结构

（1）减轻问题的复杂程度，一旦网络发生故障，可迅速定位故障所处层次，便于查找和纠错。

（2）在各层分别定义标准接口，使具备相同对等层的不同网络设备能实现互操作，各层之间则相对独立，一种高层协议可放在多种低层协议上运行。

（3）能有效刺激网络技术革新，因为每次更新都可以在小范围内进行。

（4）便于研究和教学。

网络分层体现了在许多工程设计中具有的结构化思想，是一种合理的划分。分层当然是一种处理复杂问题的好方法，但分层本身是一件复杂的事情。分层好坏往往是影响某个网络体系结构性能的主要因素。OSI 参考模型基于国际标准化组织的建议，作为各种层上使用的协议国际标准化的第一步而发展起来。

物理层负责在计算机之间传递数据位，它为在物理媒体上传输的二进制位流建立规则，这一层定义电缆如何连接到网卡上，以及需要用何种传送技术在电缆上发送数据，同时还定义了位同步及检查。这一层表示了用户的软件与硬件之间的实际连接。它实际上与任何协议都不相干，但它定义了数据链路层所使用的访问方法。物理层是 OSI 参考模型的最低层，直接与物理传输介质相关。物理层协议是各种网络设备进行连接时必须遵守的低层协议，设立物理层的目的是实现两个网络物理设备之间的二进制比特流的透明传输，反映数据链路层屏蔽物理传输介质的特性，以便对高层协议有最大的透明性。

数据链路层是 OSI 参考模型中极其重要的一层，它把从物理层来的原始数据打包成帧，帧是放置数据的、逻辑的、结构化的包。数据链路层负责帧在计算机之间的无差错传递。数据链路层还支持终端的网络接口卡所用的软件驱动程序。

网络层定义网络操作系统通信用的协议，为信息确定地址，把逻辑地址和名字翻译成物理地址。它也确定从源计算机沿着网络到目标机的路由选择，并处理交通问题，如交换、路由和对数据包阻塞的控制。

传输层负责错误的确认和恢复，以确保信息的可靠传递。在发送端把过长信息分成小包发送，而在接收端把这些小包重构成初始的信息。

会话层主要针对远程访问，任务包括会话管理、传输同步、活动管理等。会话一般都是面向连接的。例如，当建立的连接突然中断时，文件传输到半路，当重新传输文件时，是从文件的开始处重传还是从断处重传，这个任务由会话层来完成。

表示层完成某些特定的功能，主要功能是信息转换，包括信息压缩、加密、与标准格式的转换以及各种逆转换等，以确保信息以对方能够识别的方式到达。

应用层是最终用户应用程序访问网络服务的地方。它负责整个网络的应用程序一起很好地工作。一些程序如电子邮件、数据库等都利用应用层传送信息。

## 7.1.6 数据通信技术

计算机网络是计算机技术与通信技术结合的产物，网络中主要应用的是数据通信，因此研究计算机网络，首先要研究数据通信。数据通信是通过数据通信系统将数据以某种信号方式从一个地方安全、可靠地传送到另一个地方。数据通信包括数据传输和数据传输前后的处理。

通信的目的是传输信息，而数据是表达信息的符号。在通信系统中，数据采用电信号的形式从一点传到另一点。电信号有两种基本形式：模拟信号和数字信号。模拟信号是一种连续变换的电信号，它的取值可以是无限多个。例如，电话机送话器输出语言信号、电视机显像管产生的图像信号等都是模拟信号。数字信号是一种离散信号，它的取值是有限个。用数字信号进行的传输称为数字传输；用模拟信号进行的传输称为模拟传输。

模拟数据和数字数据都可在合适的传输介质上传输，但两者在传输方式上有很大的区别。模拟传输是一种不考虑信号内容的信号传输方法，而数字传输与信号的内容有关。在局域网中，主要采用数字传输技术，所以局域网的数据传输很快。而在广域网中则以模拟传输为主，原因是数字信号传输的衰减比较大。随着光纤通信技术的发展，广域网越来越多地采用光纤数字传输技术，它的传输质量优于模拟信号传输。数据传输速率是指每秒所能传输的二进制位数，单位是每秒比特（或每秒波特）。

传输信息的必经之路称为"信道"。信道容量是指它能传输信息的最大能力，用单位时间内最大传输的比特数表示，它决定了传输的传输效率。

如果不采用其他措施就直接使用模拟信道传输计算机数据（数字信号），则数据的传输质量无法使用户满意。为了解决数字信号在模拟信道传输中产生失真的问题，通常采取的一种方法是在模拟信道的两端各加上一个调制解调器。调制解调器（Modem）是由调制器（Modulator）和解调器（Demodulator）合在一起构成的，这两个字的字头合并成为 Modem。调制器的主要作用就是将数字信号转换为适合于模拟信道传输的模拟信号。解调器就是一个波形识别器，它的作用是将调制器变换过来的模拟信号恢复成原来的数字信号。由于数据的传输交换是双向的，一端既要发送数据也要接收数据，故通信线路的两端都应有调制器和解调器，所以一般总称为调制解调器。

# 7.2　计算机局域网

## 7.2.1　计算机局域网的拓扑结构

所谓"拓扑"就是拓扑学中一种研究与大小形状无关的点、线特性的方法。就网络而言，抛开网络中的具体设备，把终端、服务器等网络单元抽象为"结点"，把网络中的电缆等通信介质抽象为"线"。这样，从拓扑学的观点来看，计算机网络就变成了点和线组成的几何图形，我们称它为网络的拓扑结构。

网络的拓扑结构类型较多，主要可以分为总线型、星型、环型、树型、格状型和不规则型。

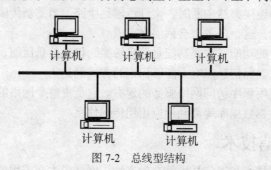

图 7-2　总线型结构

### 1．总线型结构

总线型结构网络是将各个结点和一根总线相连，如图 7-2 所示。网络中所有的结点都通过总线进行信息传输，任何一个结点的信息都可以沿着总线向两个方向传输，并被总线中任何一个结点所接收。在总线型网络中，作为通信必经的总线的负载量是有限度的，这是由通信介质本身的物理性能所决定的。因此，在总线型网络中，总线长度有一定的限制，一条总线也只能连接一定数量的结点。

总线型网络结构的特点是：网络结构简单灵活，结点的插入、删除都较方便，因此易于网络的扩展；可靠性高，由于总线通常用无源工作方式，因此任何一个结点故障都不会造成整个网络的故障；网络响应速度快，共享资源能力强，便于广播式工作；设备量少，价格低，安装使用方便；但故障诊断和隔离困难，网络对总线状态比较敏感，任何通信线路的故障都会使得整个网络不能正常运行。

在总线两端连接的器件称为终端阻抗匹配器或称为终止器，主要是与总线进行阻抗匹配，吸收传送到终端的能量，避免产生不必要的干扰。

### 2．星型结构

星型结构的网络是以中央结点为中心由各个结点连接组成的，如图 7-3 所示。如果一个终端需要传输数据，它首先必须通过中央结点，中央结点接收各分散结点的信息然后转发给相应结点，因此中央结点相当复杂，负担比其他结点重得多。中央结点目前多采用集线器（Hub）与其他结点连接。

星型网络结构的特点是：网络结构简单，便于管理，控制简单，联网建网都容易；网络延时时间较短，误码率较低；网络共享资源能力较差，通信线路利用率不高；结点间的通信必须经过中央结点进行转接，中央结点负担太重，工作复杂。现有的数据处理和声音通信的信息网大多采用星型网络结构。

### 3．环型结构

环型结构中的各结点是连接在一条首尾相连的闭合环形线路中的，如图 7-4 所示。环型网络中的信息传送是单向的，即沿一个方向从一个结点传到另一个结点。由于信息按固定方向单向流动，两个结点之间仅有一条退路，系统中无信道选择的问题。在环型网络中，信息流中的目的地址与环路中的某个结点的地址相符时，信息被该结点接收，然后根据不同的控制方法决定信息不再继续往下传送或信息继续流向下一个结点，一直流回到发送该信息的结点为止。所以，任何结点的故障均能导致环路不能正常工作。目前，已经有许多解决这些问题的办法，比如可以建立双环结构等。

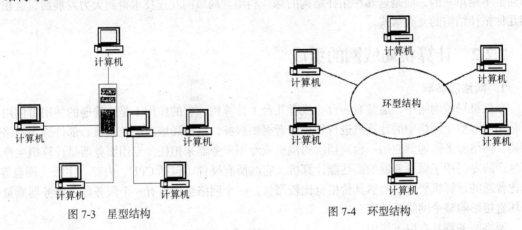

图 7-3　星型结构　　　　　　　　　图 7-4　环型结构

环型网络结构的特点是：信息在网络中沿着固定方向流动，两个结点之间仅有唯一的通路，大大简化了路径选择的控制；由于信息是串行通过多个结点环路接口，所以当结点过多时，影响传输的效率，使网络响应时间变长；环路中每一结点的收发信息均由环接口控制，控制软件较简单；当网络固定后，其延时也确定，实时性强；在网络信息流动过程中，由于信息源结点到目的结点都要经过环路中各中间结点，所以任何两点的故障都能导致环路失常，可靠性差；由于环路是封闭的，所以不易扩展。

### 4．树型结构

树型结构是一种分级结构（见图 7-5），和星型网络相比，其线路总长度比较短，故成本较低，但结构较星型网络复杂。在树型网络中，任意两个结点之间不产生回路，每条支路都支持双向传输。两个结点之间的通路，有时需要经过中间主结点才能连通。除叶子（终端）结点及其连线外，任意一个结点或连线的故障均影响其所在支路网络的正常工作。

树型网络结构的特点是：网络结构的通信线路较短，所以网络成本低；由于树型网络的链路相对具有一定的专用性，所以易于维护和扩充；某一个分结点或连线上的故障将影响该支路网络的正常工作；树型网络结构较星型网络复杂。

### 5．格状型结构

还有一种格状型结构（见图 7-6）的网络，又称为分布式网络，其中任何一个结点都至少和其他两个结点相连，因而分布式网络是非常可靠的。现在有一些网络把主要干线的拓扑结构做成分布式的。它的特点是速度快，可靠性高，但是建网投资大，一般用于有特殊要求的场合。

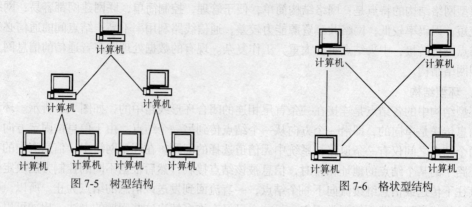

图 7-5　树型结构　　　　　　　　图 7-6　格状型结构

由于上述几种结构各有显著的优、缺点，为了能够扬长避短，在实际组建网络时，其拓扑结构通常不是单一的，而是这几种拓扑结构的综合利用。局域网互连技术得到大力发展后，会出现某几种拓扑结构的复合形式。

## 7.2.2　计算机局域网的组成

### 1.　网络服务器

在微机局域网络中，通常有一台（或者几台）计算机，它的作用不是给普通的使用者使用，而是用于对整个网络中的计算机进行管理或者提供服务，这种局域网的控制核心部件称为网络服务器。网络服务器通常使用一台高档次的微机或专用服务器来担任。专用服务器是计算机生产厂商生产的专门用于做服务器的高性能计算机，它的所有硬件（包括 CPU、内存、主板、硬盘等）都比普通的计算机要好，当然其价格也比较昂贵。一个网络至少要有一个服务器，服务器质量的好坏直接影响整个网络的效率。

网络服务器具有以下作用。

（1）运行网络操作系统。网络操作系统（Network Operating System，NOS）是整个网络的核心。例如，通过局域网接入互联网时，所有的终端都是通过服务器上运行的网关软件收发数据，连入互联网的。

（2）管理网络中的共享资源。在网络中的共享软、硬件资源由服务器负责控制，包括网络中共享的数据库、文件、应用程序等软件资源，大容量硬盘、打印机、绘图仪，以及其他贵重设备等硬件资源。

（3）管理网络中的终端。在网络服务器上对各终端的活动进行监视控制和调整，如在网吧等公共计算机房，可以由服务器控制统一开机、关机，分别计时收费等。

### 2.　网络系统软件

网络系统软件的作用是管理共享资源、提供各种服务以及管理客户端的工作。常用的网络系统软件有如下几种。

（1）Novell 公司的 Netware 网络操作系统。该系统具有多用户、多任务的功能，并实施了开放系统的措施，可以组建无盘客户端网络（即终端没有硬盘，全部共享服务器的硬盘）。其产品有 Netware 386V3.11，Netware V4.0/V4.1/V5.0 和 Netware 386SFT E 等。

（2）Microsoft 公司的 Windows NT 系列网络操作系统。该系统具有 Windows 图形用户界面，内置网络功能，支持 32 位程序的操作系统，其版本有 Windows NT4.0，Windows NT Server 4.0（网络服务器版操作系统），Windows NT Workstation 4.0（单机版操作系统），Windows 2003 Server/ Advance Server，Windows Server 2008 等。

Windows NT 系列系统具有客户端和服务器两种版本，既可以作为单机（客户端）的操作系统，又可以作为服务器操作系统，是先进的 32 位操作系统。Windows NT 系列软件具有完善的网络功能，其特点如下：其一，该系统支持多种网络协议，如 NETBEUI、TCP/IP、DLC 等，这些协议可以在系统中同时运行，并提供了与其他系统的互连能力；其二，改进了 TCP/IP 功能；其三，Windows NT 支持远程访问服务（RAS），Windows NT RAS 支持 PPP 和 SLIP2，具有 IP 和 IPX 路由功能，支持 X. 25 和 ISDN 等远程连接；其四，Windows NT 提供了远程引导服务，支持无盘客户端，在无盘客户端上可以运行 MS-DOS 和 Windows。

（3）UNIX 网络操作系统。该系统是典型的 32 位多用户、多任务的网络操作系统，适合于超级小型机、大型机、RISC 计算机。具有支持网络文件系统服务、提供数据库应用等功能，并可以和 DOS 客户端通过 TCP/ IP 组成目前最常用的以太网（Ethernet）总线网络。目前常用的版本主要是 AT&T 和 SCO 公司的 UNIX SVR 3.2V4.0。

（4）Linux 网络操作系统。该系统是目前很流行的网络操作系统，其主要特点是"免费"。Linux 网络操作系统基本上类似于 UNIX，它是 Linus Torvalds 于 1991 年在 Helsinki 大学原创开发的，并在 GNU 一般公共执照（General Public License）下发行。它是一个全开放的系统，其系统源代码完全公开，具有结构简单、稳定性好的特点，给用户的使用和二次开发带来很大的方便。现在很多第三方软件开发商对 Linux 进行了整合，出现了很多版本，如 Turbo Linux、Red Linux 等。

## 3. 网络终端

在网络中的终端就是一台普通的计算机，它既可以独立工作，也可以利用网络共享资源。一个网络系统中所连接的终端数可达数百台之多，可以提供给使用者多样化的网络服务。

## 4. 网络连接设备

（1）网络传输介质。网络传输介质是通信网络中发送方和接收方之间的物理通路。网络上数据的传输需要有"传输介质"，好比是车辆必须在公路上行驶一样，道路质量的好坏会影响到行车的安全和速度。同样，网络传输媒介的质量好坏也会影响数据传输的质量。

常用的网络传输介质分为两类，一类是有线的，另一类是无线的。有线传输介质主要有双绞线、同轴电缆和光纤；无线传输介质有微波、无线电、激光、红外线等。传输介质的特性对网络中数据通信质量的影响很大。这些特性有：物理特性，对传输介质物理结构的描述；传输特性，传输介质允许传送数字或模拟信号传输的频率范围；连通特性，允许点到点或多点连接；地理范围，传输介质的最大传输距离；抗干扰性，传输介质防止噪声与电磁干扰对传输数据影响的能力；相对价格，器件、安装与维护费用。

① 双绞线。双绞线是由两条导线按一定方法相互绞合在一起的，类似于电话线的传输介质，每根线外部加绝缘层并有颜色来标记，按照规定的方法绞扭可以减少线间的电磁干扰。双绞线可以点对点或多点连接，在进行多点连接时，效果较差，可支持的终端也较少，所以常用于点对点的连接。双绞线的抗干扰能力视其是否有良好的屏蔽和设置地点而定，如果干扰源的波长大于双绞线的扭曲长度，其抗干扰性优于同轴电缆。

双绞线较适合于近距离（一栋建筑物内或几栋建筑物之间，若距离远，就要加入中继器以增大信号强度）、环境单纯（远离潮湿、电源磁场等）的局域网络系统。双绞线可用来传输数字信号与模拟信号。由于价格便宜，安装容易，所以得到了广泛的应用。通常在局域网中的无屏蔽双绞线的传输速率是 10Mbit/s，随着制造技术的发展，100Mbit/s 甚至 1 000Mbit/s 的双绞线已经得到了广泛的应用。

② 同轴电缆。同轴电缆其组成由里往外依次是铜芯、塑胶绝缘层、细铜丝组成的网状导体及

塑胶保护膜，因为它的内部共有两层导体排列在同一圆心轴上，所以被称为"同轴"。由于同轴电缆绝缘效果佳，频带宽，传输稳定，价格适中，性价比高，是局域网普遍采用的一种介质，同轴电缆可分为粗缆和细缆两类。

③ 光纤。光纤由能传送光波的超细玻璃纤维制成，是一种比玻璃折射率低的材料。进入光纤的光波在两种材质的界面上形成全反射，从而不断地向前传播。光波在光纤中以多种传播模式传播，不同的传播模式有不同的电磁场分布和不同的传播路径，这样的光纤叫做多维光纤。光波在光纤内以什么模式传播，这与芯线和包层的相对折射率、芯线的直径以及波长有关。如果芯线的直径小到光波波长大小，则光在其中无反射地沿直线传播，这种光纤叫做单模光纤。单模光纤比多模光纤更难制造，因而价格更高。光纤作为传输介质，其优点很多：一是具有很高的数据传输速率、极宽的频带、低误码率和低延迟；二是光传输不受电磁干扰，不能被偷听，因而安全和保密性能好；三是光纤重量轻、体积小。随着光纤技术的发展，光纤通信现已成为长途干线和局域网主干网的主要传输介质。

（2）网络接口板。网络接口板也称为网卡或网络适配器，计算机通过网卡与网络电缆相连接。网卡上的电路提供通信协议的产生与检测，用以支持所针对的网络类型。网卡基于 OSI 参考模型的物理层和数据链路层。

（3）中继器。由于信号在网络传输介质中有衰减和噪声，使有用的数据信号变得越来越弱，因此为了保证有用数据的完整性，并在一定范围内传送，要用中继器把所接收到的弱信号分离，并再生放大以保持与原数据相同。中继器可以"延长"网络的距离，在网络数据传输中起到放大信号的作用。数据经过中继器，不进行数据包的转换，所以中继器不是一个真正的网络互连设备，它仅实现扩大网络尺寸的作用。中继器连接的两个网络在逻辑上是同一个网络。中继器的主要优点是安装简单，使用方便，价格相对低廉。它不仅起到扩展网络距离的作用，还可将不同传输介质的网络连接在一起。中继器在物理层工作，对于高层协议完全透明。

（4）网桥。网桥是局域网互连最常见的设备，它是在数据链路层的 MAC 子层上将两个局域网进行互连的设备。由它所连接的局域网可以是不同介质访问类型的，如可用网桥将令牌环网和以太网互连，网桥会自动地进行 MAC 地址的转换。单口网桥只能实现 2 个网络的互连，如果 3个以上的局域网要互连，必须使用多个网桥或用多口网桥进行连接。网桥也用来扩展局域网的物理距离。网桥可分为本地网桥和远程网桥，本地网桥主要用于连接本地相距很近的两个网段或局域网，而远程网桥用于连接两个或多个相隔很远的局域网。

利用网桥可以互连局域网，当然也可以用网桥扩大局域网分段，缩小冲突区域，使每段中的冲突率降低，从而提高每个网段的通信速度。当一个终端发送数据时，如果目的地址在本网段，则网桥不会转发这个包到它所连接的其他网段上，所以这些数据包不会造成其他网段上的流量拥塞。只有当目的地址不在本网段，网桥才将它转发到所连接的其他网段上。简单的网桥就是一块卡，安装在计算机中，它不是一个单独的设备。

（5）局域网交换机。局域网交换机类似于一个多口的网桥，它具有独立的处理器和内存，还有一个比较高速的数据交换总线，每个端口可以连接一个局域网网段或者多台计算机。这样各个网段可以通过交换机的高速总线交换信息，还可以通过设置权限，限制某个网络对其他网络的访问。交换机也能限制冲突域，所以有人认为交换机就是多口网桥，只不过其数据转发能力强于一般的网桥。现在局域网间的互连多使用交换机。

（6）路由器。路由器应用于连接多个逻辑上分开的网络。逻辑上的网络是指一个单独的网络或一个子网。当数据从一个子网传输到另一个子网时，可通过路由器来完成。因此，路由器具有判断网络地址和选择传输路径的功能，它能在多网络互连环境中建立灵活的连接，可用完全不同的数据分组和介质访问方法连接各种子网。路由器是属于网络应用层的一种互连设备，它不关心各子网使用的硬件设备，但要求运行与网络层协议相一致的软件。由于路由器工作在网络层上，所以它不像网桥工作在数据链路层那样知道每个点确切的 MAC 地址，它只知道被互连的子网的网络地址。所以它的功能只是根据读取的网络地址，将它转发到相应的子网就完成了任务，数据包到达子网后，仍要按 MAC 地址进行投递，将数据包最终送到目的终端。

路由器分本地路由器和远程路由器，本地路由器是用来连接网络传输介质的，如光纤、同轴电缆和双绞线；远程路由器是用来与远程传输介质连接并要求相应的设备，如电话线要配调制解调器，无线要通过无线接收机和发射机。

（7）网关。当两个网络协议通过完全不同的网络互连时，就要使用更高层次的设备，这就是网关，或称为应用程序网关。网关的功能体现在 OSI 参考模型的高层，它将协议进行转换，将数据重新分组，以便在两个不同类型的系统之间进行传输。由于协议转换是一件复杂的事，一般来说，网关只进行一对一转换，或是少数几种特定应用协议的转换，网关很难实现通用的协议转换。用于网关转换的应用协议有电子邮件、文件传输、远程客户端登录等。

（8）集线器。集线器可以说是一种特殊的多端口中继器，作为网络传输介质间的中央结点。以集线器为中心的优点是：当网络系统中某条线路或某结点出现故障时，不会影响网络中其他结点的正常工作。集线器可分为无源集线器、有源集线器和智能集线器。

无源集线器只负责把多段介质连接在一起，不对信号作任何处理，每一种介质只允许扩展到最大有效距离。有源集线器类似于无源集线器，但它具有对传输信号进行再生和放大的功能，从而延长了介质长度。智能集线器除了具有有源集线器的功能外，还可将网络的部分功能集成到集线器中，如网络管理、选择传输线路等。随着集线器技术的发展，还出现了交换技术（在集线器上增加了线路交换功能）和网络分段方式，提高了传输带宽。

# 7.3　Internet 的基本知识

如果说 20 世纪最伟大的发明是计算机，那么计算机最成功的应用就是 Internet。Internet 是指由许多个分散在世界不同地域的规模不同的计算机网络通过互连设备连接起来的一个开放式的、以 TCP/IP 为主要通信协议和标准的庞大网络，是全球最大的计算机互连网络。Internet 的中文名称以前翻译为"国际互联网"、"互联网"、"网间网"等，1997 年 7 月，由中国科学技术名词审定委员会推荐翻译为"因特网"。

## 7.3.1　Internet 简介

从计算机系统和通信系统上看，Internet 是一个庞大的计算机互连网络，另一方面，它又是一个蕴涵了巨大信息资源的信息资源网络。每个接入 Internet 的网络都将其资源贡献到因特网中，这样无数的网络资源汇集成了信息资源的海洋，使世界各地、各行业、各领域的信息资源集合为一体，供分布在世界各地的 Internet 用户共享。在 Internet 连接上，可以找到所需的信息，可以与朋友通信、聊天、交换文件和信息，可以在网上购物、看视频等。Internet 的巨大信息、灵活多样的服务以及巨大的用户群使其成为了当今一种崭新的大众传播媒体。它成功地改变了人们的工作方式、生活方式以及思维方式，为我们打开了一个通向世界、通向未来的大门。

## 7.3.2　Internet 的发展历史

1986 年，美国国家科学基金会开始注资涉足于 TCP/IP 的研究与开发，在全美国建立了 6 个超级计算机中心，并建立了主干网连接全美各区域性网络，并由这些网络连接到美国的各大学校校园网、研究机构和企业的内部网络，并逐渐地取代了 ARPANET，成为了今天 Internet 最重要的主干网。

1989 年，由欧洲粒子物理研究中心开发成功 WWW（World Wide Web），以超文本形式组织资源信息，为实现超媒体信息的截取和检索奠定了基础，这也是 Internet 的应用迅猛发展的另一个原因。

进入 20 世纪 90 年代，Internet 的发展势头更加迅猛，1987 年 Internet 上的主机为 1 万台，而 1989 年达到 10 万台，进入 1992 年已突破 100 万台，1995 年超过 400 万台。到 1996 年年底，Internet 网络已经连通 186 个国家和地区，网络用户量达到近亿人，连接了 134 万余个网络。

1997 年年底，中国对于国内使用 Internet 的情况进行了统计，我国接入 Internet 的主机达到 25 万台，用户数近 60 万户。1999 年 1 月，中国互联网信息中心（CNNIC）发布的中国 Internet 发展统计报告称，全国上网计算机数已达到 747 万台，上网用户达到 210 万户。

Internet 从诞生到现在的几十年中取得了飞速的发展，对计算机技术、网络技术、通信技术的发展做出了巨大的贡献。目前 Internet 正在朝着第二代（Internet 2）发展，必将成为未来信息高速公路的重要主体之一，成为与人们工作、生活、娱乐不可分割的一部分。

## 7.3.3  Internet 中的 TCP/IP

### 1. TCP/IP 简介

TCP/IP（传输控制协议/互联网协议）被称为 Internet 上的标准数据传输协议，现在也被称为 IPv4，通过它可以连接 Internet 中不同的计算机系统。每一台连入 Internet 的计算机都有其自己的 IP 地址。一个 IP 地址由 4 组单独的数字组成，每组数字由点分隔，如 192.168.24.68。IP 地址允许一个数据包或数据单元通过几个网络到达其最终目的。TCP 的主要作用是将数据分割为小包进行传输，然后在目的端再将收到的数据包重新组合。来自于同一条信息或同一个文件的各个数据包拥有其自己的识别数据，以便使接收它们的计算机将其准确地重新组装。每个数据包在传输过程中都要进行检验，以确保传输正确。如果发现数据包中存在错误，将更新发送此数据包。数据可以通过不同的路径到达最终目的地。

### 2. 客户端与服务器模式

Internet 采用客户端/服务器模式，客户端软件运行在终端上，而服务器软件则运行在 Internet 的某台服务器上，它提供信息服务。只有客户端软件与服务器软件协同工作才能使用户获得所需的信息。服务器的主要功能是：接收从客户计算机来的连接请求；解释客户的请求；完成客户请求，形成结果；将结果传送给客户。客户端的主要功能是：接收用户键入的请求；与服务器建立连接；将请求传递给服务器；接收服务器送来的结果并以可读的形式显示在本地机的显示屏上。

Internet 上有成千上万个服务器，如 FTP 服务器、Web 服务器、SMTP 服务器、POP 服务器、DNS 服务器等，为上网的客户机提供各种各样的服务。Internet 上各种资源和信息服务都是由这些服务器提供的。遍布全世界大大小小的各种各样的服务器形成了没有国界、没有地理位置限制的庞大的信息资源库，为上网的用户提供各种各样的信息服务。

### 3. IP 地址

为了实现 Internet 上不同计算机之间的通信，除使用相同的通信协议 TCP/IP 之外，每台计算机都必须有一个不与其他计算机重复的地址，即 IP 地址，它相当于通信时每个计算机的名字。IP 地址共有 32 位，即 4 字节（8 位构成 1 字节）。为了简化记忆，实际使用 IP 地址时，几乎都将组成 IP 地址的二进制数记为 4 个十进制数（0～255）表示，每相邻两个字节的对应十进制数之间以英文句号点分隔。例如，将二进制 IP 地址 11001010 01100010 01100100 01001101 写成十进制数 204.98.100.141 就可表示网络中某台主机的 IP 地址。计算机将用户提供的十进制地址转换为对应的二进制 IP 地址，再供网络互连设备识别。

IP 地址分为 5 类：A 类、B 类、C 类、D 类和 E 类。其中 A 类、B 类、C 类地址是基本的 Internet 地址，是用户使用的地址，为主类地址。D 类和 E 类为次类地址，D 类地址被称为组播地址，而 E 类地址尚未使用，以保留给将来的特殊用途。IP 地址的前几位用于标识地址的类型，如 A 类地址的第 1 位为 "0"，B 类地址的前 2 位为 "10"，C 类地址的前 3 位为 "110" 等。由于 IP 地址的长度限于 32 位，所以标识类型的长度越长，可使用的地址空间就越小。127.0.0.1 以及形如 127.X.Y.Z 的地址都保留作回路（LOOPBACK）测试，用于网络内部。发送到这个地址的分组不输出到线路上，它们被内部处理并当做输入分组。这使发送者可以在不知道网络号的情况下向内部网络发送分组。这一特性也用来为网络软件查错。IP 地址的详细情况见表 7-1。

表 7-1　　　　　　　　　　　　　　　　5 类 IP 地址

| 地址分类 | 二进制的表示方法 | 二进制的取值范围 | 每一个网络的主机数 | 互联网上网络个数 |
|---|---|---|---|---|
| A 类 | 0xxxxxxx | 1～126 | 16 777 214 | 126 |
| B 类 | 10xxxxxx | 128～191 | 65 534 | 16 384 |
| C 类 | 110xxxxx | 192～223 | 254 | 2 097 152 |
| D 类 | 1110xxxx | 224～239 | | |
| E 类 | 11110xxx | 239～255 | | |

对于 A 类地址，网络地址空间占 7 位，允许 $2^7$ 2（126）个不同的 A 类网络，起始地址为 1～126，0 和 127 两个地址用于特殊目的。每个网络的主机地址多达 $2^{24}$（16 777 214）个，即主机地址范围为 1.0.0.0～126.255.255.255，适用于有大量主机的大型网络。对于 B 类地址，网络地址空间占 14 位，允许 $2^{14}$（16 384）个不同的 B 类网络，起始地址为 128～191，每个网络能容纳的主机多达 $2^{16}$（65 536），适用于国际大公司和政府机构等。对于 C 类地址，网络地址空间占 21 位，允许多达 $2^{21}$（2 097 152）个不同的 C 类网络，起始地址为 192～223，每个 C 类网络能容纳的主机数为 $2^8$（256）个，适用于一些小公司或研究机构等。

#### 4．子网的划分

IP 地址的 32 个二进制位所表示的网络数是有限的，因为对每一网络均需要唯一的网络标识。在制定编码方案时，会遇到网络数不够的问题。解决的办法是采用子网寻址技术，将主机标识部分划出一定的位数用作本网的各个子网，剩余的主机标识作为相应子网的主机标识部分。划分多少位给子网主要根据实际需要多少个子网而定。这样，IP 地址就划分为 "网络—子网—主机" 3 部分。在计算机网络规划中，通过子网技术将单个大网划分为多个子网，并由路由器等网络互连设备连接。它的优点在于融合不同的网络技术，通过重定向路由来达到减轻网络拥挤、提高网络性能的目的。

为了进行子网划分，需要引入子网掩码的概念；通过子网掩码来告诉本网是如何进行子网划分的。子网掩码是一个 32 位的二进制地址，其表示方式为：凡是 IP 地址的网络和子网标识部分用二进制数 1 表示；IP 地址的主机标识部分用二进制数 0 表示；用点分十进制书写。子网掩码拓宽了 IP 地址的网络标识部分的表示范围，主要用于：屏蔽 IP 地址的一部分，以区分网络标识和主机标识；说明 IP 地址是在本地局域网上还是在远程网上。各类地址的默认子网掩码为：A 类（255.0.0.0），B 类（255.255.0.0），C 类（255.255.255.0）。

#### 5．将要推出的新版本互联网协议 IPv6

提出 IPv6 的最初原因是因为随着互联网的迅速发展，IPv4 协议规划的有限地址空间将被使用完毕，地址空间的不足将妨碍互联网的进一步发展。为了扩大地址空间，拟通过 IPv6 重新定义地址空间。IPv6 采用 128 位地址长度，因此几乎可以不受限制地提供地址。如果估算 IPv6 的实际可分配的地址，人们可以分配给每平方米 1 000 个以上的 IP 地址。在 IPv6 的设计过程中，除可以解决网络地址短缺问题以外，还考虑了在 IPv4 中的其他问题，主要有端到端连接、服务质量（QoS）、安全性、多播（Multicast）、移动性、即插即用等。IPv6 的主要优势如下。

（1）更大的地址空间。IPv4 中规定 IP 地址长度为 32，即有 $2^{32}-1$ 个地址；而 IPv6 中 IP 地址的长度为 128，即有 $2^{128}-1$ 个地址。

（2）更小的路由表。IPv6 的地址分配一开始就遵循聚类的原则，这使得路由器能在路由表中用一条记录表示一个区域子网，消除了对网络地址转换的依赖性，这样既减小了路由器中路由表的长度，又提高了路由器转发数据包的速度。

（3）增强的网络吞吐量。IPv6 数据包的大小远远超过 IPv4，因此可以获得更快更可靠的网络数据传输，这使得网络上的多媒体应用有了更大发展空间，为服务质量（QoS）控制提供了良好的网络平台。

（4）更高的安全性。在使用 IPv6 网络中 IPsec 的应用可以提供上层协议端对端的安全，用户可以对网络层的数据进行加密并对 IP 报文进行校验，这极大地增强了网络安全。

### 7.3.4 Internet 中的域名系统

由于作为数字的 IP 地址不便于记忆，人们在 IP 地址的基础上采用域名系统（Domain Name System，DNS）服务，即用英文字符来识别网络中的计算机，用这些字符为计算机命名，也就是我们通常所说的网址。DNS 就是一种帮助人们在 Internet 上用名字来标识自己的计算机，并保证主机名（域名）和 IP 地址一一对应的网络服务。例如，IP 地址为 202.94.36.98 的主机，其主机名为 www.abc.com。Internet 上这种层次型名字管理机制的域名系统给人们记忆网络主机地址带来了很大的方便。

DNS 是一个以分级的、基于域的命名机制为核心的分布式命名数据库系统。DNS 将整个 Internet 视为一个域名空间，域名空间是由不同层次的域组成的集合。在 DNS 中，一个域代表该网络中要命名资源的管理集合。这些资源通常代表终端、PC、路由器等。不同的域名由不同的域名服务器管理，域名服务器负责管理、存放主机名和 IP 地址的数据库文件。

例如，在 Internet 中，首先由中央管理机构（NIC，网络信息中心）将一级域名划分成若干部分，如 cn（中国）、fr（法国）、uk（英国）等国家域名和美国的各种机构组织（由于 Internet 的骨干网在美国，因此美国的机构域名和其他国家的国家域名同级，都作为一级域名），并将各部分的管理权授予相应机构。例如，中国域 cn 授权给国务院信息办，国务院信息办又负责分配二级子域，如 com 代表商业组织，edu 代表教育机构，org 代表非营利组织，gov 代表政府机构等，并将各部分的管理权授予若干机构。类似地，再逐级分解下去，形成了一个层次结构。用图形来表示，就是一个倒树型结构，树根在上。

在 DNS 树中，每一个节点都用一个简单的字符串（不带点）标识。这样，在 DNS 域名空间的任何一台计算机都可以用从叶节点到根节点标识，中间用点"."相连接的字符串来标识，如计算机主机名.三级域名.二级域名.一级域名。标识由英文字母和数字组成（按规定不超过 63 个字符，大小写不区分），级别最低的写在最左边，而级别最高的顶级域名写在最右边。高一级域包含低一级域。完全的域名不超过 255 个字符。比如，mail.syu.edu.cn 这个域名表示沈阳大学的一台邮件服务器，它和唯一的一个 IP 地址对应。该域名中"mail"是一台主机名，这台计算机是邮件服务器，它是属于沈阳大学域"syu"的一部分；"syu"又是中国教育域"edu"的一部分，"edu"又是中国域"cn"的一部分。这种表示域名的方法可以保证主机域名在整个域名空间中的唯一性。因为即使两个主机的标识是一样的，只要它们的上一级域名不同，那么它们的主机域名就是不同的。例如，mail.163.com 和 mail.qq.com 就是两台不同的计算机，一个是网易公司的邮件服务器，另一个是腾讯公司的邮件服务器。

从技术上来讲，IP 地址是 Internet 上的计算机唯一标识，域名（就是网址）是为了人们记忆方便而设立的，因此，在网络通信过程中，主机的域名必须转换成 IP 地址，域名与 IP 地址之间的转换具体可分为两种情况：一种情况是当目标主机（要访问的主机）在本地网络时，由于本地域名服务器中含有本地主机域名与 IP 地址的对应表，因此这种情况下的解析过程比较简单，即客户机向本地域名服务器发出请求，请求将目标主机的域名解析成 IP 地址，本地域名服务器检查其管理范围内主机的域名，查出目标主机的域名所对应的 IP 地址，并将解析出的 IP 地址返回给客户机；另一种情况是当目标主机不在本地网络时，其解析过程比较复杂，如国内一台计算机请求域名服务器解析 "www.microsoft.com" 的 IP 地址，具体的解析过程如下。

（1）客户机向本地域名服务器发出请求，请求回答 "www.microsoft.com" 主机的 IP 地址。

（2）本地域名服务器检查其数据库，发现数据库中没有域名为 "www.microsoft.com" 的主机，于是将此请求发送给根域名服务器。

（3）根域名服务器将.com 一级域的域名服务器 IP 地址返回给本地域名服务器。

（4）本地域名服务器向.com 域名服务器发出查询 "www.microsoft.com" 的 IP 地址的请求。

（5）.com 域名服务器给本地域名服务器返回 "microsoft.com" 域名服务器的 IP 地址。

（6）本地域名服务器向 "microsoft.com" 域名服务器发出查询 "www.microsoft.com" 的 IP 地址的请求。

（7）"microsoft.com" 域名服务器给本地域名服务器返回 "www.microsoft.com" 所对应的 IP 地址。

（8）本地域名服务器将 "www.microsoft.com" 的 IP 地址返回给客户机。

至此，整个域名解析过程完成。

# 7.4　Internet 的实用操作

## 7.4.1　WWW 浏览

WWW 即万维网（World Wide Web），它并不是独立于 Internet 的另一个网络，而是基于 "超文本技术" 将许多信息资源连接成一个信息网，由结点和超链接组成的、方便用户在 Internet 上搜索和浏览信息的超媒体信息查询服务系统，是互联网的一部分。

WWW 通过超文本传输协议（HTTP）向用户提供多媒体信息，所提供信息的基本单位是网页，每一个网页可以包含文字、图像、动画、声音、3D（三维）世界等多种信息。WWW 是通过 WWW 服务器（也叫做 Web 站点）来提供服务的。网页可存放在全球任何地方的 WWW 服务器上，当用户上网时，就可以使用浏览器访问全球任何地方的 WWW 服务器上的信息。WWW 虽是 Internet 上出现最晚的，却是发展最快的一种信息服务方式。以网页提供信息服务的 WWW 网站是目前 Internet 上数量最大且增长速度最快的一类站点。

浏览器软件为用户提供了一个可以轻松使用的图形化界面，它可以方便地获取 WWW 的丰富信息资源。每一个 WWW 站点都提供若干网页给访问者浏览，这些网页按超文本标记语言确定的规则写成。

网页上的超链接很容易识别和使用。超链接可以是文字，也可以是图片，超链接的文字颜色常与其他文字的颜色不同，可以按照用户的喜好设置，通常为蓝色。超链接的一个重要的特征是，无论是文字链接还是图片链接，也不管文字链接采用什么颜色，当移动鼠标指针到达任意一个超链接时，指针变成手形，此时只要轻轻单击一下鼠标，即可链接到它指向的网页。除了包含超文本技术外，WWW 还越来越多地引入了多媒体技术。大多数网页除显示文本信息外，还插入了图片和动画，有些网页还具有声音、视频等多媒体信息，使网页更有动感和生气。为便于用户联系，许多网页上还有超链接形式的电子邮件地址，轻轻一点就会启动电子邮件编辑窗口。Web 地址，即 Internet 地址（有时称为 URL 或统一资源定位符），通常以协议名开头，后面是域名地址（网址），如 "http://www.syu.edu.cn"（见图 7-7）。

图 7-7　WWW 浏览

## 7.4.2　电子邮件

对于大多数用户而言，E-mail 是 Internet 上使用频率最高的服务系统之一。与传统邮政邮件相比，电子邮件的突出优点是方便、快捷和廉价，收发电子邮件无需纸、笔，不上邮局、不贴邮票，坐在家中即可完成，条件是用户必须知道收件人的电子邮件信箱地址。发送一封到美国或欧洲的电子邮件只需几秒，费用只是发送该邮件所用的上网费用，比发本地的普通邮件还便宜。使用电子邮件，无论邮件发往何处，比传统邮件费用低得多，而且速度快得多。虽然它的实时性不及电话，但是邮件送达收件人电子信箱后，收件人可随时上网收取，而无需收件人开机守候，这一点又比通电话优越。这些突出的优点使它成为一种新的、快捷而廉价的信息交流方式，极大地方便了人们的生活和工作，成为目前最广泛使用的电子通信方式。

## 7.4.3　文件下载

Internet 上除了有丰富的网页供用户浏览外，还有大量的程序、文字、图片、音乐、影视等多种不同功能、不同格式的文件供用户索取。利用文件传输协议（File Transfer Protocol，FTP），用户可以将远程主机上的这类文件下载（download）到自己的计算机中，也可以将本机的文件上传（upload）到远程主机上。FTP 是 Internet 上使用非常广泛的一种通信协议，它是由支持 Internet 文件传输的各种规则所组成的集合，这些规则使 Internet 用户可以把文件从一台计算机拷贝到另一个主机上。它是为在 Internet 上不同计算机之间传输文件而制定的一套标准，使得不同类型的用户机都可以从服务器上获取文件，因而为用户提供了极大的方便。

## 7.4.4 搜索引擎

Internet 最大的优点是信息量大,怎样从数以百万计的站点中找到所需要的资源呢? 搜索引擎是一个非常好的工具。

搜索引擎是某些站点提供的用于网上查询的程序。它是一类运行特殊程序的、专用于帮助用户查询 Internet 上的 WWW 服务器信息的 Web 站点,有的搜索引擎还可以查询新闻服务器的信息。搜索引擎周期性地在 Internet 上收集新的信息,并将其分类储存,这样在搜索引擎所在的计算机上就建立了一个不断更新的"数据库"。用户在搜索特定信息时,实际上是借助搜索引擎在这个数据库中进行查找,如常用的百度和谷歌。

## 7.4.5 Internet Explorer 浏览器

Internet Explorer 浏览器是微软公司的著名产品,一般捆绑在 Windows 系统中,是用户浏览网页常用的软件之一。启动 Internet Explorer(简称 IE)的基本方法是:单击任务栏上的 IE 浏览器图标,或选择"开始"→"所有程序"→"Internet Explorer"命令。IE 窗口主要包括标题栏、菜单栏、工具栏、工作区和状态栏几部分,IE 的地址栏是用于填写网址的地方,如图 7-8 所示。

图 7-8 打开 IE 浏览器

当用户填写好网址,请求浏览此网页时,网络域名系统(DNS)先把用户填写的网址(即域名)转换为 IP 地址,再把请求信息打包成 IP 数据包发送到 Internet 上。Internet 上的路由器收到此数据包后,根据数据包中的目标 IP 地址传送到目标网站的服务器上。网站服务器会解析和确定该用户寻求的是哪一类型的服务,然后把请求转发给相应的服务器。若用户寻求的是 Web 服务,则用户的请求会转到该网站的 Web 服务器。Web 服务器收到此请求信息后,就把保存在 Web 服务器上的网页复制一份,然后按照用户请求数据包中包含的用户地址打包成一组 IP 数据包并发送到网上,由 Internet 传送到用户计算机上,用户计算机收到这些信息后显示在 IE 窗体中。

统一资源定位器(Uniform Resource Locators,URL)用以表示在 Internet 中各种形式的数据、

文件与程序等。URL 不仅用来标识某一个网络的地址，也可以指出连接该网站所需的通信规则与网站内数据存放的位置，统一资源定位器的格式如下：

通信协议：//主页网址[：端口号]/路径/文件名称。

例如，当用户在 IE 的地址栏内填写 http：//www.syu.edu.cn/xueyuan/xxxy/index.htm 时，则表示用户此时寻求的是超文本链接服务（http://），用以访问沈阳大学信息学院的 Web 服务（WWW）器上的 index.htm 这个超文本文件。

# 7.5  无线网络通信

近些年来，无线网络互连已经在方方面面影响着人们的生活，无论是在咖啡店、机场、学校，还是在商场，人们只要使用手机，支持无线的计算机都可以快速方便地登录网络。那么什么是无线网络？无线网络（Wireless Network）指的是任何形式的无线电脑网络可以与普通电信网络结合在一起，不需电缆即可在节点之间相互连接。无线电信网络一般被应用在使用电磁波的遥控信息传输系统，像是无线电波作为载体和实体层的网络。如 CDMA 2 000、Wi-Fi 等。

在我国，常见的无线信号包括 GSM、CDMA、Wi-Fi 等，而最近最火热的则是 3G 及下一代 4G 无线网络。那么 3G 和 4G 都包含哪些内容？

### 1. 3G

3G 一般称为第三代（the $3^{rd}$ Generation）移动通信技术。第一代通信是指模拟信号手机；第二代通信是指数字信号手机，如常见的 GSM 和 cdmaOne，提供低速率数据服务；2.5G 是指在第二代手机上提供中等速率的数据服务，传输率一般在几十至一百多 kbit/s。而 3G 则是能将无线通信与国际互联网等多媒体通信结合的新一代移动通信系统。3G 网络能够快速传输大数据量的信息，如图像、音乐、视频，并且提供网页浏览、电话会议、电子商务信息服务。普通的无线网络可以支持不同的数据传输速度，例如在室内、室外和行车的环境中能够分别支持至少 2Mbit/s、384kbit/s 以及 144kbit/s 的传输速度。由于采用了更高带宽和更先进的无线接入技术，3G 标准的流动通信网络通信质量较 2G、2.5G 网络有了很大提高，比如旅途中高速运动的移动用户在驶出一个无线基站并进入另一个无线站时不再出现频繁的掉话现象。而更高的带宽范围和用户分级规则使得单位区域内的网络容量大大提高，同时通话允许量大大增加。

3G 最大的优点即是高速的数据下载能力。相对于 2.5G（GPRS/CDMA1x）100kbit/s 左右的速度，3G 随使用环境的不同约有 300kbit/s～2Mbit/s 左右的水平。

### 2. 4G

4G（the $4^{th}$ Generation）指的是无线网络第四代系统，也是 3G 之后的扩展和延伸，也将会极大地影响人们的生活，是一个成功的无线通信系统。

4G 网络静态传输速率达到 1Gbit/s，用户在高速移动状态下可以达到 100Mbit/s，因此与 3G 相比，4G 的传输速率更为惊人。而且 4G 可与现有网络兼容，并提供更高的数据吞吐量、更低网络延时、更低的建设和运行维护成本、更高的网络鉴别和网络安全系统、支持多种 QoS 等级。从用户需求的角度看，4G 能为用户提供更快更好的网络服务并满足用户更多的需求。

# 参考文献

［1］张宇. 计算机应用基础【M】北京：人民邮电出版社，2010

［2］张宇. 计算机基础与应用【M】北京：中国水利水电出版社，2008

［3］孙淑霞. 大学计算机基础【M】北京：高等教育出版社，2007

［4］许晞. 计算机应用基础【M】北京：高等教育出版社，2007

［5］神龙工作室. 新手学 Windows XP【M】北京：人民邮电出版社，2007

［6］李淑华. 计算机文化基础【M】北京：高等教育出版社，2007